Peter Furlan

DAS GELBE RECHENBUCH 3

für Ingenieure, Naturwissenschaftler und Mathematiker

Gewöhnliche Differentialgleichungen

Funktionentheorie

Integraltransformationen

Partielle Differentialgleichungen

Rechenverfahren der Höheren Mathematik
in Einzelschritten erklärt
Mit vielen ausführlich gerechneten Beispielen

Obwohl sich Autor und Verlag um eine möglichst korrekte Darstellung bemüht haben, kann dennoch keinerlei Garantie übernommen werden.
Eine Haftung von Autor und Verlag und deren Beauftragten für Personen-, Sach-, Vermögens- oder andere Schäden ist daher ausgeschlossen.

Verlag Martina Furlan

Erbstollen 12

44225 Dortmund

Tel. (0231) 9 75 22 95

Fax (0231) 9 75 22 96

www.das-gelbe-rechenbuch.de

Herstellung: Droste-Druck, Wuppertal

Tel. (0202) 64 64 15

www.droste-druck.de

Das Jahr des Drucks ist die letzte Zahl:

2012

ISB N 3 931645 02 9

Inhaltsverzeichnis

6 Differentialgleichungen   **1**
    Überblick 1
    Allgemeine Definitionen 1
    Übersicht: Dgl. erster Ordnung 2
  6.1 Lineare, Bernoulli- und Riccati-Dgl. **4**
    lineare Dgl. 4
    Bernoulli-Dgl. 7
    Riccati-Dgl. 8
    Weitere Beispiele 9
  6.2 Getrennte Veränderliche **13**
    getrennte Veränderliche 13
    Ähnlichkeits-Dgl. 14
    $y' = f(ax + by + c)$ 15
    $y' = f\left(\dfrac{ax + by + c}{dx + ey + f}\right)$ 16
    Weitere Beispiele 18
  6.3 Exakte Differentialgleichungen **23**
    Bestimmung eines Eulerschen Multiplikators 24
    Bestimmung einer Stammfunktion 24
    Weitere Beispiele 26
  6.4 Implizite Differentialgleichungen **30**
    Dgl. ohne x in der Form $y = g(y')$ 31
    Dgl. ohne x in der Form $F(y, y', y'') = 0$ 31
    Dgl. ohne y: $x = g(y')$ 32
    Dgl. ohne y in der Form $F(x, y', y'', \cdots) = 0$ 32
    Clairaut-Dgl. $y = xy' + g(y')$ 32
    d'Alembert-Dgl. $y = xf(y') + g(y')$ 33

6.5	**Aufstellen von Dgl., Trajektorien**	34
	Aufstellen von Dgl.	34
	Bestimmung von Trajektorien	36
	Weitere Beispiele	37
	Übersicht Lineare Dgl. n-ter Ordnung	39
6.6	**Allgemeiner Fall, Reduktion der Ordnung**	40
	Reduktionsverfahren von d'Alembert, Produktansatz	41
	Bestimmung einer partikulären Lösung	42
	Weitere Beispiele	43
6.7	**Konstante Koeffizienten**	47
	homogene Dgl.	47
	Bestimmung einer partikulären Lösung	49
	Weitere Beispiele	55
6.8	**Euler-Differentialgleichungen**	61
	Transformation auf konstante Koeffizienten	61
	Direkter Ansatz $y = x^\lambda$	63
	Weitere Beispiele	65
6.9	**Randwert- und Randeigenwertprobleme**	69
	Randwertprobleme, RWP	69
	Randeigenwertprobleme, REWP	71
	Weitere Beispiele	73
6.10	**Potenzreihenansätze und spezielle Dgl.**	75
	Spezielle Dgl. 2. Ordnung	76
	Potenzreihenansatz	78
	verallgemeinerter Potenzreihenansatz	81
	nichtlineare Dgl.	84
	Weitere Beispiele	85
6.11	**Lineare Dgl.-Systeme 1. Ordnung**	89
	Umschreiben einer Dgl. auf ein System	90
	Umschreiben eines 2×2-Systems auf Dgl. 2. Ordnung	91
	Inhomogene Systeme	93
	Reduktionsverfahren von d'Alembert	94
	Verallgemeinertes Reduktionsverfahren von d'Alembert	97
	Anfangswertprobleme	98
	Weitere Beispiele	100

INHALTSVERZEICHNIS

- 6.12 Systeme mit konstanten Koeffizienten 107
  - Bestimmung eines Fundamentalsystems 107
  - Inhomogene Systeme und AWP 111
  - Weitere Beispiele 115

7 Funktionentheorie — 121
- 7.1 Holomorphe und harmonische Funktionen 121
  - Holomorphie 123
  - Harmonische Funktionen 124
  - Weitere Beispiele 125
- 7.2 Elementare Funktionen in $\mathbb{C}$ 127
  - Exponentialfunktion 127
  - Allgemeine Potenz 128
  - Trigonometrische und Hyperbelfunktionen 128
  - Weitere Beispiele 129
- 7.3 Möbiustransformationen 131
  - Normierung 132
  - Konstruktion 132
  - Abbildung von Gebieten 133
  - Inversion 134
  - Weitere Beispiele 135
- 7.4 Isolierte Singularitäten und Laurentreihen 136
  - Weitere Beispiele 140
- 7.5 Residuen 143
  - Weitere Beispiele 144
- 7.6 Komplexe Kurvenintegrale 145
  - Weitere Beispiele 147
- 7.7 Berechnung reeller Integrale 150
  - Weitere Beispiele 152

8 Integraltransformationen — 155
- 8.1 Fourierreihen 155
  - Komplexe Form der Fourierreihe 157
  - Weitere Beispiele 158
- 8.2 Laplacetransformation 163
  - Rechenregeln für die Laplace-Transformation 163

		Lösung von Anfangswertproblemen	165
		Weitere Beispiele	165
	8.3	**Fouriertransformation**	171
		Fouriertransformation	171
		Sinus- und Cosinustransformation	171
		Rechenregeln	172
		Formeln bei alternativer Definition	173
		Weitere Beispiele	174

9 Partielle Differentialgleichungen   179

	9.1	**Allgemeiner Fall**	181
		Produktansatz	181
		Randbedingungen	183
		Weitere Beispiele	184
	9.2	**Wellengleichung**	185
		Inhomogene Wellengleichung	186
		Cauchyproblem	186
		ARWP über Intervall	187
		zweidimensionale Wellengleichung	191
		Weitere Beispiele	193
	9.3	**Diffusionsgleichung**	199
		Inhomogene Gleichung	200
		Cauchyproblem	200
		gemischtes Problem	202
		ARWP über Intervall	203
		ARWP über Intervall mit Abstrahlung	206
		Weitere Beispiele	209
	9.4	**Laplacegleichung**	213
		Inhomogenes Problem in einem Kreis	213
		Dirichletproblem in einem Kreis	214
		RWP auf Rechteck	217
		Weitere Beispiele	219

Kapitel 6

Differentialgleichungen

Überblick

Im gesamten Kapitel werden die Abkürzungen $\boxed{\text{Dgl.}}$ für Differentialgleichung und $\boxed{\text{AWP}}$ für Anfangswertproblem benutzt.

Dgl., AWP

Dieses Kapitel besteht aus drei großen Teilen: in Abschnitt 1 bis 5 finden sich die Verfahren zu Differentialgleichungen **erster Ordnung** und zu **nichtlinearen Dgl.** und **impliziten Dgl.** Abschnitt 6 bis 10 beschäftigen sich mit **linearen Dgl. höherer Ordnung**. In den Abschnitten 11 und 12 sind die Methoden für **Systeme** gewöhnlicher Dgl. zusammengestellt.

Einteilung des Kapitels

Der Einfachheit halber werden bei der Beschreibung der Verfahren alle Funktionen als hinreichend oft differenzierbar angenommen. Auch wird der Definitionsbereich der Lösungen nicht jedesmal gesondert erwähnt.

Im gesamten Kapitel bedeutet $\int f(x)\,dx$ eine beliebige Stammfunktion zu f. Das Mitführen von Integrationskonstanten ist also <u>nicht</u> erforderlich.

Allgemeine Definitionen

Eine Differentialgleichung (kurz: <u>Dgl.</u>) ist eine Bestimmungsgleichung für eine gesuchte Funktion y, in der neben y auch Ableitungen von y auftreten. Bei <u>gewöhnlichen Differentialgleichungen</u> kommen nur Ableitungen nach <u>einer</u> Variablen (meist x oder t) vor, bei <u>partiellen Differentialgleichungen</u> wird nach mehreren Variablen abgeleitet, vgl. Kapitel 9.

gewöhnliche, partielle Differentialgleichung

Die <u>Ordnung</u> einer Dgl. ist die höchste darin vorkommende Ableitung.

Ordnung

Ist die Dgl. nach der höchsten Ableitung aufgelöst, so ist sie in <u>expliziter</u>, sonst in <u>impliziter Form</u>. Z.B. ist $y' = f(x, y)$ eine explizite, $2yy' = x + y$ eine implizite Dgl.

explizite, implizite Form

Bei einem <u>Anfangswertproblem, AWP</u> kommen zu der Differentialgleichung noch

Anfangswertproblem

Anfangswerte dazu. Dabei werden an einer Stelle x_0 soviele Bedingungen an die Funktion und ihre Ableitungen gestellt, wie der Grad der Gleichung ist, also zum Beispiel bei einer Dgl. erster Ordnung eine Bedingung $y(x_0) = y_0$, bei zweiter Ordnung kommt eine Bedingung $y'(x_0) = y_1$ hinzu.

System Ein System von Dgl. besteht aus n expliziten Dgl. für n gesuchte Funktionen $y_1, \ldots, y_n$. In der Regel werden Systeme so umgeschrieben, daß nur erste Ableitungen auftauchen (System erster Ordnung). Ein AWP enthält n zusätzliche Bedingungen der Form $y_1(x_0) = a_1, \ldots, y_n(x_0) = a_n$.

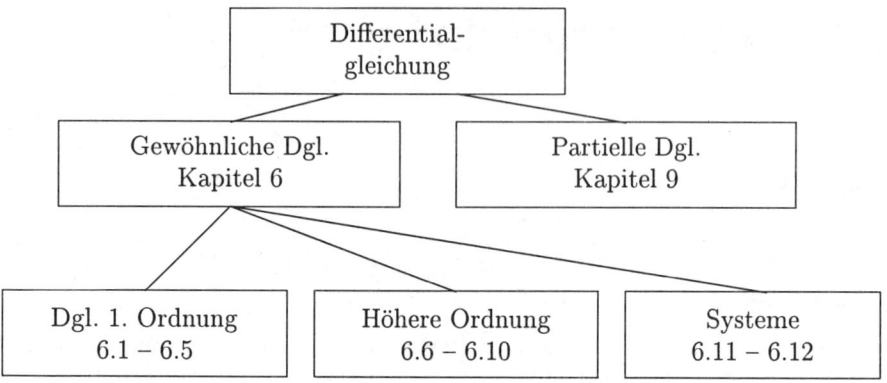

In den ersten beiden Abschnitten werden die Differentialgleichungen stets explizit geschrieben. Es ist also die erste Aufgabe, eine vorliegende Dgl. in diese Form zu bringen. Es sprechen z.B. gute Gründe dafür, eine lineare Dgl. (6.1) in der Form $y' + f(x)y = g(x)$ zu schreiben. (Dadurch würde die Analogie zur linearen Dgl. höherer Ordnung deutlicher). Der Nachteil ist, daß der ohnehin unübersichtliche Dschungel der verschiedenen Typen noch unübersichtlicher wird. Daher wird für explizite Dgl. erster Ordnung stets auch die explizite Form gewählt.

Übersicht: Dgl. erster Ordnung

Übersicht erster Teil Der erste Teil des Kapitels besteht aus folgenden fünf Abschnitten:

> 6.1 Lineare Dgl.
>
> 6.2 Getrennte Veränderliche
>
> 6.3 Exakte Dgl., Dgl. für Kurvenscharen
>
> 6.4 Implizite Dgl., Reduktion der Ordnung
>
> 6.5 Aufstellen von Dgl., (orthogonale) Trajektorien

```
┌─────────────────────┐
│  Dgl. 1. Ordnung    │
└─────────────────────┘
    │
    │    ┌──────────────────────────┐
    ├────│  lineare Dgl.            │                    6.1
    │    │  $y' = f(x)\,y + g(x)$   │
    │    └──────────────────────────┘
    │        │
    │        │    ┌────────────────────────────────┐
    │        ├────│  Bernoulli Dgl.                │
    │        │    │  $y' = f(x)\,y + g(x)\,y^\alpha$ │
    │        │    └────────────────────────────────┘
    │        │    ┌──────────────────────────────────────┐
    │        └────│  Riccati Dgl.                        │
    │             │  $y' = f(x)\,y + g(x)\,y^2 + h(x)$   │
    │             └──────────────────────────────────────┘
    │    ┌──────────────────────────┐
    ├────│  getrennte Veränderliche │                    6.2
    │    │  $y' = f(x)\,g(y)$       │
    │    └──────────────────────────┘
    │        │
    │        │    ┌──────────────────────────────┐
    │        ├────│  Ähnlichkeitsdgl.            │
    │        │    │  $y' = f\left(\dfrac{y}{x}\right)$ │
    │        │    └──────────────────────────────┘
    │        │    ┌──────────────────────────────┐
    │        ├────│  $y' = f(ax + by + c)$       │
    │        │    └──────────────────────────────┘
    │        │    ┌──────────────────────────────────────────┐
    │        └────│  $y' = f\left(\dfrac{ax+by+c}{dx+ey+f}\right)$ │
    │             └──────────────────────────────────────────┘
    │    ┌──────────────────────────────────┐
    ├────│  Dgl. für Kurvenscharen          │             6.3
    │    │  $P(x,y)\,dx + Q(x,y)\,dy = 0$   │
    │    │  $P(x,y) + Q(x,y)\,y' = 0$       │
    │    └──────────────────────────────────┘
    │    ┌──────────────────────────┐
    └────│  Implizite Dgl.          │                    6.4
         │  $F(x, y, y') = 0$       │
         └──────────────────────────┘
             │
             │    ┌──────────────────────────┐
             ├────│  Dgl. ohne $x$ oder $y$  │
             │    │  Reduktion der Ordnung   │
             │    └──────────────────────────┘
             │    ┌──────────────────────────┐
             ├────│  Clairault Dgl.          │
             │    │  $y = x\,y' + g(y')$     │
             │    └──────────────────────────┘
             │    ┌──────────────────────────────┐
             └────│  d'Alembert Dgl.             │
                  │  $y = x\,f(y') + g(y')$      │
                  └──────────────────────────────┘
```

6.1 Lineare, Bernoulli- und Riccati-Dgl.

1. + 2. Definitionen und Berechnung

Lineare Dgl. $y' = f(x)y + g(x)$.

lineare Dgl.

homogene, inhomogene Gleichung

Ist $g(x) = 0$, so ist die Gleichung <u>homogen</u>, sonst <u>inhomogen</u>.

Zur Berechnung einer partikulären Lösung y_p der inhomogenen Dgl. macht man den Ansatz $y_p = c(x)y_h(x)$ mit einer Lösung y_h der homogenen Dgl. und einer noch zu bestimmenden Funktion $c(x)$. Daher trägt diese Methode den Namen **Variation der Konstanten**

Variation der Konstanten

Methode 1:

① Berechne $y_h(x) := \exp(\int f(x)\,dx)$.

② Berechne $y_p(x) := y_h(x) \int \dfrac{g(x)}{y_h(x)}\,dx$.
(fällt bei homogenen Gleichungen weg)

③ Die <u>allgemeine Lösung</u> ist $y(x) = C\,y_h(x) + y_p(x)$, $C \in \mathbb{R}$.

④ Ein AWP wird gelöst, indem y_0 für y und x_0 für x eingesetzt und so C bestimmt wird.

Methode 2:

Hierbei werden in den unbestimmten Integralen in Methode 1 die "richtigen" Integrationsgrenzen genommen, um sofort eine Anfangswertbedingung zu erfüllen. Diese Methode empfiehlt sich nur bei AWP.

Die Lösung des AWP mit $y(x_0) = y_0$ ist gegeben durch

$$\begin{aligned} y(x) &= e^{\int_{x_0}^{x} f(t)\,dt}\Big[y_0 + \int_{x_0}^{x} e^{-\int_{x_0}^{t} f(s)\,ds} g(t)\,dt\Big] \\ &= y_0 e^{\int_{x_0}^{x} f(t)\,dt} + \int_{x_0}^{x} e^{\int_{t}^{x_0} f(s)\,ds} g(t)\,dt \end{aligned}$$

Wird die allgemeine Lösung der Dgl. gesucht, lassen sich die Terme mit x_0 und y_0 so zusammenfassen, daß die Lösung die Form wie bei Methode 1 hat.

Vergleich der Methoden

Vergleich der Methoden:

6.1. LINEARE, BERNOULLI- UND RICCATI-DGL.

	Methode 1	Methode 2
Vorteil	einfache Rechnungen	direkte Lösung des AWP
Nachteil	mehrere Schritte	komplizierte Rechnung
Anwendung	fast immer	nur bei AWP

Spezialfälle:

Spezialfall 1: $y' = \alpha y$ hat die Lösung $y = C e^{\alpha x}$. $y' = \alpha y$

Spezialfall 2: $y' = \dfrac{\alpha}{x} y$ hat die Lösung $y = C x^\alpha$. $y' = \dfrac{\alpha}{x} y$

Im ersten Fall hat man eine Differentialgleichung mit <u>konstanten Koeffizienten</u>, so   Tip
daß man zur Bestimmung einer partikulären Lösung der inhomogenen Gleichung
eventuell die Ansätze aus 6.7 verwenden kann. Die zweite Dgl. ist eine <u>Euler-Dgl</u>.

Oft treten bei der Berechnung der Lösung y_h von homogenen Dgl. Logarithmen   Beträge in
auf. Das führt dazu, daß y_h die Form $y_h = |h(x)|$ hat, also der Betrag einer   Lösungen
Funktion ist. Da Lösungen <u>homogener</u> linearer Dgl. entweder die Nullösung sind
oder stets von Null verschieden sind, kann man in jedem Definitionsintervall davon
ausgehen, daß h nur positiv oder nur negativ ist. Im ersten Fall läßt man den
Betrag weg, im zweiten benutzt man die Tatsache, daß man statt h auch $-h$
als Lösung der homogenen Dgl. nehmen kann und darf deshalb den Betrag auch
weglassen.

Im folgenden Beispiel kann man also so argumentieren:

Man erhält zunächst $y_h = \frac{1}{|x|}$. Die maximalen Definitionsintervalle der Dgl. sind
$\mathbb{R}^-$ und $\mathbb{R}^+$. Aus $\mathbb{R}^+$ ist $y_h = \frac{1}{x}$, auf dem Intervall $\mathbb{R}^-$ nimmt man statt $\frac{1}{|x|}$ die
Funktion $-\frac{1}{|x|} = \frac{1}{x}$, die auch eine Lösung der homogenen Dgl. ist.

Weiterhin beachte man, daß $\displaystyle\int_a^b \frac{1}{x} dx = \ln|b| - \ln|a| = \ln \frac{b}{a}$ ist, da a und b dasselbe
Vorzeichen haben.

Beispiel 1: $y' = -\dfrac{y}{x} + 1$.

Berechnet werden die allgemeine Lösung und die Lösung mit $y(2) = \dfrac{3}{2}$.

Lösung nach Methode 1:

① $y_h(x) = \exp(\int \dfrac{-1}{x} dx) = \exp(-\ln|x|) = \dfrac{1}{|x|}$. (oder Spezialfall 2)

Nach der Bemerkung oben wählt man $y_h = \dfrac{1}{x}$.

② $y_p(x) = \dfrac{1}{x} \int x \cdot 1 \, dx = \dfrac{1}{x} \dfrac{x^2}{2} = \dfrac{x}{2}.$

③ Die allgemeine Lösung ist also

$$y(x) = \dfrac{C}{x} + \dfrac{x}{2}, \quad C \in \mathbb{R}.$$

④ Einsetzen von $x = 2$ und $y = \dfrac{3}{2}$ ergibt $\dfrac{3}{2} = \dfrac{C}{2} + \dfrac{2}{2}$, also $C = 1$.
Die Lösung des Anfangswertproblems ist also

$$y(x) = \dfrac{1}{x} + \dfrac{x}{2}.$$

Lösung nach Methode 2:

Allgemeine Lösung:

$$\begin{aligned}
y(x) &= \exp\Big(\int_{x_0}^{x} \dfrac{-1}{t} dt\Big)\Big[y_0 + \int_{x_0}^{x} \exp\Big(-\int_{x_0}^{t} \dfrac{-1}{s} ds\Big) \cdot 1 \, dt\Big] \\
&= \exp(-\ln|x| + \ln|x_0|)\Big[y_0 + \int_{x_0}^{x} \exp(\ln|t| - \ln|x_0|) \, dt\Big] \\
&= \dfrac{x_0}{x}\Big[y_0 + \int_{x_0}^{x} \dfrac{t}{x_0} dt\Big] \\
&= \dfrac{x_0}{x}\Big(y_0 + \dfrac{x^2}{2x_0} - \dfrac{x_0^2}{2x_0}\Big) \\
&= (x_0 y_0 - \dfrac{x_0^2}{2})\dfrac{1}{x} + \dfrac{x}{2}
\end{aligned}$$

Lösung des Anfangswertproblems:

$$\begin{aligned}
y(x) &= \exp\Big(\int_{2}^{x} \dfrac{-1}{t} dt\Big)\Big[\dfrac{3}{2} + \int_{2}^{x} \exp\Big(-\int_{2}^{t} \dfrac{-1}{s} ds\Big) \cdot 1 \, dt\Big] \\
&= \exp(-\ln|x| + \ln 2)\Big[\dfrac{3}{2} + \int_{2}^{x} \exp(\ln|t| - \ln 2) \, dt\Big] \\
&= \dfrac{2}{x}\Big[\dfrac{3}{2} + \int_{2}^{x} \dfrac{t}{2} dt\Big] \\
&= \dfrac{2}{x}\Big(\dfrac{3}{2} + \dfrac{x^2}{4} - \dfrac{2^2}{4}\Big) \\
&= \dfrac{1}{x} + \dfrac{x}{2}
\end{aligned}$$

6.1. LINEARE, BERNOULLI- UND RICCATI-DGL.

Bernoulli-Dgl. $y' = f(x)y + g(x)y^\alpha$

α ist dabei eine reelle Zahl, $\alpha \notin \{0, 1\}$ (sonst ist es eine lineare Dgl.).

Mit der Substitution $u = y^{1-\alpha}$ geht die Bernoulli-Dgl. über in die lineare Dgl.
$$u' = (1-\alpha)f(x)u + (1-\alpha)g(x).$$
Ist u die Lösung, so erhält man y als $u^{\frac{1}{1-\alpha}}$.

Zunächst erhält man mit dieser Methode nur positive Lösungen y. Ist $\alpha > 0$, so ist stets auch $y \equiv 0$ Lösung.

Für ganzzahlige α gibt es auch negative Lösungen:

- Ist α gerade, so ist $1-\alpha$ ungerade und $y = u^{\frac{1}{1-\alpha}}$ ist auch für $u < 0$ definiert.
- Ist α ungerade, so ist mit y stets auch $-y$ eine Lösung der Dgl.

Ist ein Anfangswert $y(x_0) = y_0$ gegeben, so hat man zwei Möglichkeiten zur Auswahl:

- entweder wird der Anfangswert mittransformiert ($u(x_0) = y_0^{1-\alpha}$)
- oder es wird zunächst die allgemeine Lösung berechnet und dann die Konstante darin bestimmt.

Ist $\alpha > 0$, so ist die Lösung zu $y(x_0) = 0$ stets durch $y \equiv 0$ gegeben.

Beispiel 2: $y' = -\dfrac{y}{2x} + \dfrac{1}{2y}$.

Berechnet werden die allgemeine Lösung und die zum Anfangswert $y(2) = -\sqrt{\frac{3}{2}}$.
α hat in dieser Bernoulli-Dgl. den Wert -1, $1 - \alpha = 2$. Daher erhält man mit der Substitution $u = y^{1-\alpha} = y^2$ die lineare Dgl.

$$u' = -2\frac{u}{2x} + 2\frac{1}{2} \quad \Leftrightarrow \quad u' = -\frac{u}{x} + 1.$$

Nach Beispiel 1 ist die Lösung $u(x) = \dfrac{C}{x} + \dfrac{x}{2}$. Damit hat man die allgemeine Lösung

$$y(x) = \pm\sqrt{\frac{C}{x} + \frac{x}{2}}.$$

Die Lösung des AWP erhält man auf zwei Arten:

- Aus $y(2) = -\sqrt{\dfrac{3}{2}}$ und $u = y^2$ erhält man $u(2) = \dfrac{3}{2}$. Wie in Beispiel 1 ergibt sich $C = 1$. Jetzt darf man nicht vergessen, daß das $\pm$ in der allgemeinen Lösung bedeutet $y = +\sqrt{\ldots}$ oder $y = -\sqrt{\ldots}$. Da der Anfangswert negativ ist, erhält man
$$y(x) = -\sqrt{\dfrac{1}{x} + \dfrac{x}{2}}.$$

- In der allgemeinen Lösung wird $y = -\sqrt{\dfrac{3}{2}}$ und $x = 2$ gesetzt und $C = 1$ bestimmt. Natürlich muß man auch hier wieder das richtige Vorzeichen der Wurzel wählen.

Riccati-Dgl.

> **Riccati-Dgl.** $y' = f(x)y + g(x)y^2 + h(x)$

Für die Riccati-Dgl. gibt es keine geschlossene Lösungsformel. Ist allerdings eine Lösung bekannt, läßt sie sich auf eine lineare Dgl. reduzieren.

> ① Bestimmung einer Lösung z durch Raten oder mit einem Ansatz.
>
> ② Jede andere Lösung hat die Form
> $$y = z + \dfrac{1}{u}$$
> Dabei löst u folgende lineare Dgl.:
> $$u' = -(2zg + f)u - g.$$

Beispiel 3: $y' = \dfrac{3}{x}y - y^2 - \dfrac{3}{x^2}$.

Berechnet werden die allgemeine Lösung und die mit $y(2) = \dfrac{7}{6}$ und $y(2) = \dfrac{1}{2}$.

① Mit Glück oder Hilfe rät man die Lösung $z = \dfrac{1}{x}$.

② Mit $f(x) = \dfrac{3}{x}$ und $g(x) = -1$ erhält man alle weiteren Lösungen aus der linearen Dgl.
$$u' = -\left(2\dfrac{1}{x}(-1) + \dfrac{3}{x}\right)u - (-1) \quad \Leftrightarrow \quad u' = -\dfrac{1}{x}u + 1.$$

Nach Beispiel 1 ist $u = \dfrac{C}{x} + \dfrac{x}{2}$ und damit
$$y = \dfrac{1}{x} \quad \text{oder} \quad y = \dfrac{1}{x} + \dfrac{1}{\frac{C}{x} + \frac{x}{2}} = \dfrac{1}{x} + \dfrac{2x}{x^2 + 2C}.$$

6.1. LINEARE, BERNOULLI- UND RICCATI-DGL.

Die Lösung zum Anfangswert $y(2) = \dfrac{1}{2}$ ist schon die geratene Lösung $z = \dfrac{1}{x}$.
Wird nur die Lösung dieses AWPs gesucht, braucht die allgemeine Lösung nicht bestimmt zu werden.

Das andere AWP löst man ähnlich wie bei der Bernoulli-Dgl:

- Da die geratene Lösung die Anfangsbedingung nicht erfüllt, werden $x_0 = 2$ und $y_0 = \dfrac{7}{6}$ in $y = z + \dfrac{1}{u} = \dfrac{1}{x} + \dfrac{1}{u}$ eingesetzt: $\dfrac{7}{6} = \dfrac{1}{2} + \dfrac{1}{u_0}$. Damit wird $u_0 = \dfrac{3}{2}$. Nach Beispiel 1 ist die Lösung diejenige mit $C = 1$, also

$$y(x) = \dfrac{1}{x} + \dfrac{2x}{x^2 + 2}.$$

- oder man bestimmt C in der allgemeinen Lösung durch Einsetzen von $x_0 = 2$ und $y_0 = \tfrac{7}{6}$.

3. Beispiele

Beispiel 4: $y' = \dfrac{4}{x} y + x^4 \sin x$

Gesucht sind die allgemeine Lösung und diejenige Lösung, die durch den Punkt (1,2) geht.

Es handelt sich um eine lineare Dgl. mit $f(x) = \tfrac{4}{x}$ und $g(x) = x^4 \sin x$.

Lösung nach Methode 1:

① $y_h(x) = \exp(\int 4/x \, dx) = \exp(4 \ln |x|) = x^4$. (oder Spezialfall 1)

② $y_p = x^4 \int \dfrac{x^4}{x^4} \sin x \, dx = -x^4 \cos x$.

③ Die allgemeine Lösung ist damit

$$y = C x^4 - x^4 \cos x, \quad C \in \mathbb{R}.$$

④ Anfangswertproblem:
Einsetzen von $y = 2$ und $x = 1$ ergibt $2 = C \cdot 1 - \cos 1 \quad \Leftrightarrow \quad C = 2 + \cos 1$, also

$$y = (2 + \cos 1)x^4 - x^4 \cos x = x^4(2 + \cos 1 - \cos x).$$

Lösung nach Methode 2:

Allgemeine Lösung:

$$\begin{aligned}
y &= \exp\left(\int_{x_0}^{x} \frac{4}{t}\,dt\right)\left[y_0 + \int_{x_0}^{x} \exp\left(-\int_{x_0}^{t} \frac{4}{s}\,ds\right) t^4 \sin t\,dt\right] \\
&= \exp\left(4\ln|x| - 4\ln|x_0|\right)\left[y_0 + \int_{x_0}^{x} \exp(-4\ln|t| + 4\ln|x_0|)\, t^4 \sin t\,dt\right] \\
&= \frac{x^4}{x_0^4}\left[y_0 + \int_{x_0}^{x} \frac{x_0^4}{t^4}\, t^4 \sin t\,dt\right] \\
&= \frac{x^4}{x_0^4}(y_0 + x_0^4 \cos x_0 - x_0^4 \cos x) \\
&= x^4\left(\frac{y_0}{x_0^4} + \cos x_0\right) - x^4 \cos x.
\end{aligned}$$

Lösung des Anfangswertproblems:

$$\begin{aligned}
y &= \exp\left(\int_{1}^{x} \frac{4}{t}\,dt\right)\left[2 + \int_{1}^{x} \exp\left(-\int_{1}^{t} \frac{4}{s}\,ds\right) t^4 \sin t\,dt\right] \\
&= x^4\left[2 + \int_{1}^{x} \frac{1}{t^4}\, t^4 \sin t\,dt\right] \\
&= x^4(2 + \cos 1 - \cos x)
\end{aligned}$$

Beispiel 5: $y' = 2y + xy^3$

Es handelt sich um eine Bernoulli-Dgl. mit $\alpha = 3$, $f(x) = 2$ und $g(x) = x$. Mit der Transformation $u = y^{1-\alpha} = y^{-2}$ erhält man die lineare Dgl.

$$u' = -4u - 2x$$

mit der Lösung

$$u = C e^{-4x} - \frac{x}{2} + \frac{1}{8}.$$

Alle Lösungen der ursprünglichen Dgl. sind also mit $y = \pm u^{-1/2}$

$$y \equiv 0 \quad \text{oder} \quad y = \frac{1}{\pm\sqrt{C e^{-4x} - \frac{x}{2} + \frac{1}{8}}}.$$

Beispiel 6: $y' = y + e^{-x} y^2 - e^x$

Es handelt sich um eine Riccati-Dgl. mit $f(x) = 1$, $g(x) = e^{-x}$ und $h(x) = -e^x$.

6.1. LINEARE, BERNOULLI- UND RICCATI-DGL.

① Zunächst muß man sich eine Lösung beschaffen. Da in der Dgl. zweimal Exponentialfunktionen vorkommen, versucht man es mal mit dem Ansatz
$$y = Ae^{Bx}.$$
Einsetzen ergibt
$$ABe^{Bx} = Ae^{Bx} + A^2 e^{(2B-1)x} - e^x.$$
Das läßt sich zusammenfassen, wenn alle Exponenten gleich sind. Man setzt also $B = 1$ und hat stets x im Exponenten. Für A bleibt dann die Gleichung $A = A^2 + A - 1$, also $A = \pm 1$. Für $A = 1$ ist eine Lösung
$$z = e^x.$$

② Mit $f(x) = 1$ und $g(x) = e^{-x}$ sucht man nun die Lösungen u der linearen Dgl.
$$u' = -(2\,e^x e^{-x} + 1)u - e^{-x} \quad\Leftrightarrow\quad u' = -3u - e^{-x}.$$
Man erhält nacheinander $u_h = e^{-3x}$ und $u_p = -\dfrac{1}{2}e^{-x}$. Als Lösung hat man also
$$y = e^x \quad\text{oder}\quad y = e^x + \dfrac{1}{Ce^{-3x} - {}^{1}\!/\!{}_{2}\,e^{-x}}.$$

Für $C = 0$ ist im zweiten Term die andere schon vorher gefundene Lösung, $y = -e^x$, $(A = -1)$ enthalten.

Beispiel 7: $y' = \dfrac{y}{x} + \dfrac{x}{y}$

Es handelt sich um eine Bernoulli-Dgl. mit $\alpha = -1$, $f(x) = \frac{1}{x}$ und $g(x) = x$.
Alternative: Dgl. von homogenen Typ, vgl. Beispiel 7 im nächsten Abschnitt.
Mit $1 - \alpha = 2$ erfüllt $u = y^2$ die lineare Dgl.
$$u' = \dfrac{2}{x}u + 2x.$$

① $u_h = x^2$ (Spezialfall 2)

② $u_p = x^2 \int x^{-2}\, 2x\, dx = 2x^2 \ln|x| = x^2 \ln x^2$.

③ $u = C\,x^2 + x^2 \ln x^2 = x^2(C + \ln x^2)$

Damit erhält man
$$y = \pm\sqrt{u} = \pm\sqrt{x^2(C + \ln x^2)} = \pm x\sqrt{C + \ln x^2}$$

Alternativ könnte man die Dgl. zur Bestimmung von u auch als inhomogene Euler-Dgl. (vgl. Abschnitt 8) auffassen:
$$xu' - 2u = 2x^2$$

Dann erhält man zunächst $u_h = x^2$. Eine partikuläre Lösung u_p läßt sich durch einen Ansatz $u_p = Cx^2 \ln|x|$ (Resonanz!) bestimmen.

Beispiel 8: $y' = \cot x \, y + \sin x$, $y(^3\!/_2\pi) = \pi$

① Wegen $\displaystyle\int \cot x \, dx = \int \frac{\cos x}{\sin x} dx = \ln|\sin x|$ ist

$$y_h = \exp\left(\int \cot x \, dx\right) = \exp(\ln|\sin x|) = |\sin x|.$$

Hier kann man wie vor Beispiel 1 argumentieren: da die Dgl. für $x = k\pi$, $k \in \mathbb{Z}$, nicht definiert ist, sind sinnvolle Lösungsintervalle von der Form $]k\pi, (k+1)\pi[$. Falls der Sinus dort negativ ist (nämlich für ungerades k), erhält man die Lösung $|\sin x| = -\sin x$. Da man im folgenden eine beliebige nichtverschwindende Lösung der homogenen Dgl. braucht und mit jeder Funktion auch alle Vielfache Lösungen sind, rechnet man auch hier mit $y_h = \sin x$ weiter.

② $\displaystyle y_p = \sin x \int \frac{\sin x}{\sin x} dx = x \sin x$

③ Alle Lösungen sind also

$$y = C \sin x + x \sin x = (C + x) \sin x.$$

④ In die allgemeine Lösung werden $x = {}^3\!/_2\pi$ und $y = \pi$ eingesetzt:

$$(C + {}^3\!/_2\pi) \sin \frac{3}{2}\pi = \pi.$$

Mit $\sin {}^3\!/_2\pi = -1$ hat man $C = -{}^5\!/_2\pi$ und

$$y = \left(x - \frac{5}{2}\pi\right) \sin x.$$

Beispiel 9: $y' = \dfrac{x^2}{y^3}$

Es handelt sich um eine Bernoulli-Dgl. mit $f = 0$, $g = x^2$ und $\alpha = -3$.
Mit $1 - \alpha = 4$ hat man für $u = y^4$ folgende lineare Dgl. zu lösen:

$$u' = 4x^2.$$

Die Lösung ist natürlich $u = \dfrac{4}{3}x^3 + C$, woraus für y folgt

$$y = \pm \left(\frac{4}{3}x^3 + C\right)^{1/4}.$$

6.2 Getrennte Veränderliche

1. + 2. Definitionen und Berechnung

Neben den Dgl. mit getrennten Veränderlichen (Typ 1) werden drei weitere Typen untersucht. Die Dgl. in diesem Abschnitt stellen relativ hohe Anforderungen an Rechengenauigkeit und Beachten von Definitionsbereichen.

Typ 1   Getrennte Veränderliche $y' = f(x)g(y)$

Anderer Name: **getrennte Variable**.

Hierzu gehören auch alle Differentialgleichungen, in denen kein "x" vorkommt.

Wichtiger <u>Sonderfall</u>: ist $g(y) = y$, so hat man eine lineare homogene Dgl. und löst diese mit den Methoden von 6.1

Es gibt im allgemeinen drei Arten von Lösungen:

Typ 1: getrennte Veränderliche Dgl. ohne x

$g(y) = y$

> ① Ist $g(C) = 0$, so ist $y \equiv C$ eine (konstante) Lösung.
>
> ② Löse $\int \dfrac{1}{g(y)}\, dy = \int f(x)\, dx + C$ nach y auf. **Eselsbrücke:**
>
> $$\frac{dy}{dx} = f(x)g(y) \Rightarrow \frac{dy}{g(y)} = f(x)\, dx \Rightarrow \int \frac{dy}{g(y)} = \int f(x)\, dx + C$$
>
> ③ Eventuell gibt es Lösungen, die sich aus ① und ② zusammensetzen lassen. Das kann höchstens an Stellen passieren, an denen die Funktion $g(y)$ <u>nicht stetig nach y differenzierbar</u> ist, muß aber nicht.

Oft lassen sich die Lösungen nur <u>implizit</u> angeben.

Ist ein **AWP** $y(x_0) = y_0$ gegeben, so geht man so vor:

AWP

> ① Ist $g(y_0) = 0$, so ist $y = y_0$ eine Lösung. Weitere Lösungen kann es nur geben, wenn die Bedingung aus ③ nicht erfüllt ist.
>
> ② Sind in der Formel $\int \dfrac{1}{g(y)}\, dy = \int f(x)\, dx + C$ auf beiden Seiten die Stammfunktionen berechnet worden, setzt man für x und y die Werte x_0 bzw. y_0 ein und bestimmt so C.
>
> <u>Alternative:</u> die Lösung erhält man durch Auflösen von
> $$\int_{y_0}^{y} \frac{1}{g(s)}\, ds = \int_{x_0}^{x} f(t)\, dt.$$
>
> ③ Falls es zu Verzweigungen kommt, ist es sinnvoll, zunächst die Lösungsgesamtheit zu bestimmen und daraus die i.a. nicht eindeutige Lösung des AWP zu bestimmen, vgl. Beispiel 5.

> **Beispiel 1:** $y' = \dfrac{x^2}{y^3}$.

Gesucht werden die allgemeine Lösung und die Lösung zum Anfangswert $y(3) = 2$.
Definitionsbereich der rechten Seite ist der $\mathbb{R}^2$ ohne die x-Achse.

① Es ist $f(x) = x^2$ und $g(y) = \dfrac{1}{y^3}$. Damit ist g nie null und es gibt keine konstanten Lösungen. Auch ③ fällt damit weg.

② Alle Lösungen bekommt man daher durch Auflösen von

$$\int y^3\, dy = \int x^2\, dx \quad \Leftrightarrow \quad \frac{y^4}{4} = \frac{x^3}{3} + C \quad \Leftrightarrow \quad y = \pm\Big(\frac{4}{3}x^3 + 4C\Big)^{1/4}.$$

Die Lösung zum Anfangswert $y(3) = 2$ erhält man, indem man in ② $y = 2$ und $x = 3$ einsetzt. C ist dann -5.
Alternative: als Bernoulli-Dgl. lösen (Bsp. 9 in Abschnitt 1).

Typ 2: homogene Dgl. Ähnlichkeits-Dgl.

> **Typ 2**   **Ähnlichkeits-Dgl.** $y' = f\Big(\dfrac{y}{x}\Big)$.

Anderer Name: **homogene Dgl.** Nicht mit homogener linearer Dgl. verwechseln!

> Mit der Substitution
> $$y = ux \quad \Leftrightarrow \quad u = \frac{y}{x}$$
> erhält man die Dgl. mit getrennten Variablen (Typ 1)
> $$u' = \frac{1}{x}(f(u) - u).$$

AWP   Ist ein <u>AWP</u> $y(x_0) = y_0$ gegeben, so läßt es sich zu $u(x_0) = \dfrac{y_0}{x_0}$ transformieren.

> **Beispiel 2:** $y' = \dfrac{1}{2}\Big(\dfrac{y^2}{x^2} + 1\Big)$

Gesucht sind die allgemeine Lösung und die Lösung mit $y(2) = 2$.
Das ist auch eine <u>Riccati-Dgl.</u>. Da man aber ohne weiteres keine Lösung rät (oder doch?), betrachten wir sie als homogene Dgl. mit $f(u) = \frac{1}{2}(u^2 + 1)$
Mit der Substitution $y = ux$ erhält man eine Dgl. mit getrennten Veränderlichen

$$u' = \frac{1}{x}\Big(\frac{1}{2}(u^2 + 1) - u\Big) \quad \Leftrightarrow \quad u' = \frac{1}{2x}(u^2 + 1 - 2u)$$
$$\Leftrightarrow \quad u' = \frac{1}{2x}(u - 1)^2.$$

Lösung dieser Dgl:

6.2. GETRENNTE VERÄNDERLICHE

① $u = 1$ ist einzige konstante Lösung.

② Mit $f(x) = \frac{1}{2x}$ und $g(u) = (u-1)^2$ hat man

$$\int \frac{1}{(u-1)^2} du = \frac{1}{2}\ln|x| + C \quad \Leftrightarrow \quad -(u-1)^{-1} = \frac{1}{2}\ln|x| + C$$

$$\Leftrightarrow \quad u = 1 - \frac{2}{\ln|x| + 2C}$$

③ Da die rechte Seite der Dgl. stetig nach u differenzierbar ist, kommen keine zusammengesetzten Lösungen vor.

Damit hat man mit $y = ux$ die Lösungen der Ausgangsgleichung gefunden:

$$y = x \quad \text{oder} \quad y = x - \frac{2x}{\ln|x| + 2C}.$$

Zur Bestimmung der Lösung des AWP $y(2) = 2$ kommt man mit ① aus: mit $x_0 = y_0 = 2$ ist der neue Anfangswert $u(2) = 1$ und die (wegen ③ eindeutige) Lösung ist $u = 1$ und damit $y = ux = x$.

Typ 3 $y' = f(ax + by + c)$.

Typ 3:
$y' = f(ax+by+c)$

Mit der Substitution

$$u = ax + by + c \quad \Leftrightarrow \quad y = \frac{u - ax - c}{b}$$

erhält man die Dgl. mit getrennten Veränderlichen (Typ 1)

$$u' = a + bf(u).$$

Aus dem Anfangswert $y(x_0) = y_0$ wird $u(x_0) = ax_0 + by_0 + c$.

AWP

Beispiel 3: $y' = (x + y - 4)^2$

Gesucht sind die allgemeine Lösung und die Lösung zum Anfangswert $y(\pi) = 4 - \pi$.
Hier ist $a = 1$, $b = 1$, $c = -4$ und $f(u) = u^2$.
Für $u = x + y - 4$ hat man also die Dgl. mit getrennten Veränderlichen

$$u' = 1 + u^2$$

zu lösen:

① Konstante Lösungen gibt es nicht, daher fällt ③ auch weg.

②
$$\int \frac{1}{1+u^2}\, du = x + C \quad \Leftrightarrow \quad \arctan u = x + C \quad \Leftrightarrow \quad u = \tan(x + C).$$

Die Lösung der Ausgangsgleichung ist also
$$y = \tan(x + C) - x + 4.$$

Der Anfangswert des transformierten Problems ist $u(\pi) = \pi + 4 - \pi - 4 = 0$. Damit erhält man in ② $\arctan 0 = \pi + C$, also $C = -\pi$ und $y = \tan(x - \pi) - x + 4$.

Typ 4
$$\boxed{\textbf{Typ 4} \quad y' = f\left(\frac{ax + by + c}{dx + ey + f}\right).}$$

Man kann voraussetzen, daß die Determinante $\begin{vmatrix} a & b \\ d & e \end{vmatrix} \neq 0$ ist. Sonst läßt sich diese Dgl. auf einen der beiden vorher behandelten Typen (Typ 2 oder Typ 3) zurückführen. Unter dieser Voraussetzung hat dann das Gleichungssystem
$$ax + by + c = 0$$
$$dx + ey + f = 0$$
eine eindeutige Lösung (x_0, y_0). Die Substitution
$$u = y - y_0, \qquad t = x - x_0$$
überführt die gegebene Dgl. in eine Ähnlichkeitsdgl. (Typ 2)

① Berechne x_0 und y_0. Ist das Gleichungssystem nicht oder mehrdeutig lösbar, liegt einer der beiden letzten Typen vor.

② In der Dgl. wird jedes x durch $t + x_0$, jedes y durch $u + y_0$ und y' durch u' ersetzt. Wird der Bruch durch t gekürzt, liegt die Dgl. in der Form
$$u' = \tilde{f}\left(\frac{u}{t}\right)$$
vor.

③ Die entstandene Ähnlichkeitsdgl. wird als Typ 2 gelöst.

④ In der Lösung wird u durch $y - y_0$ und t durch $x - x_0$ ersetzt.

Ein Anfangswert $y(\hat{x}) = \hat{y}$ ergibt $t_0 = \hat{x} - x_0$ und $u_0 = u(t_0) = \hat{y} - y_0$.

Beispiel 4: $y' = \dfrac{-y + 4x - 5}{y - x + 2}$

Diese Dgl. ist für alle Punkte des $\mathbb{R}^2$ mit Ausnahme der Geraden $y = x - 2$ definiert.

6.2. GETRENNTE VERÄNDERLICHE

① Das zu lösende Gleichungssystem ist hier
$$-y + 4x - 5 = 0$$
$$y - x + 2 = 0$$
mit der Lösung $x_0 = 1$, $y_0 = -1$.

② Ersetzen von x durch $t + 1$ und y durch $u - 1$ und danach Kürzen durch t:
$$\frac{-y + 4x - 5}{y - x + 2} = \frac{-u + 1 + 4t + 4 - 5}{u - 1 - t - 1 + 2} = \frac{-u + 4t}{u - t} = \frac{-u/t + 4}{u/t - 1}$$

Zu lösen ist also die <u>Ähnlichkeitsdgl.</u> (Typ 2)
$$\frac{du}{dt} = \frac{-u/t + 4}{u/t - 1}.$$

③ Mit der Substitution $w = u/t$ ergibt sich für w die Dgl. mit getrennten Veränderlichen (Typ 1)
$$\frac{dw}{dt} = \frac{1}{t}\left(\frac{-w + 4}{w - 1} - w\right) = \frac{1}{t}\left(\frac{-w + 4 - w^2 + w}{w - 1}\right) = \frac{1}{t}\left(\frac{-w^2 + 4}{w - 1}\right). \quad (*)$$

①' Konstante Lösungen sind $w = \pm 2$, was $u = \pm 2t$ ergibt.

②' Trennen der Variablen gibt $\int \frac{-w + 1}{w^2 - 4}\, dw = \ln|t| + C$.
Das Integral wird mit Partialbruchzerlegung berechnet:
$$\frac{-w + 1}{w^2 - 4} = \frac{1}{4}\left(\frac{-1}{w - 2} + \frac{-3}{w + 2}\right).$$

Integration ergibt
$$-\ln|w - 2| - 3\ln|w + 2| = 4\ln|t| + C$$
$$\Leftrightarrow \quad \ln|t^4\,(w - 2)(w + 2)^3| = -C.$$

Wird nun auf beide Seiten die Exponentialfunktion angewandt und der Betrag aufgelöst, kann die rechte Seite mit $D = \pm\exp(-C)$ jeden von null verschiedenen Wert annehmen:
$$t^4\,(w - 2)(w + 2)^3 = D.$$

Da eine Auflösung nach w nicht ohne weiteres möglich ist, bleibt diese <u>implizite Lösung</u> stehen.

③' Da die rechte Seite der Dgl. (*) nach w stetig differenzierbar ist, kommen keine zusammengesetzten Lösungen vor.

Die gefundenen Lösungen lassen sich so zusammenfassen, daß die Konstante D für die unter ①' bestimmten Lösungen auch den Wert 0, also alle reellen Werte annehmen kann. Nun wird w wieder durch u/t ersetzt und der Faktor t^4 auf die Klammern verteilt:

$$t^4\left(\frac{u}{t} - 2\right)\left(\frac{u}{t} + 2\right)^3 = D \quad \Leftrightarrow \quad (u - 2t)(u + 2t)^3 = D, \quad D \in \mathbb{R}.$$

④ u wird durch $y + 1$ und t durch $x - 1$ ersetzt:

$$(y + 1 - 2(x - 1))(y + 1 + 2(x - 1))^3 = D$$
$$\Leftrightarrow \quad (y - 2x + 3)(y + 2x - 1)^3 = D, \quad D \in \mathbb{R}$$

Aus dieser allgemeinen impliziten Lösung lassen sich für $D = 0$ die beiden Geraden $y = 2x - 3$ und $y = -2x + 1$ ablesen.

3. Beispiele

Beispiel 5: Ein ziemlich kniffliges Beispiel: $y' = 4x\sqrt{|y|}$.

Getrennte Veränderliche Typ 1

Dies ist eine Dgl. mit getrennten Veränderlichen.

① $g(y) = \sqrt{|y|}$ ist null für $\boxed{y = 0}$, man hat also die konstante Lösung $y \equiv 0$.

② Weitere Lösungen erhält man durch Auflösen von

$$\int \frac{1}{2\sqrt{|y|}}\, dy = \int 2x\, dx.$$

Für $\boxed{y > 0}$ ist $|y| = y$ und eine Stammfunktion des linken Integrals ist $G(y) = \sqrt{y}$. Beim Auflösen von

$$\sqrt{y} = x^2 + C$$

muß man allerdings beachten, daß die linke Seite stets positiv ist. Daher ist die so gewonnene Lösung

$$y = \left(x^2 + C\right)^2$$

nur für $x^2 > -C$ definiert: für $C \geq 0$ ist der Definitionsbereich $\mathbb{R}$, für $C < 0$ setzt man $C = -D^2$, also $D = \sqrt{-C}$ und Auflösung von $x^2 - D^2 > 0$ ergibt die Definitionsintervalle $]-\infty, -D] =]-\infty, -\sqrt{-C}]$ und $[D, \infty[= [\sqrt{-C}, \infty[$.

6.2. GETRENNTE VERÄNDERLICHE

Für $\boxed{y<0}$ ist $-\sqrt{-y}$ eine Stammfunktion zu $\dfrac{1}{2\sqrt{|y|}} = \dfrac{1}{2\sqrt{-y}}$. Da diesmal die linke Seite stets negativ ist, ist der Definitionsbereich der Lösung

$$y = -\bigl(-x^2 - C\bigr)^2 = -\bigl(x^2 + C\bigr)^2$$

der durch $x^2 < -C$ beschriebene Bereich $]-\sqrt{-C}, \sqrt{-C}[$.

③ Da $g(y) = \sqrt{|y|}$ für $y = 0$ nicht differenzierbar ist, kann es auf der X-Achse zu Verzweigungen von Lösungen kommen. Das tritt hier auch ein: die Graphen der in ② bestimmten Lösungen münden mit waagerechter Tangente in die X-Achse ein. Da beliebige Strecken der Achse auch Graphen von Lösungen sind (nach ①), sieht die allgemeine Lösung so aus:

entweder ist mit $C > 0$ $y(x) = (x^2 + C)^2$ mit Definitionsbereich $\mathbb{R}$

oder es gibt Zahlen $-\infty \leq x_1 \leq x_2 \leq 0 \leq x_3 \leq x_4 \leq \infty$ mit $x_3 = -x_2$ und

- in $]-\infty, x_1]$ ist $y(x) = (x^2 - x_1^2)^2$
- in $[x_1, x_2]$ ist $y(x) = 0$
- in $[x_2, x_3]$ ist $y(x) = -(x^2 - x_2^2)^2$
- in $[x_3, x_4]$ ist $y(x) = 0$
- in $[x_4, \infty[$ ist $y(x) = (x^2 - x_4^2)^2$

Wenn z.B. zwischen x_1 und x_2 das Gleichheitszeichen steht, bedeutet das, daß dieser Teil der Lösung nicht vorkommt.

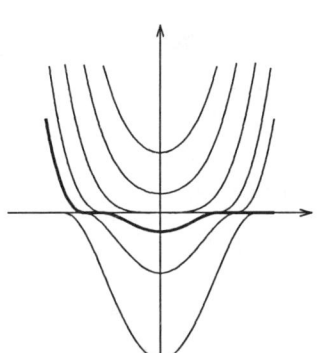

In der Skizze sind für verschiedene Werte von C Lösungskurven eingezeichnet. Man erkennt, daß sich auf der X-Achse die Lösungen verzweigen. Der Graph einer einer aus vier Teilen zusammengesetzten Lösung ist dick eingezeichnet. Sie ist so beschreibbar:

- für $x \leq x_1$ ist sie $(x^2 - x_1^2)^2$
- für $x_1 \leq x \leq x_2$ ist sie konstant null
- für $x_2 \leq x \leq x_3$ ist sie $-(x^2 - x_2^2)^2$
- für $x \geq x_3$ ist sie wieder null.

Zum Abschluß kann man noch eine <u>Plausibilitätskontrolle</u> vornehmen: die rechte Seite der Dgl. $y' = x\sqrt{y}$ hat dasselbe Vorzeichen wie x. Daher muß man für positive x steigende und für negative x fallende Lösungsfunktionen erhalten. Stimmt!

Plausibilitätskontrolle

Getrennte Veränderliche Typ 1

> **Beispiel 6:** $y' = \dfrac{1}{xy}$, $y(1) = -1$

Diese Dgl. mit getrennten Veränderlichen ist auf dem $\mathbb{R}^2$ mit Ausnahme des Achsenkreuzes definiert.

Bei der Lösung braucht man nur Schritt ②:

$$\int y\, dy = \int \frac{1}{x}\, dx \quad \Leftrightarrow \quad \frac{1}{2} y^2 = \ln|x| + C$$

Jetzt werden für x und y jeweils 1 und -1 eingesetzt und man erhält $C = \dfrac{1}{2}$ und damit

$$y = -\sqrt{\ln x^2 + 1} \quad \text{(wegen } y(1) < 0\text{)}.$$

Alternative Rechnung:

$$\int_1^y s\, ds = \int_1^x \frac{1}{t}\, dt \quad \Leftrightarrow \quad \frac{1}{2} y^2 - \frac{1}{2} = \ln x - 0 \quad \Leftrightarrow \quad y = -\sqrt{\ln x^2 + 1}.$$

Die allgemeine Lösung (ohne den Anfangswert $y(1) = -1$) hat die Gestalt

$$y = \pm\sqrt{\ln x^2 + C}, \quad C \in \mathbb{R}.$$

<u>Alternative:</u> Die Dgl. wird als <u>Bernoulli-Dgl.</u> aufgefaßt (mit $f(x) = 0$, $g(x) = \frac{1}{x}$ und $\alpha = -1$).

> **Beispiel 7:** $y' = \dfrac{y}{x} + \dfrac{x}{y}$.

Typ 2

Diese Dgl. (die man auch als Bernoulli-Dgl. mit $\alpha = -1$ auffassen kann), ist vom Typ $y' = f\left(\dfrac{y}{x}\right)$ (Typ 2). f sieht dabei so aus: $f(u) = u + u^{-1}$.

Die Substitution $u = \dfrac{y}{x} \quad \Leftrightarrow \quad y = ux$ ergibt für u die Dgl.

$$u' = \frac{1}{x}(u + u^{-1} - u) = \frac{1}{xu}.$$

Diese Dgl. hat nach dem letzten Beispiel die Lösung $u = \pm\sqrt{\ln x^2 + 2C}$. Damit erhält man für die allgemeine Lösung hier

$$y = ux = \pm x\sqrt{\ln x^2 + 2C}.$$

6.2. GETRENNTE VERÄNDERLICHE

Beispiel 8: $y' = \dfrac{3x - y + 4}{x + y}$

Typ 4

Diese Dgl. vom Typ 4 ist für $y \neq -x$ definiert.

① Das zu lösende Gleichungssystem ist $\begin{pmatrix} 3x - y = -4 \\ x + y = 0 \end{pmatrix}$ mit der Lösung $x_0 = -1$ und $y_0 = 1$. Die Substitution auf eine Dgl. der Form von Typ 2 wird also mit $t = x + 1$ und $u = y - 1$ vorgenommen.

② Man erhält die Dgl.
$$\frac{du}{dt} = \frac{3(t-1) - (y+1) + 4}{t - 1 + u + 1} = \frac{3t - u}{t + u} = \frac{3 - u/t}{1 + u/t}.$$

③ Mit der Substitution $w = u/t$ erhält man die Dgl.
$$w' = \frac{1}{t}\left(\frac{3-w}{1+w} - w\right) = \frac{1}{t}\frac{3 - w - w - w^2}{w+1} = -\frac{1}{t}\frac{(w+3)(w-1)}{w+1}.$$

Lösung dieser Dgl. mit getrennten Veränderlichen:

①' Konstante Lösungen sind $w = 1$ und $w = -3$.

②' Die anderen Lösungen ergeben sich aus
$$\int \frac{w+1}{(w+3)(w-1)}\, dw = -\int \frac{1}{t}\, dt.$$

Partialbruchzerlegung und Integration liefert
$$\int \frac{w+1}{(w+3)(w-1)}\, dw = \int \left(\frac{1/2}{w+3} + \frac{1/2}{w-1}\right) dw$$
$$= \frac{1}{2}(\ln|w+3| + \ln|w-1|) = -\ln|t| + C.$$

Zusammengefaßt: $\ln|(w+3)(w-1)t^2| = 2C$, $C \in \mathbb{R}$.
Der Betrag kann alle positiven Werte annehmen, der Ausdruck im Betrag alle reellen Zahlen mit Ausnahme der Null. Nimmt man von ①' die konstanten Lösungen hinzu (mit $D = 0$), so erhält man

$$(w+3)(w-1)t^2 = D, \quad D \in \mathbb{R}.$$

③' Da die rechte Seite der Dgl. in ihrem Definitionsgebiet stetig nach w differenzierbar ist, gibt es keine zusammengesetzten Lösungen.

④ Jetzt wird wieder t auf die Faktoren verteilt, wt durch u ersetzt und die Anfangssubstitution rückgängig gemacht:

$$(tw+3t)(tw-t) = (u+3t)(u-t) = (y+3x+2)(y-x-2).$$

Die allgemeine implizite Lösung lautet also

$$(y+3x+2)(y-x-2) = D, \quad D \in \mathbb{R}.$$

Da y insgesamt nur quadratisch vorkommt, läßt sich diese Gleichung nach y auflösen. Rechnerisch etwas einfacher ist es, weiter vorne anzufangen. Auflösen von $(w+3)(w-1)t^2 = D$ ergibt

$$w = -1 \pm \sqrt{4 + Dt^{-2}} \quad \Leftrightarrow \quad u = -t \pm t\sqrt{4 + Dt^{-2}} = -t \pm \sqrt{4t^2 + D}.$$

Ersetzt man u durch $y-1$ und t durch $x+1$, so ergibt sich die Lösung

$$y = -x \pm \sqrt{4(x+1)^2 + D}, \quad D \in \mathbb{R}.$$

Für $D > 0$ existiert die Lösung auf $\mathbb{R}$, für $D < 0$ gibt es Lösungen in den Intervallen $]-\infty, -1 - \sqrt{-D/4}[$ und $]-1 + \sqrt{-D/4}, \infty[$.
Für $D = 0$ liest man die Geraden $y = -3x - 2$ und $y = x + 2$ für $x \neq -1$ ab (dort schneiden sich diese Geraden mit der Geraden $y = -x$, die nicht zum Definitionsbereich gehört).

Beispiel 9: $y' = y^2 \cos x$

Es handelt sich um eine Dgl. mit getrennten Variablen.

① $y = 0$ ist die einzige konstante Lösung.

②

$$\int \frac{1}{y^2} dy = \int \cos x \, dx + C$$

Integration und Auflösen ergibt

$$-\frac{1}{y} = \sin x + C \quad \Rightarrow \quad y = -\frac{1}{\sin x + C}$$

③ Da die rechte Seite der Dgl. $y^2 \cos x$ stetig nach y differenzierbar ist, gibt es keine zusammengesetzten Lösungen. Die allgemeine Lösung ist also

$$y = 0 \quad \text{oder} \quad y = -\frac{1}{\sin x + C}.$$

6.3 Exakte Differentialgleichungen

Andere Bezeichnungen:
Pfaffsche Dgl., Dgl. für Kurvenscharen, Nullinien Pfaffscher Formen.

Pfaffsche Dgl, Dgl. für Kurvenscharen

1. Definitionen

Diese Dgl. haben die Form

I $P(x,y) + Q(x,y)\,y' = 0$ oder

II $P(x,y)\,dx + Q(x,y)\,dy = 0.$

Dabei geht die zweite aus der ersten Form durch formales Erweitern mit dx hervor. Eine Lösung ist im Fall

I eine Funktion $y(x)$, die die Dgl. erfüllt: $P(x,y(x)) + Q(x,y(x))\,y'(x) = 0$.

II Jetzt gibt es außerdem Lösungskurven, die keine Graphen von Funktionen sind: eine Lösungskurve hat eine Parametrisierung $\phi(t) = (x(t), y(t))^\top$, so daß $P(x(t),y(t))\,\dot x(t) + Q(x(t),y(t))\,\dot y(t) = 0$ ist. Der Punkt bezeichnet dabei die Ableitung nach t.

Im Fall II ist mit $t = x$ (dann ist $\frac{dx}{dt} = 1$ und $\frac{dy}{dt} = y'$) der Fall I mit enthalten.
Die Dgl. heißt <u>exakt</u>, falls es eine <u>Stammfunktion</u> F mit $F_x = P$ und $F_y = Q$ gibt. Alle Lösungen der Dgl. ergeben sich dann durch Auflösen der Gleichung $F(x,y) = C$, wobei C eine beliebige Konstante ist.

exakte Dgl., Stammfunktion

Falls die Dgl. nicht exakt ist, läßt sich manchmal eine Funktion $\mu(x,y)$ finden, so daß die Dgl. $\mu P\,dx + \mu Q\,dy = 0$ exakt ist. Eine solche Funktion μ heißt <u>integrierender Faktor</u> oder <u>Eulerscher Multiplikator</u>.

integrierender Faktor, Eulerscher Multiplikator

2. Berechnung

> ① Ist die vorgelegte Dgl. exakt? ($P_y = Q_x$)
>   Falls nicht: Bestimmung eines Eulerschen Multiplikators.
>
> ② Bestimmung einer Stammfunktion $F(x,y)$.
>
> ③ Bestimmung der Lösungen aus $F(x,y) = C$, $C \in \mathbb{R}$
>   Falls ein Multiplikator benutzt wurde:
>   Test, ob sich die Lösungsmenge geändert hat.
>
> ④ Ist ein AWP mit $y(x_0) = y_0$ gegeben, so bestimmt sich C durch $F(x_0, y_0) = C$.

Test auf Exaktheit

zu ①: Kriterium für Exaktheit

- Ist die Dgl. exakt und F zweimal stetig diff'bar, so ist überall $P_y = Q_x$.

- Ist auf einen einfach zusammenhängenden Gebiet überall $P_y = Q_x$, so gibt es dort eine Stammfunktion. (Sternförmige oder konvexe Gebiete sind einfach zusammenhängend, insbesondere ist das der Fall, wenn die Dgl. auf dem ganzen $\mathbb{R}^2$ definiert ist.)

Bestimmung eines Eulerschen Multiplikators μ

Bestimmung eines Eulerschen Multiplikators

Falls $P_y = Q_x$ nicht erfüllt ist, macht man einen
Ansatz: $\mu(x,y)\,P(x,y)\,dx + \mu(x,y)\,Q(x,y)\,dy = 0$ soll exakt sein.
Die Exaktheitsbedingung $(\mu P)_y = (\mu Q)_x$ gibt

$$\mu_y P + \mu P_y = \mu_x Q + \mu Q_x \quad \Leftrightarrow \quad \mu_y P - \mu_x Q = \mu\,(Q_x - P_y).$$

Zwei Spezialfälle:

Es gibt einen nur von x abhängenden Multiplikator
$\Leftrightarrow \mu_y = 0$
$\Leftrightarrow w := -\dfrac{Q_x - P_y}{Q}$ hängt nur von x ab
$\Leftrightarrow \mu(x) = \exp(\int w(x)\,dx)$ ist integrierender Faktor

$\mu = \mu(x)$

Es gibt einen nur von y abhängenden Multiplikator
$\Leftrightarrow \mu_x = 0$
$\Leftrightarrow w := \dfrac{Q_x - P_y}{P}$ hängt nur von y ab
$\Leftrightarrow \mu(y) = \exp(\int w(y)\,dy)$ ist integrierender Faktor

$\mu = \mu(y)$

Ein Beispiel zur Bestimmung eines integrierenden Faktors, der weder allein von x noch von y abhängt, findet sich bei den Beispielen.

Stammfunktion bestimmen

Hinguckmethode

zu ②: Bestimmung einer Stammfunktion

Gesucht ist eine Funktion F, deren Gradient das Vektorfeld $(P,Q)^\top$ ist.

Methode 1: Hinguckmethode

F muß einerseits die Form $\int P(x,y)\,dx$ und andererseits $\int Q(x,y)\,dy$ haben. Man schreibt beide Ausdrücke hin, streicht doppelt vorkommende Terme einmal heraus und addiert beide Ausdrücke.
Hier muß man unbedingt als Probe $F_x = P$ und $F_y = Q$ nachrechnen!

6.3. EXAKTE DIFFERENTIALGLEICHUNGEN

Methode 2: Mehrfache Integration

Mehrfache Integration

① $F(x,y) = \int P(x,y)\,dx + C(y)$

② Diese Gleichung wird nach y abgeleitet und mit $F_y = Q(x,y)$ kombiniert. Daraus wird $C'(y)$ bestimmt.

③ $C(y)$ wird bestimmt und in ① eingesetzt.

Diese Methode hat die Variante, daß die Rollen von x und y vertauscht werden: zunächst wird Q nach y integriert und man erhält F bis auf eine von x abhängende Konstante.

Methode 3: Berechnung durch Kurvenintegrale

Kurvenintegrale

Ⓐ $F(x,y) = \int_{x_0}^{x} P(t, y_0)\,dt + \int_{y_0}^{y} Q(x, s)\,ds$

Ⓑ $F(x,y) = \int_{x_0}^{x} P(t, y)\,dt + \int_{y_0}^{y} Q(x_0, s)\,ds$

Ⓒ $F(x,y) = \int_{0}^{1} \Big[P(x_0 + t(x - x_0), y_0 + t(y - y_0))\,(x - x_0)$
$\qquad\qquad + Q(x_0 + t(x - x_0), y_0 + t(y - y_0))\,(y - y_0) \Big] dt$
$\qquad = (x - x_0) \int_{0}^{1} P(x_0 + t(x - x_0), y_0 + t(y - y_0))\,dt$
$\qquad\quad + (y - y_0) \int_{0}^{1} Q(x_0 + t(x - x_0), y_0 + t(y - y_0))\,dt$

Dabei entsprechen die drei Varianten jeweils einem Kurvenintegral:

Ⓐ von (x_0, y_0) über (x, y_0) nach (x, y),

Ⓑ von (x_0, y_0) über (x_0, y) nach (x, y),

Ⓒ von (x_0, y_0) direkt nach (x, y).

Man hat also darauf zu achten, daß diese Strecken im Definitionsbereich der Dgl. liegen.

Ist ein Anfangswert $y(x_0) = y_0$ gegeben, so liefert diese Methode sofort die Lösung des AWP durch Auflösen von $F(x,y) = 0$. Ist die allgemeine Lösung gesucht, so wählt man den Startpunkt (x_0, y_0) möglichst günstig, d.h. so, daß in einem Integral möglichst viele Terme wegfallen. Oft ist $(x_0, y_0) = (0, 0)$ eine gute Wahl.

Falls man sich entschließt, mit allgemeinem x_0 und y_0 zu rechnen, läßt sich die Stammfunktion so zusammenfassen, daß sich eine Summe von zwei Termen ergibt, von denen der eine nur x und y und der andere nur x_0 und y_0 enthält.

Vergleich der Methoden

Vergleich der Methoden

	Vorteil	Nachteil
Methode 1	Schnellste Methode bei einfach gebauten Dgl.	Fehleranfällig bei komplizierteren Rechnungen
Methode 2	einfache Universalmethode	eigentlich keiner
Methode 3	liefert gleich die Lösung des AWP	unnötig komplizierte Rechnungen durch Mitführen der Anfangswerte

Auflösen

zu ③: Auflösen und Kontrolle

Oft läßt sich die Gleichung $F(x,y) = C$ nicht nach y auflösen, so daß man nur eine implizite Lösung erhält.

Kontrolle

Wurde ein Multiplikator μ benutzt, so müssen folgende Kontrollen vorgenommen werden:

i) Die Lösungen von $\mu(x,y) = 0$ sind Lösungen der modifizierten Dgl. Sind es auch Lösungen der ursprünglichen Gleichung?

ii) Die Lösungen von $\dfrac{1}{\mu(x,y)} = 0$ sind eventuell weggefallen. Waren es Lösungen der ursprünglichen Gleichung?

3. Beispiele

Beispiel 1: $(2x + 4y + 2)\,dx + (4x + 12y + 8)\,dy = 0, \quad y(0) = -1$

Alternativ zu der folgenden Rechnung läßt sich die Dgl. auch umschreiben in
$y' = -\dfrac{2x + 4y + 2}{4x + 12y + 8}$ und als Dgl. vom Typ 4 aus Abschnitt 2 lösen.

① Mit $P = 2x + 4y + 2$ und $Q = 4x + 12y + 8$ ist $P_y = 4 = Q_x$. Die Dgl. ist also exakt.

② **Nach Methode 1 (Hinguckmethode)**

Einerseits muß $F(x,y)$ bei Integration von P nach x wie $x^2 + 4xy + 2x$, andererseits (bei Integration von Q nach y) wie $4xy + 6y^2 + 8y$ aussehen. Der doppelt vorkommende Term $4xy$ wird einmal gestrichen, der Rest wird addiert, also $F(x,y) = x^2 + 4xy + 2x + 6y^2 + 8y$. Die Probe $F_x = P$, $F_y = Q$ geht auf. Fertig.

6.3. EXAKTE DIFFERENTIALGLEICHUNGEN

Nach Methode 2 (Mehrfache Integration)

Integration von P nach x ergibt $F(x,y) = x^2 + 4xy + 2x + C(y)$.
Ableiten nach y und Vergleich mit Q: $4x + C'(y) = 4x + 12y + 8$, also $C'(y) = 12y + 8$. Mit $C(y) = 6y^2 + 8y$ (es ist ja nur eine Stammfunktion gesucht, deshalb braucht man keine Integrationskonstante) hat man

$$F(x,y) = x^2 + 4xy + 2x + 6y^2 + 8y.$$

Nach Methode 3 (Kurvenintegrale)

Es ist $x_0 = 0$ und $y_0 = -1$.

Ⓐ
$$\begin{aligned}
F(x,y) &= \int_{x_0}^{x} P(t, y_0)\, dt + \int_{y_0}^{y} Q(x, s)\, ds \\
&= \int_{0}^{x} (2t + 4(-1) + 2)\, dt + \int_{-1}^{y} (4x + 12s + 8)\, ds \\
&= (t^2 - 2t)|_0^x + (4xs + 6s^2 + 8s)|_{-1}^y \\
&= x^2 + 4xy + 2x + 6y^2 + 8y + 2.
\end{aligned}$$

Ⓑ
$$\begin{aligned}
F(x,y) &= \int_{x_0}^{x} P(t, y)\, dt + \int_{y_0}^{y} Q(x_0, s)\, ds \\
&= \int_{0}^{x} (2t + 4y + 2)\, dt + \int_{-1}^{y} (0 + 12s + 8)\, ds \\
&= (t^2 + 4ty + 2t)|_0^x + (6s^2 + 8s)|_{-1}^y \\
&= x^2 + 4xy + 2x + 6y^2 + 8y + 2.
\end{aligned}$$

Ⓒ Es ist $x_0 + t(x - x_0) = tx$ und $y_0 + t(y - y_0) = -1 + t(y + 1)$.

$$\begin{aligned}
F(x,y) &= (x - x_0) \int_0^1 P(x_0 + t(x - x_0), y_0 + t(y - y_0))\, dt \\
&\quad + (y - y_0) \int_0^1 Q(x_0 + t(x - x_0), y_0 + t(y - y_0))\, dt \\
&= x \int_0^1 (2tx + 4(-1 + t(y+1)) + 2)\, dt \\
&\quad + (y+1) \int_0^1 (4tx + 12(-1 + t(y+1)) + 8)\, dt \\
&= x(t^2 x - 2t + 2t^2(y+1))|_0^1 + (y+1)(2t^2 x - 4t + 6t^2(y+1))|_0^1 \\
&= x(x - 2 + 2y + 2) + (y+1)(2x - 4 + 6(y+1)) \\
&= x^2 + 4xy + 2x + 6y^2 + 8y + 2.
\end{aligned}$$

③ Wurde die Stammfunktion nach Methode 1 oder 2 bestimmt, muß noch die richtige Konstante bestimmt werden. Dazu werden $x = 0$ und $y = -1$

eingesetzt: $F(0, -1) = 6 - 8 = -2$. In jedem Fall erhält man also die Lösung der Dgl. als Auflösung von $x^2 + 4xy + 2x + 6y^2 + 8y + 2 = 0$ bzw. $x^2 + 4xy + 2x + 6y^2 + 8y = -2$. Diese Gleichung läßt sich mit quadratischer Ergänzung in der Form $(x + 2y + 1)^2 + 2(y + 1)^2 = 1$ schreiben. Die Lösungskurve beschreibt also eine Ellipse. Alternativ kann man natürlich auch mit Hilfe der p-q-Formel nach y auflösen.

Beispiel 2: $(xy^2 + xye^x)\,dx + (2x^2y + xe^x)\,dy = 0$

Es ist $P(x, y) = xy^2 + xye^x$ und $Q(x, y) = 2x^2y + xe^x$.

① Test auf Exaktheit: $P_y = 2xy + xe^x$, $Q_x = 4xy + (x+1)e^x$. Die Dgl. ist also nicht exakt und ein Multiplikator μ muß bestimmt werden.

Versuch 1: μ hängt nur von y ab.
Bilde also $w = \dfrac{Q_x - P_y}{P} = \dfrac{4xy + (x+1)e^x - 2xy - xe^x}{xy^2 + xye^x} = \dfrac{2xy + e^x}{xy(y + e^x)}$.
Da w sich nicht als nur von y abhängender Ausdruck schreiben läßt, gibt es keinen nur von y abhängenden integrierenden Faktor.

Versuch 2: μ hängt nur von x ab.
Bilde also
$$w = -\frac{Q_x - P_y}{Q} = -\frac{4xy + (x+1)e^x - 2xy - xe^x}{2x^2y + xe^x} = -\frac{2xy + e^x}{x(2xy + e^x)} = -\frac{1}{x}.$$
Da w nur von x abhängt, ist $\mu(x) = \exp(\int -\dfrac{1}{x}\,dx) = \exp(-\ln|x|) = \dfrac{1}{|x|}$ integrierender Faktor. Mit derselben Begründung wie auf S. 5 nimmt man $\mu = \dfrac{1}{x}$. Die neue (exakte) Dgl lautet also

$$(y^2 + ye^x)dx + (2xy + e^x)dy = 0.$$

Probe: $P_y = 2y + e^x$, $Q_x = 2y + e^x$, stimmt!

② Die Stammfunktion bestimmt man nach der **Hinguckmethode:**
$F(x, y) = xy^2 + ye^x$.

③ Alle Lösungen erhält man aus $xy^2 + ye^x = C$, also für $x \neq 0$ mit der p-q-Formel
$$y = \frac{1}{2x}\left(-e^x \pm \sqrt{e^{2x} + 4Cx}\right)$$
Da die Dgl. mit $\mu = \frac{1}{x}$ multipliziert wurde, muß getestet werden, ob die Lösung $\frac{1}{\mu} = x = 0$, also die y-Achse, weggefallen ist: in der Tat ist mit der Parametrisierung $x(t) = 0$, $y(t) = t$ und damit $\dot x = 0$, $\dot y = 1$ die ursprüngliche Dgl. erfüllt. Die y-Achse ist also auch eine Lösungskurve.

④ fällt weg, da kein Anfangswert gegeben ist.

6.3. EXAKTE DIFFERENTIALGLEICHUNGEN

Beispiel 3: $(2x^2y + y^3) + (x^3 + 2xy^2)y' = 0$.
Hinweis: es gibt einen von $t = xy$ abhängenden integrierenden Faktor.

① Es ist $P = 2x^2y+y^3$, $Q = x^3+2xy^2$ und damit $P_y = 2x^2+3y^2$ und $Q_x = 3x^2+2y^2$. Die Dgl. ist also nicht exakt. Laut Hinweis gibt es einen von $t = xy$ abhängenden integrierenden Faktor μ. Zur Bestimmung von μ werden die partiellen Ableitungen nach x und y mit der Kettenregel bestimmt:

$$\mu_x = \frac{d\mu}{dt}\frac{\partial t}{\partial x} = \mu' \cdot y, \quad \mu_y = \frac{d\mu}{dt}\frac{\partial t}{\partial y} = \mu' \cdot x.$$

Der Strich bezeichnet dabei die Ableitung nach t. Jetzt wird die Bestimmungsgleichung für μ ausgewertet:

$$\begin{aligned}
(\mu P)_y &= (\mu Q)_x \\
\mu_y P + \mu P_y &= \mu_x Q + \mu Q_x \\
\mu'x(2x^2y + y^3) + \mu(2x^2 + 3y^2) &= \mu'y(x^3 + 2xy^2) + \mu(3x^2 + 2y^2) \\
\mu'(2x^3y + xy^3 - x^3y - 2xy^3) &= \mu(3x^2 + 2y^2 - 2x^2 - 3y^2) \\
\mu'(x^3y - xy^3) &= \mu(x^2 - y^2) \\
\mu'xy(x^2 - y^2) &= \mu(x^2 - y^2) \\
\mu' &= \frac{1}{xy}\mu
\end{aligned}$$

μ löst also die Dgl. $\mu' = \frac{1}{t}\mu$. Eine Lösung ist $\mu(t) = t = xy$. Damit erhält man die neue (exakte) Dgl.

$$(2x^3y^2 + xy^4) + (x^4y + 2x^2y^3)y' = 0.$$

Probe: $P_y = 4x^3y + 4xy^3$, $Q_x = 4x^3y + 4xy^3$ stimmt!

② Die Stammfunktion bestimmt sich nach der Hinguckmethode:
$F(x,y) = \frac{1}{2}(x^4y^2 + x^2y^4)$.

③ Alle Lösungen sind implizit gegeben durch

$$x^4y^2 + x^2y^4 = C, \quad C \in \mathbb{R}.$$

Hinzugekommen sind eventuell die Lösungskurven $x = 0$ und $y = 0$ (das Achsenkreuz, das für $C = 0$ in der allgemeinen Lösung enthalten ist). Man erkennt, daß die x-Achse, die durch $y = 0$ gegeben ist, schon eine Lösung der Ausgangsgleichung war: man muß ja nur $y = 0$ (und dann natürlich auch y'=0) einsetzen. Die y-Achse ist bei <u>dieser</u> Form der Dgl. (mit y' formuliert) <u>keine</u> Lösung, da sie nicht der Graph einer Funktion ist.

④ entfällt, da kein Anfangswert gegeben ist.

6.4 Implizite Differentialgleichungen

Hier werden auch <u>nichtlineare</u> Dgl. zweiter Ordnung mit bestimmten Eigenschaften mitbehandelt (Typen 1a und 2a). <u>Lineare Dgl.</u> höherer Ordnung werden in den Abschnitten ab 6.6 behandelt.

1. Definitionen

Eine <u>implizite</u> Dgl. hat allgemein die Form $F(x, y, y', y'', \cdots) = 0$, wobei "implizit" bedeutet, daß die Dgl. nicht notwendig nach der höchsten Ableitung aufgelöst ist.

Natürlich kann man versuchen, die Dgl. nach y' aufzulösen und dann bekannte Methoden anzuwenden. Hier liegt die Betonung allerdings auf anderen Lösungsmethoden, bei denen die Lösungen in **parametrisierter Form** vorliegen. Der Parameter ist dabei jedesmal $p = y'$. Im folgenden bedeutet der Punkt über einer Funktion die Ableitung nach p, C eine beliebige reelle Konstante.

p, ẏ

Im Gegensatz zu den bisher aufgetretenen Typen gehen nun durch jeden Punkt i.allg. mehrere oder auch gar keine Lösungen. Ebenso sind die Lösungskurven i.allg. nicht glatt, sondern haben singuläre Punkte, z.B. Spitzen, die da auftreten, wo in der Parametrisierung $(x(p), y(p))$ beide Ableitungen $\dot{x}(p)$ und $\dot{y}(p)$ null sind, vgl. Beispiel 3.

2.+3. Berechnung und Beispiele

Typenübersicht

In diesem Abschnitt werden vier Sonderfälle impliziter, d.h. nicht nach y' aufgelöster Dgl. betrachtet:

- **Typ 1**: Dgl. ohne x in der Form $y = g(y')$
- **Typ 1a**: Dgl. ohne x in der Form $F(y, y', y'') = 0$
- **Typ 2**: Dgl. ohne y in der Form $x = g(y')$
- **Typ 2a**: Dgl. ohne y in der Form $F(x, y', y'', \cdots) = 0$
- **Typ 3**: Clairaut-Dgl. $y = xy' + g(y')$
- **Typ 4**: d'Alembert-Dgl. $y = xf(y') + g(y')$.

Die Funktionen F, f und g sollen dabei stetig differenzierbar sein.

6.4. IMPLIZITE DIFFERENTIALGLEICHUNGEN

Typ 1: Dgl. ohne x in der Form $y = g(y')$

Typ 1

Die Lösungen erhält man als

$$y(p) = g(p), \quad x(p) = C + \int \frac{\dot{g}(p)}{p}\, dp \quad \text{oder} \quad y = g(0).$$

Alternativ kann man versuchen, die Dgl. nach y' aufzulösen und die entstehende Dgl. als Dgl. mit getrennten Veränderlichen zu behandeln.

Beispiel 1: $y = 1 - y'^2$

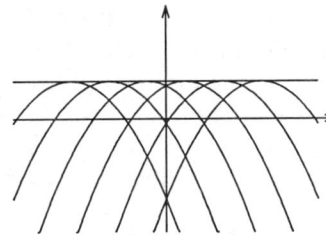

In dieser für $y \leq 1$ definierten Dgl. ist $g(p) = 1 - p^2$. Damit wird $x(p) = C + \int \frac{-2p}{p}\, dp = C - 2p$, also $p = \frac{C-x}{2}$. Für $y = 1 - p^2$ hat man also als Lösungen die nach unten geöffneten Parabeln mit den Gleichungen $y = 1 - \left(\frac{C-x}{2}\right)^2$. Aus $g(0) = 1$ erhält man die singuläre Lösung $y = 1$.

Typ 1a: Dgl. ohne x in der Form $F(y, y', y'') = 0$

Typ 1a

Durch Einführung von $p = y'$ als unabhängige Variable läßt sich die Ordnung der Dgl. um eins reduzieren:

$$y = y(p), \quad y' = p, \quad y'' = \frac{dp}{dx} = \frac{dp}{dy}\frac{dy}{dx} = \frac{1}{dy/dp}p = p\frac{1}{\dot{y}}$$

Damit reduziert sich die Dgl. auf eine erster Ordnung.

Beispiel 2: $y''y^2 = 1$

Ersetzt man y'' nach obiger Vorschrift, so hat man die Dgl. erster Ordnung $p\frac{dp}{dy}y^2 = 1$ (getrennte Variable). Trennen der Variablen und Integration ergibt $\frac{1}{2}p^2 = -\frac{1}{y} + C$, also $y' = \pm\sqrt{-\frac{2}{y} + 2C}$. Daraus läßt sich immerhin durch erneute Variablentrennung und eine (unerfreuliche) Integration eine allgemeine Lösung in der Form $x = h(y, C, C_1)$ mit zwei freien Konstanten (wie es sich für eine Dgl. zweiter Ordnung gehört) bestimmen. Im Fall $C = 0$ ist die Rechnung einfacher: $y = -(\frac{3}{\sqrt{2}}(C_1 \pm x))^{2/3}$.

Typ 2

Typ 2: Dgl. ohne y: $x = g(y')$

Die Lösung wird in Parameterform gegeben durch

$$x = g(p) \quad \text{und} \quad y(p) = C + \int p\dot{g}(p)\,dp$$

Falls sich die Dgl. nach y' auflösen läßt ($y' = h(x)$), erhält man als Lösungen Stammfunktionen zu h.

Beispiel 3: $x = y'e^{y'}$

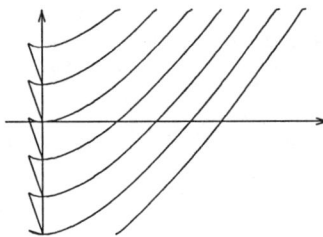

Die Funktion $t \to te^t$ hat als Wertebereich das Intervall $[e^{-1}, \infty[$. Daher kommen auch nur x-Werte aus diesem Bereich vor. Die Lösung wird parametrisiert durch $x(p) = pe^p$ und
$y(p) = C + \int p\,(p+1)e^p\,dp = C + \int (p^2+p)e^p\,dp$
$= C + ((p^2 - 2p + 2) + (p-1))e^p = C + (p^2 - p + 1)e^p$.

Typ 2a

Typ 2a: Dgl. ohne y in der Form $F(x, y', y'', \cdots) = 0$

Hier reduziert man die Ordnung um eins durch Setzen von $z := y'$ und erhält eine Dgl. $F(x, z, z', \cdots) = 0$. Aus der Lösung dieser Dgl. erhält man y durch $y = \int z(x)\,dx + C$.

Beispiel 4: $y'' = \dfrac{3y'}{x}$

Mit $z = y'$ erhält man die lineare Dgl. 1. Ordnung $z' = \dfrac{3z}{x}$, die nach Spezialfall 2 aus 6.1 die Lösung $z = C_1 x^3$ hat. Für y erhält man also

$$y = \frac{C_1}{4}x^4 + C_2 = C_1' x^4 + C_2.$$

Typ 3: Clairaut-Dgl.

Typ 3: $y = xy' + g(y')$, Clairaut-Dgl.

Es gibt als Lösungen eine Geradenschar und eine <u>Enveloppe</u>, an die alle Geraden Tangenten sind.

$$y = Cx + g(C) \quad \text{(Geraden) oder} \quad x(p) = -\dot{g}(p),\ y(p) = -p\dot{g}(p) + g(p)$$

6.4. IMPLIZITE DIFFERENTIALGLEICHUNGEN

Beispiel 5: $y = xy' - 2\sqrt{y'}$

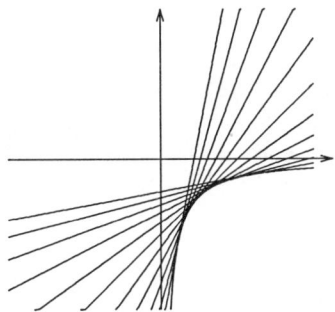

Mit $g(p) = -2\sqrt{p}$ hat man zunächst die Geradenschar $y = Cx - 2\sqrt{C}$, $C \geq 0$. Die Enveloppe hat die Parametrisierung $x(p) = -\dot{g}(p) = \dfrac{1}{\sqrt{p}}$, $y(p) = \dfrac{p}{\sqrt{p}} - 2\sqrt{p} = -\sqrt{p} = -\dfrac{1}{x}$. Wegen $\sqrt{p} \geq 0$ ist das der Zweig der Hyperbel $xy = -1$ mit $y < 0$.

Typ 4: $y = xf(y') + g(y')$, **d'Alembert-Dgl.**

Typ 4: d'Alembert-Dgl.

Auch hier gibt es wieder zwei Typen von Lösungen:

Gibt es C mit $f(C) = C$, so ist $y = Cx + g(C)$ eine Lösung

Die anderen Lösungen bekommt man wieder in parametrisierter Form. $x(p)$ ist dabei die Lösung einer linearen inhomogenen Dgl. (vgl. 6.1)

$$\dot{x}(p) = \frac{\dot{f}(p)}{p - f(p)} x(p) + \frac{\dot{g}(p)}{p - f(p)}, \quad y(p) = f(p)x(p) + g(p)$$

Beispiel 6: $y = 2xy' + y'^2$

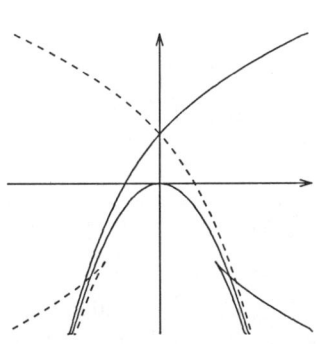

Es ist $f(p) = 2p$, $g(p) = p^2$. Die Gleichung $f(C) = C$ hat nur die Lösung $C = 0$. Daher ist eine Lösung durch $y = 0$ gegeben. Zur Bestimmung der anderen Lösungen ist die Dgl.
$$\dot{x} = \frac{2}{p-2p}x + \frac{2p}{p-2p} = -\frac{2}{p}x - 2 \text{ zu lösen. Nach}$$
6.1 ergibt sich $x_h(p) = p^{-2}$ und
$$x_p(p) = p^{-2} \int (-2) p^2 \, dp = p^{-2}(-\frac{2}{3})p^3 = -\frac{2}{3}p.$$ Damit ist $x(p) = Cp^{-2} - \dfrac{2}{3}p$ und
$$y(p) = (Cp^{-2} - \frac{2}{3}p)2p + p^2 = 2Cp^{-1} - \frac{1}{3}p^2.$$

In der Skizze sind die Kurven für $C = 1$ (durchgezogen) und $C = -1$ (gestrichelt) eingezeichnet, außerdem die für $C = 0$ entstehende Parabel: $y(p) = -\dfrac{1}{3}p^2 = -\dfrac{3}{4}\dfrac{4}{9}p^2 = -\dfrac{3}{4}x^2$.

6.5 Aufstellen von Dgl., Trajektorien

1. Definitionen

isogonale Trajektorien
orthogonale Trajektorien

Es sei eine Kurvenschar $\mathcal{K}$ gegeben, so daß durch jeden Punkt eines Gebiets G genau eine Kurve der Schar geht. Eine Kurvenschar $\mathcal{K}'$ heißt Schar isogonaler Trajektorien zu $\mathcal{K}$, falls jede Kurve von $\mathcal{K}'$ jede von $\mathcal{K}$ unter einem festen Winkel α schneidet. Schneiden sich die Kurvenscharen rechtwinklig, d.h. ist $\alpha = 90°$, so spricht man von orthogonalen Trajektorien.

2. Berechnung

1. Aufstellen von Dgl.

Aufstellen von Dgl.

Leider gibt es hier keine festen Regeln. Meist geht es so:

① Aufstellen einer Gleichung für die Kurvenschar mit n Parametern, oft aus geometrischen Überlegungen

② n-maliges Differenzieren dieser Gleichung und dabei die Kettenregel beachten. Aus den entstehenden Gleichungen die Parameter eliminieren. Es entsteht eine Dgl. n-ter Ordnung.
Im Fall $n = 1$ ist es besonders einfach, wenn man nach dem Parameter C auflösen kann. Aus der Gleichung $F(x, y) = C$ entsteht die Dgl.

$$F_x + F_y y' = 0, \quad \Leftrightarrow \quad y' = -\frac{F_x}{F_y} \quad \Leftrightarrow \quad F_x\, dx + F_y\, dy = 0.$$

Kontrolle

Kontrolle: die entstehende Dgl. darf keine Parameter mehr enthalten.

Das Verfahren wird an drei Beispielen erläutert.

Beispiel 1: Alle Kreise mit Mittelpunkt auf der x-Achse, die durch den Ursprung gehen.

Mit Ausnahme der y-Achse geht dann durch jeden Punkt der Ebene genau eine Kurve der Schar. Auf der x-Achse hat man allerdings senkrechte Tangenten, so daß man nur außerhalb des Achsenkreuzes mit einer wohldefinierten Dgl. für diese Schar rechnen darf.

Hat der Mittelpunkt des Kreises die Koordinaten $(C, 0)$ so ist der Radius $r = |C|$, also $r^2 = C^2$. Damit lautet die allgemeine Gleichung der Kurvenschar

$$(x - C)^2 + y^2 = C^2.$$

6.5. AUFSTELLEN VON DGL., TRAJEKTORIEN

C ist hierin ein Parameter, es handelt sich um eine einparametrige Kurvenschar. Statt die Gleichung sofort zu differenzieren, wird erst das Quadrat aufgelöst und für $x \neq 0$ umgeformt zu $x^2 - 2Cx + C^2 + y^2 = C^2$, also $C = \dfrac{x^2 + y^2}{2x}$ und damit

$$0 = \frac{(2x + 2yy') \cdot 2x - (x^2 + y^2) \cdot 2}{4x^2} \quad \Leftrightarrow \quad 4x^2 + 4xyy' - 2x^2 - 2y^2 = 0$$

$$\Leftrightarrow y' = \frac{y^2 - x^2}{2xy}.$$

Beispiel 2: Alle Geraden durch $(1, 1)$.

Außerhalb dieses Punktes geht durch jeden Punkt genau eine Gerade, allerdings eine senkrechte für $x = 1$. Daher wird man nur für $x \neq 1$ eine explizite Dgl. erhalten.

Die Gleichung einer Geraden mit Steigung C durch $(1, 1)$ ist

$$y - 1 = C(x - 1). \qquad (*)$$

Auflösen nach C und Differenzieren gibt

$$0 = \frac{y'(x-1) - (y-1)}{(x-1)^2} \quad \Leftrightarrow \quad y' = \frac{y-1}{x-1}.$$

Warnung: Wenn man $(*)$ direkt differenziert, erhält man $y' = C$. Das ist **nicht** die Dgl. der Kurvenschar, da die allgemeine Lösung dieser Dgl. $y = Cx + D$ mit zwei Parametern C und D ist (alle Geraden der Ebene). Die korrekte Gleichung erhält man erst, wenn $y' = C$ in die ursprüngliche Gleichung eingesetzt wird: $y - 1 = y'(x - 1)$.

Warnung

Beispiel 3: Alle Geraden der Ebene.

Diesmal gehen durch jeden Punkt unendlich viele Geraden, die durch zwei Parameter (y-Wert und Steigung bei festem x-Wert) festgelegt sind. Das drückt sich darin aus, daß man eine Dgl. zweiter Ordnung erhält.

Zweimaliges Differenzieren von $y = ax + b$ (zweiparametrige Kurvenschar) gibt die Dgl. $y'' = 0$.

Bestimmung von Trajektorien

2. Orthogonale und isogonale Trajektorien

Bei der Berechnung der Trajektorien sind zwei weitere Schritte erforderlich:

③ Die Kurvenschar habe die Dgl. $y' = f(x,y)$. Ist α der Schnittwinkel der Kurvenscharen und $m = \tan\alpha$, so ist die Dgl. der isogonalen Trajektorien
$$y' = \frac{m + f(x,y)}{1 - mf(x,y)}.$$
Die Dgl. der orthogonalen Trajektorien ist $y' = -\dfrac{1}{f(x,y)}$.

③') Genügt die Kurvenschar der Dgl. $P(x,y)\,dx + Q(x,y)\,dy = 0$ so ist die Dgl. der orthogonalen Trajektorien $Q(x,y)\,dx - P(x,y)\,dy = 0$.

④ Lösen der entstandenen Dgl.

Natürlich lassen sich die iso- und orthogonalen Trajektorien nur zu einer einparametrigen Kurvenschar bestimmen. In den Beispielen 1 und 2 sieht das so aus:

Beispiel 1:

③ Aus der Dgl. der Kurvenschar $y' = \dfrac{y^2 - x^2}{2xy}$ ergibt sich die Dgl.
$$y' = \frac{2xy}{x^2 - y^2} \quad\Leftrightarrow\quad y' = \frac{2}{\dfrac{x}{y} - \dfrac{y}{x}}$$

④ Diese **Dgl. vom homogenen Typ** (Typ 2 in Abschnitt 2) löst man mit der Substitution $y = xz$ und es ergibt sich für z die **Dgl. mit getrennten Veränderlichen**
$$z' = \frac{1}{x}\left(\frac{2}{\dfrac{1}{z} - z} - z\right) = \frac{1}{x}\left(\frac{2z}{1 - z^2} - z\right) = \frac{1}{x}\frac{z + z^3}{1 - z^2}$$

Neben der konstanten Lösung $z = 0$ und damit $y = 0$ erhält man durch Trennen der Variablen, Partialbruchzerlegung und Integration
$$\ln|z| - \ln|1 + z^2| = \ln|x| + C.$$

Beachtet man $zx = y$ und $\ln|z| + \ln|x| = \ln|y|$, so läßt sich diese Gleichung weiter zusammenfassen:
$$\ln\left|\frac{\frac{y}{x}}{1 + \frac{y^2}{x^2}}\frac{1}{x}\right| = C \quad\Leftrightarrow\quad \frac{y}{x^2 + y^2} = \tilde{C} \quad\Leftrightarrow\quad y^2 - \tilde{C}y + x^2 = 0.$$

6.5. AUFSTELLEN VON DGL., TRAJEKTORIEN

Mit $R = \dfrac{\tilde{C}}{2}$ erhält man die Gleichung der orthogonalen Trajektorien: $(y - R)^2 + x^2 = R^2$. Es sind also Kreise mit Mittelpunkt auf der y-Achse, die ebenfalls durch den Ursprung gehen, und die x-Achse.

Beispiel 2:

③ Aus der Dgl. $y' = \dfrac{y-1}{x-1}$ erhält man die Dgl. $y' = -\dfrac{x-1}{y-1}$, die man auf die **exakte Dgl.** $(x-1) + (y-1)y' = 0$ umschreiben kann (es ist ja $P_y = Q_x = 0$).

④ Eine Stammfunktion ist $F(x,y) = \frac{1}{2}((x-1)^2 + (y-1)^2)$. Die sich aus $F(x,y) = C$ ergebenden Lösungen sind also Kreise um den Punkt (1,1).

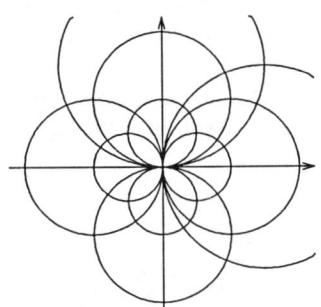
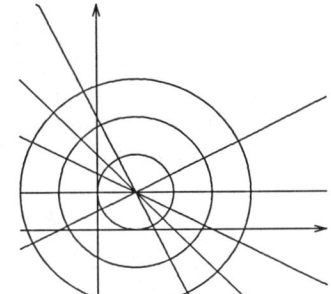

Kreise mit Mittelpunkten auf auf x- und y-Achsen

Kreise um und Geraden durch den Punkt (1,1)

3. Beispiele

Beispiel 4: Gesucht sind die orthogonalen Trajektorien von $y = C e^x + 1$

① ist schon gegeben.

② Ableiten gibt $y' = C e^x$, also $y = y' + 1$ oder $y' = y - 1$.

③ Die Dgl. der orthogonalen Trajektorien ist also $y' = -\dfrac{1}{y-1}$.

④ Lösung durch Trennen der Veränderlichen:

$$\int (-y+1)\,dy = x + C \quad \Leftrightarrow \quad \frac{y^2}{2} - y = -x - C \quad \Leftrightarrow \quad y = 1 \pm \sqrt{\tilde{C} - 2x}$$

KAPITEL 6. DIFFERENTIALGLEICHUNGEN

Beispiel 5: Gesucht sind die orthogonalen Trajektorien aller Hyperbeln, die die Achsen als Asymptoten haben.

① Diese Hyperbeln haben bekanntlich die Gleichung $y = \dfrac{C}{x}$, $C \neq 0$.

② Aus $xy = C$ folgt durch Differenzieren $xy' + y = 0$, also $y' = -\dfrac{y}{x}$.
Anmerkung: die Lösungen dieser (linearen) Dgl. bestehen aus den Hyperbeln und zusätzlich der x-Achse, die nicht in der Kurvenschar enthalten ist. Der Grund dafür ist, daß auch die x-Achse ($y = 0$) die Gleichung $xy = C$ für $C = 0$ erfüllt.

③ Dgl. der orthogonalen Trajektorien: $y' = \dfrac{x}{y}$.

④ Lösen durch Trennung der Variablen und Multiplikation mit 2 gibt $y^2 = x^2 + C$, also $y = \pm\sqrt{x^2 + C}$. Für $C = 0$ sind die Winkelhalbierenden $y = \pm x$ Lösungen. Die anderen Lösungen sind Hyperbeln, die die Winkelhalbierenden als Asymptoten haben, und zwar für $C > 0$ nach oben und unten offen und auf ganz $\mathbb{R}$ definiert, für $C < 0$ nach rechts und links offen und nur für $x^2 \geq -C$ definiert.

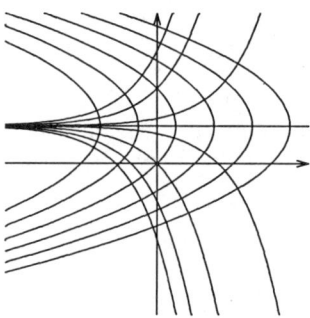

Skizze zu Beispiel 4

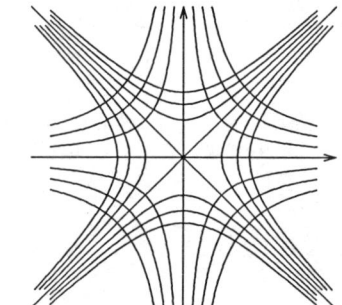

Zwei sich rechtwinklig schneidende Scharen von Hyperbeln

Lineare Dgl. n-ter Ordnung

In den nächsten fünf Abschnitten beschäftigen wir uns mit linearen Dgl. höherer Ordnung, d.h. Dgl. von der Form

$$a_n(x)y^{(n)} + a_{n-1}(x)y^{(n-1)} + \cdots + a_2(x)y'' + a_1(x)y' + a_0(x)y = f(x).$$

Die a_k heißen <u>Koeffizienten</u> und werden hier als stetige Funktionen vorausgesetzt, n ist die <u>Ordnung</u> der Dgl. Oft wird das Argument x auch weggelassen. Meistens schreibt man die Dgl. in <u>normierter Form</u>, d.h. a_n, der Koeffizient der höchsten Ableitung, ist eins.

Koeffizienten

normiert

f heißt <u>rechte Seite</u> oder <u>Störfunktion</u>.

rechte Seite, Störfunktion

Bei einem <u>Anfangswertproblem</u>(**AWP**) sind n <u>Anfangswerte</u> gegeben:

AWP

$$y(x_0) = b_0,\ y'(x_0) = b_1,\ y''(x_0) = b_2, \cdots, y^{(n-1)}(x_0) = b_{n-1}.$$

Bei einem <u>Randwertproblem</u> (**RWP**) sucht man eine Lösung der Dgl. (meist zweiter Ordnung), die Bedingungen an zwei verschiedenen Stellen x_0 und x_1 erfüllt, vgl. Abschnitt 9. Methoden für <u>Randeigenwertprobleme</u> (**REWP**) sind ebenfalls dort.

RWP

REWP

Sind alle a_k von x unabhängig, so liegt der Fall <u>konstanter Koeffizienten</u> vor. Alles Besondere dazu findet man in Abschnitt 7. In Abschnitt 8 findet man die <u>Eulersche Dgl.</u>, in der die a_k die Form $a_k(x) = c_k x^k$, $c_k \in \mathbb{R}$ haben.

Im Fall $f(x) = 0$ hat man eine <u>homogene</u>, sonst eine inhomogene Dgl. Die <u>zugehörige homogene Dgl.</u> entsteht durch Ersatz von $f(x)$ durch Null.

Schon für die allgemeine Dgl. zweiter Ordnung ist keine geschlossene Lösungsformel bekannt. Das bedeutet, daß man im allgemeinen Fall oft mit Ansätzen arbeiten muß. Sind die Koeffizienten als Potenzreihen gegeben (das ist insbesondere der Fall für Polynome), kann man einen Potenzreihenansatz versuchen, vgl. Abschnitt 10 (aber nur, falls es sich nicht um den leichter lösbaren Typ Euler-Dgl. handelt).

Das Umschreiben von linearen Dgl. n-ter Ordnung auf ein System von n Dgl. erster Ordnung ist in Abschnitt 11 beschrieben.

Übersicht

6.6 Allgemeiner Fall, Reduktion der Ordnung

6.7 Konstante Koeffizienten

6.8 Euler-Dgl.

6.9 Randwert- und Randeigenwertprobleme

6.10 Potenzreihenmethoden, spezielle Dgl.

6.6 Allgemeiner Fall, Reduktion der Ordnung

1. Definitionen

Fundamentalsystem
Hauptsystem
Wronskideterminante

Ein Fundamentalsystem oder Hauptsystem einer linearen Dgl. n-ter Ordnung besteht aus n linear unabhängigen Lösungen $y_1, \cdots, y_n$ der zugehörigen **homogenen Gleichung**.

Die Wronskideterminante $W(x)$ von n Funktionen $y_1, \cdots, y_n$ ist definiert durch

$$W(x) := \begin{vmatrix} y_1 & y_2 & \cdots & y_n \\ y_1' & y_2' & \cdots & y_n' \\ \vdots & \vdots & & \vdots \\ y_1^{(n-1)} & y_2^{(n-1)} & \cdots & y_n^{(n-1)} \end{vmatrix}.$$

Sind y_1 bis y_n auf dem Intervall I Lösungen der homogenen Gleichung, so gilt:

y_1 bis y_n bilden ein Fundamentalsystem auf I

$\Leftrightarrow$ Jede Lösung der homogenen Dgl. hat die Form
$y(x) = C_1 y_1(x) + C_2 y_2(x) + \cdots + C_n y_n(x)$, $C_i \in \mathbb{R}$ oder $C_i \in \mathbb{C}$.

$\Leftrightarrow$ y_1 bis y_n sind als Funktionen über I linear unabhängig

$\Leftrightarrow$ $W(x) \neq 0$ für alle $x \in I$

$\Leftrightarrow$ $W(x_0) \neq 0$ für ein $x_0 \in I$.

Satz von Liouville: Ist die Dgl. in normierter Form geschrieben, so erfüllt W

Kontrolle die Dgl. $W' = -a_{n-1}(x)W$. (Als Kontrolle benutzen!)

2. Berechnung

① Bestimmung eines Fundamentalsystems $y_1, \cdots, y_n$

Danach ist die allgemeine Lösung der **homogenen Gleichung** y_h gegeben durch

$$y_h(x) = C_1 y_1(x) + C_2 y_2(x) + \cdots + C_n y_n(x).$$

Die C_k sind dabei reelle oder komplexe Konstanten.

② Nur bei inhomogenen Dgl: Bestimmung einer partikulären Lösung y_p.
Die allgemeine Lösung der inhomogenen Dgl. ist dann

$$y = y_p + y_h.$$

y_h ist die in ① bestimmte allgemeine Lösung der homogenen Dgl.

6.6. ALLGEMEINER FALL, REDUKTION DER ORDNUNG

> Es gilt das **Überlagerungsprinzip:**
> Ist y_1 eine Lösung zur rechten Seite f_1 und y_2 eine zu f_2, so ist $\alpha_1 y_1 + \alpha_2 y_2$ eine Lösung zur rechten Seite $f = \alpha_1 f_1 + \alpha_2 f_2$.
> Natürlich geht das auch bei mehr als zwei Summanden.
>
> ③ Sind Anfangswerte gegeben, werden die Konstanten in der allgemeinen Lösung durch Einsetzen der Werte bestimmt. In der Regel ist dabei ein $n \times n$-Gleichungssystem zu lösen.

Überlagerungsprinzip

Reduktionsverfahren von d'Alembert, Produktansatz

Wie bereits erwähnt, gibt es für $n \neq 1$ keine Formel, die direkt ein Fundamentalsystem liefert. Hat man allerdings <u>eine</u> Lösung gefunden, so läßt sich die Ordnung der Dgl. damit um eins reduzieren.

Reduktionsverfahren von d'Alembert Produktansatz

> Ist y_0 eine nichttriviale Lösung der Dgl. $a_n y^{(n)} + \cdots + a_1 y' + a_0 y = 0$, so erhält man eine Dgl. $(n-1)$-ster Ordnung für $v := u'$ mit dem Ansatz
>
> $$y = u y_0$$
>
> **Sonderfall:** Ist $a_0 = 0$, d.h. fehlt y, setzt man gleich $v = y'$.
> **Fall $n = 2$:** Ist y_0 eine Lösung der Dgl. $y'' + a_1 y' + a_0 y = 0$, so ist durch
>
> $$y_1(x) = y_0(x) \int \frac{1}{(y_0(x))^2} e^{-A(x)} \, dx, \qquad A(x) = \int a_1(x) \, dx$$
>
> eine zweite Lösung erklärt. y_0 und y_1 bilden ein Fundamentalsystem.

Falls man nicht die Formel für $n = 2$ verwenden kann, geht man so vor:

> ① mit dem Ansatz $y = u y_0$ bildet man die erforderlichen Ableitungen von y und setzt in die Dgl. ein.
>
> ② Die Dgl. wird nach Ableitungen von u umsortiert. Dabei muß das Glied mit u wegfallen (Kontrolle!).
>
> ③ Nach Division durch y_0 und Ersetzen von u' durch v erhält man eine Dgl. $(n-1)$-ster Ordnung für v.
>
> ④ Lösen dieser Dgl., eventuell nochmals mit einer geratenen Lösung.
>
> ⑤ Ist $v_1, \ldots, v_{n-1}$ ein Fundamentalsystem, so ist ein Fundamentalsystem der ursprüngliche Dgl. gegeben durch
> $y_0, \; y_1 = y_0 \int v_1(x) \, dx, \; \ldots, \; y_{n-1} = y_0 \int v_{n-1}(x) \, dx$.

allgemeine Produktregel

Hilfsformel beim Ableiten: die allgemeine Produktregel sieht aus wie $(a+b)^n$:

$$(fg)' = f'g + fg', \quad (fg)'' = f''g + 2f'g' + fg'',$$
$$(fg)''' = f'''g + 3f''g' + 3f'g'' + fg''' \text{ usw.}$$

Beispiel 1: $y''' + \dfrac{3}{x}y'' + y' + \dfrac{1}{x}y = 0$, $y_0 = \dfrac{1}{x}$ ist eine Lösung.

① mit $y_0 = x^{-1}$, $y_0' = -x^{-2}$, $y_0'' = 2x^{-3}$ und $y_0''' = -6x^{-4}$ wird
$y = y_0 u = x^{-1}u$, $y' = -x^{-2}u + x^{-1}u'$, $y'' = 2x^{-3}u - 2x^{-2}u' + x^{-1}u''$ und
$y''' = -6x^{-4}u + 6x^{-3}u' - 3x^{-2}u'' + x^{-1}u'''$, also $(-6x^{-4}u + 6x^{-3}u' - 3x^{-2}u'' + x^{-1}u''') + 3x^{-1}(2x^{-3}u - 2x^{-2}u' + x^{-1}u'') + (-x^{-2}u + x^{-1}u') + x^{-1}x^{-1}u = 0$.

② $u'''(x^{-1}) + u''(-3x^{-2} + 3x^{-2}) + u'(6x^{-3} - 6x^{-3} + x^{-1}) + u(-6x^{-4} + 6x^{-4} - x^{-2} + x^{-2}) = 0$. Man sieht, daß das Glied bei u wegfällt.

③ Multiplikation mit x ergibt für $v = u'$ die Dgl.
$$v'' + v = 0.$$

④ Ein Fundamentalsystem dieser Dgl. mit konstanten Koeffizienten (vgl. 6.7) ist $v_1 = \sin x$, $v_2 = \cos x$.

⑤ Ein Fundamentalsystem der ursprünglichen Dgl. ist also $y_0 = x^{-1}$, $y_1 = x^{-1} \int \sin x \, dx = -x^{-1} \cos x$ und $y_2 = x^{-1} \int \cos x \, dx = x^{-1} \sin x$.

Bestimmung einer partikulären Lösung

Ist $y_1, \ldots, y_n$ ein Fundamentalsystem, so wird eine partikuläre Lösung der normierten Dgl. $(a_n = 1)$ durch <u>Variation der Konstanten</u> bestimmt.

Variation der Konstanten

$$y_p(x) = c_1(x)y_1(x) + \ldots + c_n(x)y_n(x)$$

$$\text{mit} \quad c_k'(x) = \frac{\begin{vmatrix} y_1 & \cdots & y_{k-1} & 0 & y_{k+1} & \cdots & y_n \\ y_1' & \cdots & y_{k-1}' & 0 & y_{k+1}' & \cdots & y_n' \\ \vdots & \vdots & \vdots & 0 & \vdots & \vdots & \vdots \\ y_1^{(n-1)} & \cdots & y_{k-1}^{(n-1)} & f(x) & y_{k+1}^{(n-1)} & \cdots & y_n^{(n-1)} \end{vmatrix}}{W(x)}.$$

$W(x)$ ist die Wronskideterminante, der Zähler wird gebildet, indem in $W(x)$ in der k-ten Spalte in den ersten $n - 1$ Zeilen null und in der letzten Zeile die Inhomogenität $f(x)$ eingesetzt wird.

6.6. ALLGEMEINER FALL, REDUKTION DER ORDNUNG

> **Sonderfall** $n = 2$: Es ist $y_p(x) = c_1(x)y_1(x) + c_2(x)y_2(x)$ mit
> $$c_1(x) = -\int \frac{f(x)y_2(x)}{W(x)}\, dx \quad \text{und} \quad c_2(x) = \int \frac{f(x)y_1(x)}{W(x)}\, dx.$$

> **Beispiel 2:** Eine partikuläre Lösung der Dgl. $y'' - \frac{2}{x^2}y = 40x^5$ ist gesucht.

Ein Fundamentalsystem dieser **Euler-Dgl.** ist durch $y_1 = x^2$, $y_2 = x^{-1}$ gegeben (vgl. Abschnitt 8, wo dieselbe Dgl. noch einmal mit anderen Methoden gelöst wird).

Die Wronskideterminante $W(x)$ ist $W(x) = \begin{vmatrix} x^2 & x^{-1} \\ 2x & -x^{-2} \end{vmatrix} = -3$. ($W$ ist konstant, da y' in der Dgl. nicht auftritt.) Jetzt werden c_1, c_2 und y_p berechnet:

$$c_1(x) = -\int \frac{40x^5\, x^{-1}}{-3}\, dx = \frac{40}{3}\int x^4\, dx = \frac{8}{3}x^5,$$
$$c_2(x) = \int \frac{40x^5\, x^2}{-3}\, dx = -\frac{40}{3}\int x^7\, dx = -\frac{5}{3}x^8.$$

Eine partikuläre Lösung y_p ist also

$$y_p = c_1 y_1 + c_2 y_2 = \frac{8}{3}x^5\, x^2 - \frac{5}{3}x^8\, x^{-1} = x^7.$$

3. Beispiele

> **Beispiel 3:** Gesucht ist die Lösung des AWP
> $$y'' - \frac{x}{x-1}y' + \frac{1}{x-1}y = x - 1, \quad y(2) = -5,\, y'(2) = -4.$$
> Hinweis: $y = e^x$ löst die homogene Gleichung.

In Abschnitt 10 wird für diese Dgl. mit einem Potenzreihenansatz ein Fundamentalsystem ermittelt.

① Eine zweite Lösung erhält man direkt mit der Reduktionsformel für den Spezialfall $n = 2$ aus $y_1 = e^x$:

$$A(x) = \int \frac{-x}{x-1}\, dx = \int \left(-1 - \frac{1}{x-1}\right) dx = -x - \ln|x-1|$$

und damit $\exp(-A(x)) = e^x(x-1)$.

Da für $x > 1$ gerechnet wird (die Anfangswerte sind ja in dieser Hälfte des Definitionsbereichs gegeben), fällt der Betrag im Logarithmus weg.

$$y_2(x) = e^x \int \frac{e^x(x-1)}{(e^x)^2} \, dx = e^x \int e^{-x}(x-1) \, dx = e^x(-xe^{-x}) = -x.$$

Die Funktionen x und e^x bilden damit ein Fundamentalsystem. Die allgemeine Lösung der homogenen Dgl ist

$$y_h = Ax + Be^x.$$

Alternative: Um das Verfahren "Produktansatz" an einem weiteren Beispiel zu verdeutlichen, wird nicht die fertige Formel benutzt, sondern "von Hand" der Produktansatz durchgeführt.

① Mit $y = ue^x$, $y' = e^x(u' + u)$ und $y'' = e^x(u'' + 2u' + u)$ hat man

②

$$e^x(u'' + 2u' + u) - \frac{x}{x-1}e^x(u + u') + \frac{1}{x-1}e^x u$$
$$= e^x\left[u'' + \left(2 - \frac{x}{x-1}\right)u' + \left(1 - \frac{x}{x-1} + \frac{1}{x-1}\right)u\right] = 0.$$

③ Das Glied bei u fällt also weg. Für $v = u'$ bleibt die (lineare) Dgl.

$$v' + \left(2 - \frac{x}{x-1}\right)v = v' + \left(1 - \frac{1}{x-1}\right)v = 0.$$

④ Die Lösung ist nach Abschnitt 1

$$v = \exp\left(-\int \left(1 - \frac{1}{x-1}\right) dx\right) = \exp(-x + \ln|x-1|) = (x-1)e^{-x}.$$

⑤ Eine zweite Lösung ist also

$$y = e^x u = e^x \int v(x) \, dx = e^x \int (x-1)e^{-x} \, dx = e^x(-xe^{-x}) = -x.$$

② Die Formeln für die Variation der Konstanten werden mit dem Fundamentalsystem x, e^x benutzt.

Berechnung der Wronskideterminante: $W(x) = \begin{vmatrix} x & e^x \\ 1 & e^x \end{vmatrix} = (x-1)e^x$.

Mit $f(x) = x - 1$ erhält man

$$c_1(x) = -\int \frac{f(x)y_2(x)}{W(x)} \, dx = -\int \frac{(x-1)e^x}{(x-1)e^x} \, dx = -x$$
$$c_2(x) = \int \frac{f(x)y_1(x)}{W(x)} \, dx = \int \frac{(x-1)x}{(x-1)e^x} \, dx = \int xe^{-x} \, dx = -(x+1)e^{-x}.$$

6.6. ALLGEMEINER FALL, REDUKTION DER ORDNUNG

Damit wird
$$y_p = c_1(x)y_1(x) + c_2(x)y_2(x) = -x \cdot x - (x+1)e^{-x}e^x = -x^2 - x - 1.$$

Daraus erhält man die <u>allgemeine Lösung</u> der Dgl.
$$y = y_p + y_h = Ax + Be^x - x^2 - x - 1.$$

③ In der allgemeinen Lösung und ihrer Ableitung $y'(x) = A + Be^x - 2x - 1$ werden für $x = 2$ die Anfangswerte eingesetzt:
$$y(2) = 2A + Be^2 - 4 - 2 - 1 = -5, \qquad y'(2) = A + Be^2 - 4 - 1 = -4.$$

Das Gleichungssystem hat die Lösung $A = 1$, $B = 0$. Die Lösung des AWP ist also
$$y = -x^2 - 1.$$

Beispiel 4: Gesucht ist ein Fundamentalsystem der Dgl.
$$y''' - \cot x\, y'' - y' + \cot x\, y = 0 \qquad (1) \qquad \text{auf }]0, \pi[.$$

Zunächst muß man eine Lösung y_1 erraten. Mit Glück findet man heraus: **Trick**

- Da die Summe der Koeffizienten Null ist, ist $y_1 = e^x$ eine Lösung.
- Da die Summe der Koeffizienten bei den geraden Ableitungen gleich der bei den ungeraden ist, ist $y_2 = e^{-x}$ eine Lösung.

① Der Ansatz ist also zunächst $y = uy_1 = ue^x$. Für die Ableitungen gilt dann $y' = e^x(u + u')$, $y'' = e^x(u'' + 2u' + u)$ und $y''' = e^x(u''' + 3u'' + 3u' + u)$. Einsetzen gibt
$$e^x(u''' + 3u'' + 3u' + u) - \cot x\, e^x(u'' + 2u' + u) - e^x(u + u') + \cot x\, e^x u = 0.$$

② +③ Division durch e^x und sortieren:
$$u''' + (3 - \cot x)u'' + (3 - 2\cot x - 1)u' + (1 - \cot x - 1 + \cot x)u = 0.$$

u fällt weg (Kontrolle). Für $v = u'$ erhält man also die lineare Dgl. zweiter Ordnung
$$v'' + (3 - \cot x)v' + 2(1 - \cot x)v = 0. \qquad (2)$$

④ Auch hier kommt man nur mit scharfem Nachdenken weiter: Da $y_2 = e^{-x}$ eine Lösung der ursprüngliche Gleichung (1) ist, ist eine mögliche Wahl für u sicher $u = e^{-2x}$. Das bedeutet, daß $v_1 = u' = -2e^{-2x}$ eine Lösung der Dgl. (2) sein muß. Da es auf die Konstante nicht ankommt, nimmt man $v_1 = e^{-2x}$.

Probe: $4e^{-2x} - (3 - \cot x) 2e^{-2x} + 2(1 - \cot x)e^{-2x}$
$= e^{-2x}(4 - 6 + 2\cot x + 2 - 2\cot x) = 0$.

Um eine zweite Lösung v_2 von (2) zu ermitteln, verwendet man die Formel für den Spezialfall: für $x \in]0, \pi[$ ist $A(x) = \int (3 - \cot x)\,dx = 3x - \ln \sin x$. Damit wird

$$v_2(x) = v_1(x) \int \frac{\exp(-A(x))}{v_1(x)^2}\,dx = e^{-2x} \int \frac{e^{-3x}\sin x}{e^{-4x}}\,dx$$
$$= e^{-2x} \int e^x \sin x\,dx = e^{-2x}\frac{e^x}{2}(\sin x - \cos x) = \frac{1}{2}e^{-x}(\sin x - \cos x).$$

⑤ Damit ist v_1, v_2 ein Fundamentalsystem von (2). Um die Lösungen von (1) zu berechnen, bildet man $y = ue^x$ für $u' = v_1$ und $u' = v_2$. $u' = v_1$ gibt natürlich wieder $y_2 = e^{-x}$ (so war v_1 ja bestimmt worden). Mit v_2 ergibt sich $u = \int v_2(x)\,dx = -\frac{1}{2}e^{-x}\sin x$ und damit $y_3 = -\frac{1}{2}\sin x$.

Die Funktionen e^x, e^{-x} und $\sin x$ bilden ein Fundamentalsystem.

Probe: Daß alle drei Funktionen Lösungen sind, bestätigt man direkt durch Einsetzen in die Dgl. Zur linearen Unabhängigkeit berechnet man die Wronski-determinante

$$W(x) = \begin{vmatrix} e^x & e^{-x} & \sin x \\ e^x & -e^{-x} & \cos x \\ e^x & e^{-x} & -\sin x \end{vmatrix} = e^x e^{-x} \begin{vmatrix} 1 & 1 & \sin x \\ 1 & -1 & \cos x \\ 1 & 1 & -\sin x \end{vmatrix}$$
$$= \begin{vmatrix} 1 & 0 & \sin x \\ 1 & -2 & \cos x \\ 1 & 0 & -\sin x \end{vmatrix} = -2(-2\sin x) \neq 0 \quad \text{auf} \quad]0, \pi[.$$

Damit läßt sich auch die Probe mit dem Satz von Liouville anwenden: mit $a_2(x) = -\cot x$ erfüllt $W = 4\sin x$ die Dgl. $W' = \cot x\, W$.

6.7 Konstante Koeffizienten

1. Definitionen

Eine Dgl. mit konstanten Koeffizienten liegt vor, wenn in der Dgl.

$$a_n y^{(n)} + a_{n-1} y^{(n-1)} + \cdots + a_2 y'' + a_1 y' + a_0 y = f(x)$$

alle a_k (nicht f!) reelle oder komplexe Konstanten sind. Häufigster Fall: alle a_k sind reell (reelle Dgl.).
Ab jetzt wird stets die normierte Form der Dgl. angenommen, also $a_n = 1$:

$$\boxed{y^{(n)} + a_{n-1} y^{(n-1)} + \cdots + a_2 y'' + a_1 y' + a_0 y = f(x)}$$

Das charakteristische Polynom $p(\lambda)$ erhält man, indem man in der linken Seite der Dgl. jede k-te Ableitung durch λ^k ersetzt:

$$p(\lambda) = a_n \lambda^n + a_{n-1} \lambda^{n-1} + \cdots + a_2 \lambda^2 + a_1 \lambda + a_0.$$

Dgl. mit konstanten Koeffizienten

reelle Dgl.

normierte Form

charakteristisches Polynom

Warnung: y wird durch 1 ersetzt, nicht durch λ!

2. Berechnung

Außer den hier vorgestellten Lösungsverfahren sei für Anfangswertprobleme bei Dgl. mit konstanten Koeffizienten auf die Laplacetransformation in Kapitel 8, Abschnitt 2, verwiesen.

Überblick

1 Lösung d. homogenen Dgl., Konstruktion eines Fundamentalsystems S. 47

2 Lösung der inhomogenen Dgl., partikuläre Lösungen S. 49

1. homogene Dgl.

① Aufstellen des charakteristischen Polynoms $p(\lambda)$

② Bestimmung der reellen und komplexen Nullstellen von $p(\lambda)$ (Faktorisierung)

③ Für jede Nullstelle von p erhält man aus der nachfolgenden Tabelle ein Element eines Fundamentalsystems.

Nullstelle λ	Lösung der Dgl.
ⓐ $\lambda = a$	e^{ax}
ⓑ $\lambda_1 = \lambda_2 = \cdots = \lambda_k = a$	$e^{ax}, xe^{ax} \ldots, x^{k-1}e^{ax}$
ⓒ $\lambda = \alpha + \beta i, \lambda = \alpha - \beta i$	$e^{\alpha x}\sin\beta x, e^{\alpha x}\cos\beta x$
ⓓ $\lambda_1 = \lambda_2 = \cdots = \lambda_k = \alpha + \beta i$, $\lambda_{k+1} = \lambda_{k+2} = \cdots = \lambda_{2k} = \alpha - \beta i$	$e^{\alpha x}\sin\beta x, xe^{\alpha x}\sin\beta x, \ldots, x^{k-1}e^{\alpha x}\sin\beta x$, $e^{\alpha x}\cos\beta x, xe^{\alpha x}\cos\beta x, \ldots, x^{k-1}e^{\alpha x}\cos\beta x$
ⓔ $\lambda = 0$	1
ⓕ $\lambda_1 = \lambda_2 = \cdots = \lambda_k = 0$	$1, x, \ldots, x^{k-1}$

Eine Nullstelle a (die von einem Faktor $\lambda - a$ herkommt) entspricht also der Lösung e^{ax}, eine k-fache Nullstelle a den Funktionen $e^{ax}, \ldots, x^{k-1}e^{ax}$.

Die Fälle ⓒ und ⓓ sind für reelle Dgl. nützlich, da dabei komplexe Nullstellen immer als Paar konjugiert komplexer Zahlen auftreten. Die (eventuell k-fachen) Nullstellen $\alpha \pm \beta i$ entsprechen dem (k-fachen) quadratischen Faktor $\lambda^2 - 2\alpha\lambda + \alpha^2 + \beta^2 = (\lambda - \alpha)^2 + \beta^2$.

Beispiel 1: $y^{(6)} + 2y^{(4)} - 8y''' + 5y'' = 0$.

① Das charakteristische Polynom ist $p(\lambda) = \lambda^6 + 2\lambda^4 - 8\lambda^3 + 5\lambda^2$.

② Mit
$$p(\lambda) = \lambda^2(\lambda - 1)^2(\lambda^2 + 2\lambda + 5) = \lambda^2(\lambda - 1)^2((\lambda + 1)^2 + 2^2)$$
findet man die Nullstellen $\lambda_{1,2} = 0$, $\lambda_{3,4} = 1$ und $\lambda_{5,6} = -1 \pm 2i$.

③ Ein reelles Fundamentalsystem ist also
$$1, x, e^x, xe^x, e^{-x}\sin 2x, e^{-x}\cos 2x,$$
ein komplexes Fundamentalsystem ist
$$1, x, e^x, xe^x, e^{(-1+2i)x}, e^{(-1-2i)x}.$$

Weitere Beispiele zur Benutzung der Tabelle:

Dgl.	Nullstellen des char. Polynoms	Fundamentalsystem
$y''' - 3y'' - y' + 3y = 0$	-1, 1, 3	e^{-x}, e^x, e^{3x}
$y''' - 5y'' + 3y' + 9y = 0$	-1, 3, 3	e^{-x}, e^{3x}, xe^{3x}
$y''' - 4y'' + 3y' = 0$	0, 1, 3	$1, e^x, e^{3x}$
$y''' - 3y'' = 0$	0, 0, 3	$1, x, e^{3x}$

6.7. KONSTANTE KOEFFIZIENTEN

Dgl.	Nullstellen	Fundamentalsystem
$y''' - 2y'' + 4y' - 8y = 0$	$2, 2i, -2i$	$e^{2x}, \sin 2x, \cos 2x$
$y''' + y' = 0$	$0, i, -i$	$1, \sin x, \cos x$
$y''' - 3y'' + y' + 5y = 0$	$-1, 2+i, 2-i$	$e^{-x}, e^{2x}\sin x, e^{2x}\cos x$
$y^{(4)} - 8y''' + 26y''$ $-40y' + 25y = 0$	$2+i, 2+i,$ $2-i, 2-i$	$e^{2x}\sin x, e^{2x}\cos x,$ $xe^{2x}\sin x, xe^{2x}\cos x$
$y''' + (-1-2i)y'' + (1+3i)y'$ $+(2-2i)y = 0$	$i, 2i, 1-i$	$e^{ix}, e^{2ix}, e^{(1-i)x}$

Da die letzte Dgl. nicht reell ist, kann man natürlich nur ein komplexes und kein reelles Fundamentalsystem angeben.

Spezialfall reelle Dgl. zweiter Ordnung

reelle Dgl. zweiter Ordnung

Für den in den Anwendungen häufig auftretenden Fall

$$y'' + py' + qy = 0$$

bestimmt man mit der p-q-Formel die Nullstellen des charakteristischen Polynoms und benutzt dann die folgende Tabelle.

Nullstellen von $\lambda^2 + p\lambda + q = 0$	Fundamentalsystem
zwei reelle Nullstellen $\lambda_1 \neq \lambda_2$	$e^{\lambda_1 x}, e^{\lambda_2 x}$
eine doppelte reelle Nullstelle $\lambda_1 = \lambda_2$	$e^{\lambda_1 x}, xe^{\lambda_1 x}$
Paar konjugiert komplexer Nullstellen $\lambda_{1,2} = a \pm ib$	$e^{ax}\sin bx, e^{ax}\cos bx$

Beispiele zur Benutzung der Tabelle

Dgl.	$\lambda_{1,2}$	Fundamentalsystem
$y'' - 3y' + 2y = 0$	$1, 2$	e^x, e^{2x}
$y'' - 2y' = 0$	$0, 2$	$1, e^{2x}$
$y'' - 2y' + y = 0$	$1, 1$	e^x, xe^x
$y'' = 0$	$0, 0$	$1, x$
$y'' - 6y' + 13y = 0$	$3+2i, 3-2i$	$e^{3x}\sin 2x, e^{3x}\cos 2x$
$y'' + 4y = 0$	$2i, -2i$	$\sin 2x, \cos 2x$

2. Bestimmung einer partikulären Lösung

Gesucht ist eine partikuläre Lösung der inhomogenen Dgl.

$$a_n y^{(n)} + a_{n-1} y^{(n-1)} + \cdots + a_2 y'' + a_1 y' + a_0 y = f(x).$$

Komplexe Rechnung bei reellen Dgl.

Hilfsmittel: Komplexe Rechnung bei reellen Dgl.

Ziel ist der Ersatz von Sinus- und Cosinustermen durch Exponentialausdrücke.

$$x^m e^{\alpha x} \cos \beta x = \operatorname{Re}\left(x^m e^{(\alpha+i\beta)x}\right), \qquad x^m e^{\alpha x} \sin \beta x = \operatorname{Im}\left(x^m e^{(\alpha+i\beta)x}\right)$$

Damit gilt für **reelle Dgl.**:

Ist y (i.a. komplexe) Lösung zur rechten Seite $x^m e^{(\alpha+i\beta)x}$, so ist der Realteil $\operatorname{Re} y$ Lösung zur rechten Seite $x^m e^{\alpha x} \cos \beta x$ und der Imaginärteil $\operatorname{Im} y$ Lösung zur rechten Seite $x^m e^{\alpha x} \sin \beta x$.

Vorteil: Die Rechnung wird (besonders bei den Ableitungen) sehr viel einfacher.
Nachteil: Man muß mit komplexen Zahlen rechnen.

Überlagerungsprinzip

Hilfsmittel: Überlagerungsprinzip

Wenn die rechte Seite der Dgl. von der Form $f = \alpha_1 f_1 + \alpha_2 f_2 + \cdots + \alpha_k f_k$ ist und y_1 Lösung zur rechten Seite f_1, y_2 Lösung zur rechten Seite f_2 usw. ist, dann ist $\alpha_1 y_1 + \alpha_2 y_2 + \cdots + \alpha_k y_k$ Lösung zur rechten Seite f.

Damit kann man z.B. in der Dgl. $y'' + 2y' + y = \sin x + e^{-x} + x^2$ in drei getrennten Rechnungen (mit eventuell verschiedenen Methoden) partikuläre Lösungen y_1, y_2 und y_3 zu $f_1(x) = \sin x$, $f_2(x) = e^{-x}$ und $f_3(x) = x^2$ bestimmen. Lösung zur gegebenen rechten Seite ist dann nach dem Überlagerungsprinzip $y_1 + y_2 + y_3$.

Methodenübersicht

Methodenübersicht

Zur Bestimmung einer partikulären Lösung gibt es drei Methoden:

	Vorteil	Nachteil
Methode 1: Ansätze	liefert für rechte Seiten mit Polynomanteil auf einen Schlag eine Lösung, leicht zu merken	Bei Resonanz lange Rechnungen
Methode 2: direkte Formel	für rechte Seiten ohne Polynomanteil am schnellsten, kein Mehraufwand bei Resonanz	muß für jeden Summanden einzeln durchgeführt werden und deshalb bei bei Polynomen mit vielen Summanden unübersichtlich schwer zu merken
Variation d. Konstanten	Geht bei jeder rechten Seite	größter Rechenaufwand

6.7. KONSTANTE KOEFFIZIENTEN

Falls sich die rechte Seite f als Kombination von Termen der Form $x^m e^{\alpha x}$ schreiben lässt, kann man mit **Ansätzen** oder einer **geschlossenen Formel** arbeiten (s.u). Immer zur Verfügung steht die in 6.6 auf S. 42 beschriebene **Variation der Konstanten**, die hier nicht nochmal besprochen wird.

Entscheidungshilfe

Auswahl der Methode

Dies ist natürlich Geschmackssache und für jeden etwas anderes.

- Man bestimmt den Grad des reduzierten Polynoms q aus dem Rechenschema für die direkte Formel. Ist der Grad von q größer als eins **und** ist der größte Exponent s des Polynomteils größer als eins, so arbeitet man mit einem **Ansatz**.

- Ist der Grad von q höchstens eins **oder** ist $s \leq 1$, so empfiehlt sich die **direkte Formel**. Auf alle Fälle ist sie angebracht, wenn die rechte Seite ein reiner Exponentialausdruck ohne Polynomteil ist.

- Wenn die rechte Seite sich nicht aus Termen der nachfolgenden Tabelle zusammensetzen läßt, nimmt man für die nicht dort auftauchenden Teile die **Variation der Konstanten** aus 6.6.

Methode 1: Ansätze für eine partikuläre Lösung

Methode 1: Ansätze

Falls es sich nicht um eine reelle Dgl. handelt, zerlegt man eventuell auftretende Sinus- und Cosinusterme in komplexe Exponentialfunktionen. Die Ansätze für rechte Seiten, die Sinus- und Cosinusfunktionen enthalten, gelten so nur für reelle Dgl.

Sind P und Q Polynome vom Höchstgrad m, so sind R und S ebenfalls Polynome vom Grad m. A, B, C und D sind Konstanten.

Rechenverfahren bei Ansätzen

Die Spalte mit der Bezeichnung μ gibt an, welcher Faktor im Exponenten auftritt, wenn man die rechte Seite in der Form $P(x)e^{\mu x}$ schreibt.

① Der Ansatz für die partikuläre Lösung y_p wird der nachfolgenden Tabelle entnommen. Der <u>Resonanzfaktor</u> k gibt an, wie oft der Exponent μ als Nullstelle des charakteristischen Polynoms p auftritt.

Resonanzfaktor

Wenn $k = 0$ ist, d.h. wenn μ keine Nullstelle des charakteristischen Polynoms $p(\lambda)$ ist, fehlt der Term x^k im Ansatz.

rechte Seite	μ	Ansatz
$e^{\alpha x}$	α	$C\, x^k\, e^{\alpha x}$
$P(x)$	0	$x^k\, R(x)$
$P(x)\, e^{\alpha x}$	α	$x^k\, R(x)\, e^{\alpha x}$
$A\sin\beta x + B\cos\beta x$	$\pm\beta i$	$x^k(C\sin\beta x + D\cos\beta x)$
$P(x)\sin\beta x + Q(x)\cos\beta x$	$\pm\beta i$	$x^k(R(x)\sin\beta x + S(x)\cos\beta x)$
$(A\sin\beta x + B\cos\beta x)\, e^{\alpha x}$	$\alpha \pm \beta i$	$x^k(C\sin\beta x + D\cos\beta x)e^{\alpha x}$
$(P(x)\sin\beta x + Q(x)\cos\beta x)\, e^{\alpha x}$	$\alpha \pm \beta i$	$x^k(R(x)\sin\beta x + S(x)\cos\beta x)e^{\alpha x}$

Eigentlich braucht man nur die letzte Zeile. Alle anderen Fälle erhält man daraus, indem man für α und/oder β null einsetzt bzw. die Konstanten als Polynome nullten Grades betrachtet.

Auch wenn auf der rechten Seite z.B. nur Sinus vorkommt, müssen im Ansatz Sinus und Cosinus stehen!

Merkregel **Merkregel:** Ansatz wie rechte Seite mal x^k.

> ② Die nötigen Ableitungen des Ansatzes werden gebildet und in die Dgl. eingesetzt.
>
> ③ Es wird nach Potenzen von x und/oder nach Sinus- und Cosinustermen sortiert.
>
> ④ Das beim Koeffizientenvergleich entstehende Gleichungssystem wird gelöst. Oft ist es günstig, bei den höchsten Potenzen von x anzufangen.

Beispiel 2: $y'' + 3y' + 2y = -2e^{-x}$

① Das charakteristische Polynom ist $p(\lambda) = \lambda^2 + 3\lambda + 2 = (\lambda+1)(\lambda+2)$. Da der Exponent $\mu = -1$ einmal Nullstelle von p ist (also k=1), ist der Ansatz
$$y = Cxe^{-x}.$$

② $y' = C(-x+1)e^{-x}$ und $y'' = C(x-2)e^{-x}$ ergibt
$$Ce^{-x}(x - 2 + 3(-x+1) + 2x) = -2e^{-x}.$$

③ $$Ce^{-x} = -2e^{-x}.$$

④ Es ist also $C = -2$ und eine partikuläre Lösung ist $-2xe^{-x}$. Die allgemeine Lösung ist damit
$$y = C_1 e^{-x} + C_2 e^{-2x} - 2xe^{-x}.$$

6.7. KONSTANTE KOEFFIZIENTEN

Weitere Beispiele zur Benutzung der Tabelle

In den folgenden beiden Tabellen werden bei vorgegebener rechter Seite der Dgl. die Ansätze für partikuläre Lösungen angegeben. Die erste Tabelle gibt Beispiele bei reellen, die zweite bei komplexen Nullstellen des charakteristischen Polynoms.

Rechte Seite der Dgl.	μ	k	$y^{(4)} - 8y''' + 23y'' - 28y' + 12y =$ Nullstellen des char. Polynoms 1, 2, 2, 3 Ansatz	k	$y^{(4)} - 5y''' + 6y'' =$ Nullstellen des char. Polynoms 0, 0, 2, 3 Ansatz
3	0	0	A	2	Ax^2
$2x$	0	0	$Ax + B$	2	$Ax^3 + Bx^2$
$2e^{2x}$	2	2	$Ax^2 e^{2x}$	1	Axe^{2x}
$-e^{-x}$	-1	0	Ae^{-x}	0	Ae^{-x}
$4\sin 2x$	$\pm 2i$	0	$A\sin 2x + B\cos 2x$	0	$A\sin 2x + B\cos 2x$
$(x^2 + 4)e^x$	1	1	$(Ax^3 + Bx^2 + Cx)e^x$	0	$(Ax^2 + Bx + C)e^x$
$x\cos 3x$ $-5\sin 3x$	$\pm 3i$	0	$(Ax + B)\sin 3x$ $+(Cx + D)\cos 3x$	0	$(Ax + B)\sin 3x$ $+(Cx + D)\cos 3x$
$2e^x \cos 5x$	$1 \pm 5i$	0	$(A\sin 5x + B\cos 5x)e^x$	0	$(A\sin 5x + B\cos 5x)e^x$

Rechte Seite der Dgl.	μ	k	$y^{(7)} + y^{(6)} + 18y^{(5)} + 16y^{(4)} + 81y''' + 45y'' - 162y =$ Nullstellen des char. Polynoms 1, $3i$, $-3i$, $3i$, $-3i$, $1+i$, $1-i$ Ansatz
$2x + 5$	0	0	$Ax + B$
xe^x	1	1	$(Ax^2 + Bx)e^x$
$-4\sin x$	$\pm i$	0	$A\sin x + B\cos x$
$-4x\sin x$	$\pm i$	0	$(Ax + B)\sin x + (Cx + D)\cos x$
$-4\sin 3x$	$\pm 3i$	2	$Ax^2 \sin 3x + Bx^2 \cos 3x$
$-4x\sin 3x$	$\pm 3i$	2	$(Ax^3 + Bx^2)\sin 3x + (Cx^3 + Dx^2)\cos 3x$
$2(x+2)e^{2x}$	2	0	$(Ax + B)e^{2x}$
$6e^x \cos x$	$1 \pm i$	1	$(Ax\sin x + Bx\cos x)e^x$
$6xe^x \sin x$	$1 \pm i$	1	$((Ax^2 + Bx)\sin x + (Cx^2 + Dx)\cos x)e^x$

Methode 2: direkte Formel

Methode 2: Direkte Formel für partikuläre Lösungen

Bestimmt wird eine partikuläre Lösung y_p zu

$$a_n y^{(n)} + a_{n-1} y^{(n-1)} + \cdots + a_2 y'' + a_1 y' + a_0 y = x^s e^{\mu x}$$

① Bestimmung des Resonanzfaktors k: μ ist k-fache Nullstelle des charakteristischen Polynoms p. Ist μ keine Nullstelle von p, so ist $k = 0$.

② Bestimmung des reduzierten Polynoms $q(\lambda)$. q entsteht aus dem charakteristischen Polynom p, indem man aus der Faktordarstellung von p alle Faktoren $(\lambda - \mu)$ herausstreicht, also $q(\lambda) = \dfrac{p(\lambda)}{(\lambda - \mu)^k}$.

Im Nichtresonanzfall $k = 0$ ist einfach $q = p$.

③ Eine partikuläre Lösung ist

$$y_p(x) = e^{\mu x} \sum_{j=0}^{s} \frac{s!}{j!(k+s-j)!} \left(\frac{1}{q}\right)^{(j)}(\mu)\, x^{k+s-j}.$$

Spezialfall: keine Resonanz $(k = 0)$:

Dann stehen in der Summe die Binominalkoeffizienten $\binom{s}{j} = \dfrac{s!}{j!(s-j)!}$

Spezialfall: rechte Seite $f = e^{\mu x}$ $(s = 0)$

Im Nichtresonanzfall $(k = 0)$ ist $y_p(x) = \dfrac{1}{p(\mu)} e^{\mu x}$.

Im Resonanzfall $(k \neq 0)$ ist $y_p(x) = \dfrac{1}{k!} \dfrac{1}{q(\mu)} x^k e^{\mu x}$

Da bei der Berechnung Ableitungen des Kehrwerts von q gebildet werden müssen, ist diese Formel dann unübersichtlich, wenn s große Werte hat und der Grad von q größer als eins ist. Ein weiterer Nachteil ist, daß man damit nur einzelne Terme bearbeiten kann.

Hat man auf der rechten Seite Ausdrücke, die Sinus- oder Cosinusfunktionen enthalten, gibt es zwei Möglichkeiten:

i) Bei reellen Dgl: Benutzung der Methoden aus dem Punkt "komplexe Rechnung bei reellen Dgl".

ii) Aufspaltung mit $\sin \beta x = \frac{1}{2i}(e^{i\beta x} - e^{-i\beta x})$ und $\cos \beta x = \frac{1}{2}(e^{i\beta x} + e^{-i\beta x})$. Danach einzelne Behandlung der entstandenen Terme.

Braucht man Ableitungen von $\dfrac{1}{q}$, so sind folgende Formeln hilfreich:

6.7. KONSTANTE KOEFFIZIENTEN

$$\left(\frac{1}{q}\right)' = \frac{-q'}{q^2}, \quad \left(\frac{1}{q}\right)'' = \frac{-qq'' + 2q'^2}{q^3}, \quad \left(\frac{1}{q}\right)''' = \frac{-6q'^3 + 6qq'q'' - q^2q'''}{q^4}.$$

Beispiel 3: $y'' + 3y' + 2y = -2e^{-x}$

① Mit dem charakteristischen Polynom $p(\lambda) = \lambda^2 + 3\lambda + 2 = (\lambda+1)(\lambda+2)$ und $\mu = -1$ erhält man $k = 1$.

② Das reduzierte Polynom ist also $q(\lambda) = \lambda + 2$.

③ Eine partikuläre Lösung zur rechten Seite $-2e^{-x}$ ist also

$$y_p = -2\frac{1}{k!}\frac{1}{q(\mu)}x^k e^{\mu x} = -2\frac{1}{1!}\frac{1}{-1+2}xe^{-x} = -2xe^{-x}.$$

3. Beispiele

Die ersten beiden Beispiele werden ausführlich nach beiden Methoden gerechnet. Dabei werden (hoffentlich) die Stärken und Schwächen beider Verfahren deutlich.

Beispiel 4: $y'' - 3y' + 2y = 2x^3 - 9x^2 + 8x - 3$

Das charakteristische Polynom ist $p(\lambda) = \lambda^2 - 3\lambda + 2 = (\lambda - 1)(\lambda - 2)$. Damit ist e^x, e^{2x} ein Fundamentalsystem.

Da der Exponent der rechten Seite $\mu = 0$ ist (es steht ja kein Exponentialterm da), liegt keine Resonanz vor und es ist $q = p$ ein Polynom zweiten Grades. Der Grad s des Polynomteils der rechten Seite ist $s = 3$. Damit ist zu erwarten, daß man mit einem Ansatz günstiger als mit der direkten Formel rechnet.

Bestimmung einer partikulären Lösung mit einem Ansatz.

① Es ist $\mu = 0$ und damit $k = 0$. Die rechte Seite ist ein Polynom dritten Grades. Der Ansatz ist daher $y = R(x)$ mit einem Polynom dritten Grades R, also $y = ax^3 + bx^2 + cx + d$.

② Zunächst werden die nötigen Ableitungen von y gebildet: $y' = 3ax^2 + 2bx + c$, $y'' = 6ax + 2b$.

Einsetzen in die Dgl.:

$$(6ax + 2b) - 3(3ax^2 + 2bx + c) + 2(ax^3 + bx^2 + cx + d) \stackrel{!}{=} 2x^3 - 9x^2 + 8x - 3.$$

③ Sortieren nach Potenzen von x:

$$x^3(2a) + x^2(-9a + 2b) + x(6a - 6b + 2c) + (2b - 3c + 2d) \stackrel{!}{=} 2x^3 - 9x^2 + 8x - 3.$$

④ Das ergibt ein Gleichungssystem für die Unbekannten a, b, c und d. Es läßt sich einfach auflösen, wenn man bei den höchsten Potenzen beginnt:

$$\begin{aligned} 2a &= 2 &\Rightarrow\quad a &= 1 \\ -9a + 2b &= -9 &\Rightarrow\quad b &= 0 \\ 6a - 6b + 2c &= 8 &\Rightarrow\quad c &= 1 \\ 2b - 3c + 2d &= -3 &\Rightarrow\quad d &= 0 \end{aligned}$$

Eine partikuläre Lösung ist also durch $y_p = x^3 + x$ gegeben, die allgemeine Lösung durch

$$y = y_p + y_h = x^3 + x + C_1 e^x + C_2 e^{2x}, \quad C_1, C_2 \in \mathbb{R}.$$

Bestimmung einer partikulären Lösung mit der direkten Formel.

Es werden partikuläre Lösungen y_1 zur rechten Seite $2x^3$, y_2 zu $-9x^2$, y_3 zu $8x$ und y_4 zu -3 bestimmt. Eine partikuläre Lösung der gegebenen Dgl. ist dann nach dem Überlagerungsprinzip $y_1 + y_2 + y_3 + y_4$.

① In allen Fällen ist $\mu = 0$ und damit $k = 0$. Bei y_1 ist $s = 3$, bei y_2 ist $s = 2$, bei y_3 ist $s = 1$ und bei y_4 $s = 0$.

② Wegen $k = 0$ ist $q(\lambda) = p(\lambda) = \lambda^2 - 3\lambda + 2$.

③ Für y_1 bekommt man eine Summe mit vier Termen ($j = 0 \ldots 3$) in der Formel:

$$y_1 = 2\Big(1 \cdot \frac{1}{q}(0)\, x^3 + 3 \cdot (\frac{1}{q})'(0)\, x^2 + 3 \cdot (\frac{1}{q})''(0)\, x + 1 \cdot (\frac{1}{q})'''(0)\Big).$$

Nun berechnet man $q(0) = 2$, $q'(0) = -3$, $q''(0) = 2$ und $q'''(0) = 0$. Dann ist

$$\frac{1}{q}(0) = \frac{1}{2}, \qquad (\frac{1}{q})'(0) = \frac{-q'}{q^2}(0) = \frac{3}{4},$$

$$(\frac{1}{q})''(0) = \frac{-qq'' + 2q'^2}{q^3}(0) = \frac{-2 \cdot 2 + 2 \cdot 9}{8} = \frac{7}{4},$$

$$(\frac{1}{q})'''(0) = \frac{-6q'^3 + 6qq'q'' - q^2 q'''}{q^4}(0) = \frac{-6(-3)^3 + 6 \cdot 2(-3)2 - 4 \cdot 0}{16} = \frac{45}{8}.$$

Jetzt wird das alles eingesetzt:

$$y_1 = 2\Big(1 \cdot \frac{1}{2}x^3 + 3 \cdot \frac{3}{4}x^2 + 3 \cdot \frac{7}{4}x + 1 \cdot \frac{45}{8}\Big) = x^3 + \frac{9}{2}x^2 + \frac{21}{2}x + \frac{45}{4}.$$

6.7. KONSTANTE KOEFFIZIENTEN

Für y_2 hat man wegen $s = 2$ drei Terme. Dabei kann man die Zwischenergebnisse von y_1 benutzen.

$$y_2 = -9\Big(1 \cdot \frac{1}{q}(0)\, x^2 + 2 \cdot (\frac{1}{q})'(0)\, x + 1 \cdot (\frac{1}{q})''(0)\Big) = -\frac{9}{2}x^2 - \frac{27}{2}x - \frac{63}{4},$$

$$y_3 = 8\Big(1 \cdot \frac{1}{q}(0)\, x + 1 \cdot (\frac{1}{q})'(0)\Big) = 4x + 6,$$

$$y_4 = -3 \cdot 1 \cdot \frac{1}{q}(0) = -\frac{3}{2}.$$

Eine partikuläre Lösung ist also wieder

$$y = y_1 + y_2 + y_3 + y_4 = x^3 + \frac{9}{2}x^2 + \frac{21}{2}x + \frac{45}{4} - \frac{9}{2}x^2 - \frac{27}{2}x - \frac{63}{4} + 4x + 6 - \frac{3}{2} = x^3 + x.$$

Beispiel 5: $y'' + 2y' + y = 3x^2 e^{-x} + 10 e^{2x}(2\cos x + \sin x)$

Das charakteristische Polynom ist $p(\lambda) = \lambda^2 + 2\lambda + 1 = (\lambda+1)^2$. Daher ist e^{-x}, xe^{-x} ein Fundamentalsystem.

Nach dem Überlagerungsprinzip werden partikuläre Lösungen y_1 zur rechten Seite $3x^2 e^{-x}$ und y_2 zur rechten Seite $10e^{2x}(2\cos x + \sin x)$ bestimmt.

Bestimmung von y_1

Der Exponent der rechten Seite $\mu = -1$ ist doppelte Nullstelle des charakteristischen Polynoms $p(\lambda)$. Damit wird das reduzierte Polynom $q = 1$ eine Konstante, also ein Polynom nullten Grades. Es steht zu erwarten, daß die direkte Formel bei der Berechnung von y_1 schneller ist.

Methode 1: Ansatz

① Es ist $\mu = -1$ und damit $k = 2$.
Da $3x^2$ ein Polynom zweiten Grades ist, hat man den Ansatz

$$y_1 = x^2\,(ax^2 + bx + c)e^{-x} = (ax^4 + bx^3 + cx^2)e^{-x}.$$

② Bilden der Ableitungen von y_1:

$y_1' = e^{-x}(-ax^4 - bx^3 - cx^2 + 4ax^3 + 3bx^2 + 2cx) =$
$e^{-x}(-ax^4 + (4a-b)x^3 + (3b-c)x^2 + 2cx),$

$y_1'' = e^{-x}[ax^4 - (4a-b)x^3 - (3b-c)x^2 - 2cx - 4ax^3 + 3(4a-b)x^2 + 2(3b-c)x + 2c] =$
$e^{-x}[ax^4 + (-8a+b)x^3 + (12a - 6b + c)x^2 + (6b - 4c)x + 2c].$

Einsetzen in die Dgl.:
$$e^{-x}[(ax^4 + (-8a+b)x^3 + (12a-6b+c)x^2 + (6b-4c)x + 2c)$$
$$+2(-ax^4 + (4a-b)x^3 + (3b-c)x^2 + 2cx) + (ax^4 + bx^3 + cx^2)] \stackrel{!}{=} 3x^2 e^{-x}.$$

③ Weglassen von e^{-x} und Sortieren nach Potenzen von x:
$(a - 2a + a)x^4 + (-8a + b + 8a - 2b + b)x^3 + (12a - 6b + c + 6b - 2c + c)x^2 +$
$(6b - 4c + 4c)x + 2c \stackrel{!}{=} 3x^2.$

④ Auflösen des entstehenden Gleichungssystems: die Terme bei x^4 und x^3 fallen weg, bei x^2 steht $12a$, also $a = \dfrac{1}{4}$. Aus dem Vergleich von konstantem Glied und Koeffizient von x folgt dann $c = 0$ und $b = 0$.

Insgesamt ist also $y_1 = \dfrac{x^4}{4} e^{-x}$.

Methode 2: direkte Formel.

① Es ist $\mu = -1$ und damit $k = 2$. Außerdem ist $s = 2$.

② Da $p(\lambda)$ nur aus Faktoren besteht, die -1 als Nullstelle haben, wird bei der Bildung von q alles aus p herausgekürzt, es ist also $q = 1$.

③ $\dfrac{1}{q} = 1$ und alle Ableitungen von $\dfrac{1}{q}$ sind null. Daher tritt in der Summe nur der Summand mit $j = 0$ auf:

$$y_1 = 3 \cdot \frac{2!}{0!4!} \cdot 1 x^{2+2-0} e^{-x} = \frac{x^4}{4} e^{-x}.$$

Bestimmung von y_2.

Die zweite partikuläre Lösung y_2 wird auf drei Arten bestimmt: einmal mit Hilfe eines reellen Ansatzes, bei den anderen Methoden werden zunächst mit Ansatz und direkter Formel komplexe Lösungen berechnet und dann eine reelle Lösung bestimmt.

Es liegt keine Resonanz vor. Wegen der einfachen rechten Seite wird sich der Rechenaufwand bei beiden Methoden in etwa die Waage halten.

Methode 1: reeller Ansatz.

① Der Exponent ist $\mu = 2 + i$, der Resonanzfaktor k ist Null.
Ansatz: $y_2 = (a \cos x + b \sin x) e^{2x}$.

② Bilden der nötigen Ableitungen:
$y_2' = [2a \cos x + 2b \sin x - a \sin x + b \cos x] e^{2x} = [(2a+b) \cos x + (-a+2b) \sin x] e^{2x}$,
$y_2'' = [(4a+2b) \cos x + (-2a+4b) \sin x - (2a+b) \sin x + (-a+2b) \cos x] e^{2x}$

6.7. KONSTANTE KOEFFIZIENTEN

$$= [(3a + 4b)\cos x + (-4a + 3b)\sin x]e^{2x}.$$

Einsetzen in die Dgl.:

$$[((3a + 4b)\cos x + (-4a + 3b)\sin x) + 2((2a + b)\cos x + (-a + 2b)\sin x)$$
$$+ (a\cos x + b\sin x)]e^{2x} \stackrel{!}{=} (20\cos x + 10\sin x)e^{2x}$$

③ Weglassen von e^{2x} und Sortieren nach Sinus und Cosinus:

$$(8a + 6b)\cos x + (-6a + 8b)\sin x = 20\cos x + 10\sin x$$

④ Das entstehende Gleichungssystem wird mit gelöst (z.B. mit der Cramerschen Regel):

$$\begin{aligned} 8a + 6b &= 20 \\ -6a + 8b &= 10 \end{aligned} \quad \Rightarrow \quad a = \frac{\begin{vmatrix} 20 & 6 \\ 10 & 8 \end{vmatrix}}{100} = 1 \quad \text{und} \quad b = \frac{\begin{vmatrix} 8 & 20 \\ -6 & 10 \end{vmatrix}}{100} = 2$$

Damit erhält man $y_2 = (\cos x + 2\sin x)e^{2x}$.

Methode 1: komplexer Ansatz.

Dazu benutzt man $\cos x\, e^{2x} = \operatorname{Re} e^{(2+i)x}$, $\sin x\, e^{2x} = \operatorname{Im} e^{(2+i)x}$. Zunächst wird also eine Lösung $y_{\mathbb{C}}$ zur rechten Seite $e^{(2+i)x}$ bestimmt.

① Es ist $\mu = 2 + i$ und damit $k = 0$. Ansatz: $y_{\mathbb{C}} = A\, e^{(2+i)x}$.

② Bestimmung der Ableitungen: $y'_{\mathbb{C}} = A(2 + i)e^{(2+i)x}$, $y''_{\mathbb{C}} = A(3 + 4i)e^{(2+i)x}$.

③ Einsetzen in die Dgl.:

$$A((3 + 4i) + 2(2 + i) + 1)e^{(2+i)x} \stackrel{!}{=} e^{(2+i)x}$$

④ Auflösen nach A gibt:

$$A(8 + 6i) = 1 \quad \Rightarrow \quad A = \frac{1}{8 + 6i} = \frac{8 - 6i}{100}.$$

Damit wird

$$y_{\mathbb{C}} = \frac{8 - 6i}{100}e^{2x}(\cos x + i\sin x) = \frac{e^{2x}}{100}(8\cos x + 6\sin x + i(-6\cos x + 8\sin x)).$$

Es ist $\operatorname{Re} y_{\mathbb{C}} = \dfrac{e^{2x}}{100}(8\cos x + 6\sin x)$ eine Lösung zur rechten Seite $e^{2x}\cos x$ und $\operatorname{Im} y_{\mathbb{C}} = \dfrac{e^{2x}}{100}(-6\cos x + 8\sin x)$ eine Lösung zu $e^{2x}\sin x$. y_2 erhält man als

$$\begin{aligned} y_2 &= 20\operatorname{Re} y_{\mathbb{C}} + 10\operatorname{Im} y_{\mathbb{C}} = \frac{e^{2x}}{100}(160\cos x + 120\sin x - 60\cos x + 80\sin x) \\ &= e^{2x}(\cos x + 2\sin x) \end{aligned}$$

Methode 2: direkte Formel.

Genau wie oben wird eine Lösung zur rechten Seite $e^{(2+i)x}$ bestimmt.

① Es ist $\mu = 2 + i$ und damit $k = s = 0$.

② Damit ist $q(\lambda) = p(\lambda) = \lambda^2 + 2\lambda + 1$.

③ Es folgt
$$y_{\mathbb{C}} = \frac{1}{q(2+i)} e^{(2+i)x} = \frac{1}{(2+i)^2 + 2(2+i) + 1} e^{(2+i)x} = \frac{1}{8+6i} e^{(2+i)x}.$$

Der Rest der Rechnung ist genau derselbe wie bei der Bestimmung von y_2 mit einem komplexen Ansatz.

Gesamtlösung

Als Gesamtlösung hat man mit reellen oder komplexen Konstanten C_1 und C_2

$$y = y_1 + y_2 + C_1 e^x + C_2 x e^{-x} = \frac{x^4}{4} e^{-x} + (\cos x + 2\sin x)e^{2x} + C_1 e^{-x} + C_2 x e^{-x}.$$

Beispiel 6: $y^{(5)} - 5y^{(4)} + 10y''' - 10y'' + 5y' - y = 7x^2 e^x$

① Zunächst wird das charakteristische Polynom bestimmt und faktorisiert: $p(\lambda) = (\lambda - 1)^5$. Da der Exponent der rechten Seite $\mu = 1$ ist, kommt man mit der direkten Formel (Methode 2) sehr gut weiter, denn man erhält $k = 5$ und

② das reduzierte Polynom $q(\lambda) = 1$.

③ In der Summe tritt, da die Ableitungen von q Null sind, nur der erste Term auf. Es ist $s = 2$
$$y_p = 7 \cdot \frac{2!}{0!7!} 1 x^7 e^x = \frac{1}{360} x^7 e^x.$$

Die Gesamtlösung ist

$$y = (Ax^4 + Bx^3 + Cx^2 + Dx + E)e^x + \frac{x^7}{360} e^x.$$

Ein Ansatz nach Methode 1 wäre $y_p = ax^7 + bx^6 + cx^5$ gewesen...

6.8 Euler-Differentialgleichungen

1. Definitionen

Eine Euler-Dgl. liegt vor, wenn $a_k = c_k x^k$ ist, d.h. wenn die Dgl. mit Konstanten c_k folgende Form hat:

$$c_n x^n y^{(n)} + c_{n-1} x^{n-1} y^{(n-1)} + \cdots + c_2 x^2 y'' + c_1 x y' + c_0 y = f(x).$$

Euler-Dgl.

Euler-Dgl. lassen sich auf Dgl. mit konstanten Koeffizienten transformieren oder mit ähnlichen Methoden lösen, vgl. **6.7**

2. Berechnung

Für die Lösung der homogenen Gleichung gibt es zwei Methoden: Transformation auf eine Dgl. mit konstanten Koeffizienten oder Lösung mit einem Ansatz $y = x^k$.

Methode 1: Transformation auf konstante Koeffizienten

Methode 1: Transformation

Für $x > 0$ setzt man $\boxed{x = e^t}$, also $\boxed{t = \ln x}$. Ableitungen nach x verwandelt man mit der Kettenregel in solche nach t:

$$y' = \frac{dy}{dx} = \frac{dy}{dt}\frac{dt}{dx} = \frac{1}{x}\dot{y}, \quad \text{also} \quad xy' = \dot{y}$$

$$y'' = \frac{d}{dx}(\frac{1}{x}\dot{y}) = \frac{1}{x^2}\frac{d^2y}{dt^2} - \frac{1}{x^2}\dot{y}, \quad \text{also} \quad x^2 y'' = \ddot{y} - \dot{y} \quad \text{usw.}$$

Ableitungen nach t werden mit einem Punkt gekennzeichnet ($\dot{y}$), Ableitungen nach x mit einem Strich (y').

$y', \dot{y}$

① Umrechnen der Ableitungen:
$$\begin{aligned} xy' &= \dot{y} \\ x^2 y'' &= \ddot{y} - \dot{y} \\ x^3 y''' &= \dddot{y} - 3\ddot{y} + 2\dot{y} \end{aligned}$$

In der rechten Seite f wird x durch e^t ersetzt.

Einsetzen und Sortieren ergibt eine lineare Dgl. mit konstanten Koeffizienten in t.

② Lösen dieser Dgl.

③ Rücktransformation mit $t = \ln x$.

④ Bei AWP: Bestimmung der Konstanten.

Anfangswert-
probleme

Für $x < 0$ ist die Transformation $\boxed{-x = e^t}$ und $\boxed{t = \ln|x|.}$ Dabei transformieren sich xy', x^2y'' usw. genau wie für $x > 0$.

Genaugenommen handelt es sich bei $y(x)$ und $\tilde{y}(t) = y(e^t)$ um verschiedene Funktionen. Einem allgemeinen Mißbrauch folgend, werden sie mit demselben Symbol y bezeichnet. Zur Unterscheidung bei Anfangswerten schreiben wir $y(x = a)$ bzw. $y(t = a)$.

Bei <u>Anfangswertproblemen</u> kann man alternativ die Anfangswerte mittransformieren: Aus der Bedingung $y(x = x_0) = y_0$ wird $y(t = \ln x_0) = y_0$, mit $\dot{y} = xy'$ wird aus $y'(x = x_0) = y_1$ die Bedingung $\dot{y}(t = \ln x_0) = x_0 y_1$ usw.

Sind die Anfangswerte bei 1 oder -1 gegeben, kann die transformierte Gleichung eventuell mit der Laplacetransformation gelöst werden.

$\boxed{\textbf{Beispiel 1: } y'' - \dfrac{2}{x^2}y = 40x^5,\ y(1) = 0,\ y'(1) = 2}$

Zunächst muß die Gleichung durch Multiplikation mit x^2 auf die "richtige" Form gebracht werden:
$$x^2 y'' - 2y = 40x^7.$$

① Einsetzen der Ableitungen: $x^2 \dfrac{1}{x^2}(\ddot{y} - \dot{y}) - 2y = 40e^{7t}$. Zu lösen ist also
$$\ddot{y} - \dot{y} - 2y = 40e^{7t}.$$

② Aus $p(\lambda) = \lambda^2 - \lambda - 2 = 0$ erhält man $\lambda_1 = -1$ und $\lambda_2 = 2$. Ein Fundamentalsystem ist also e^{-t} und e^{2t}. Eine partikuläre Lösung wird mit der direkten Formel bestimmt: da keine Resonanz vorliegt und kein Polynomanteil auftritt, ist eine Lösung $y_p = 40 \dfrac{1}{p(7)} e^{7t} = e^{7t}$. Damit ist die allgemeine Lösung der transformierten Gleichung
$$y(t) = C_1 e^{-t} + C_2 e^{2t} + e^{7t}.$$

③ Die allgemeine Lösung der ursprüngliche Gleichung ist
$$y = C_1 x^{-1} + C_2 x^2 + x^7.$$

④ Mit $y' = -C_1 x^{-2} + 2C_2 x + 7x^6$ ergeben die Anfangswerte $C_1 + C_2 + 1 = 0$ und $-C_1 + 2C_2 + 7 = 2$. Dieses Gleichungssystem hat die Lösung $C_1 = 1$, $C_2 = -2$. Die Lösung des Anfangswertproblems ist also
$$y = x^{-1} - 2x^2 + x^7.$$

Will man die Anfangswerte mittransformieren, so erhält man mit $\ln 1 = 0$ die Bedingungen $y(t = 0) = 1$ und $\dot{y}(t = 0) = 1 \cdot 2 = 2$.

6.8. EULER-DIFFERENTIALGLEICHUNGEN

Methode 2: Direkter Ansatz $y = x^\lambda$

Während bei der Transformation die Gleichung vollständig auf den bekannten Fall "konstante Koeffizienten" zurückgespielt wird, erhält man mit dem direkten Ansatz zunächst nur ein Fundamentalsystem:

Methode 2: direkter Ansatz

In die homogene Dgl. wird der Ansatz $y = x^\lambda$ eingesetzt. Dazu bildet man die Ableitungen $y' = \lambda x^{\lambda-1}$, $y'' = \lambda(\lambda - 1)x^{\lambda-2}$ usw.

---

① Einsetzen in die homogene Gleichung und Sortieren ergibt eine Gleichung $p(\lambda) = 0$. p ist genau das bei der Transfomation entstehende charakteristische Polynom.

② Faktorisierung bzw. Bestimmung der Nullstellen von p.

③ Für jede Nullstelle wird aus der nachfolgenden Tabelle ein Element eines Fundamentalsystems gewonnen.

Nullstelle λ	Lösung der Dgl.
ⓐ $\lambda = a$	x^a
ⓑ $\lambda_1 = \lambda_2 = \cdots = \lambda_k = a$	$x^a, (\ln x)\, x^a, \ldots, (\ln x)^{k-1} x^a$
ⓒ $\lambda = \alpha + \beta i,\ \lambda = \alpha - \beta i$	$x^\alpha \sin \ln x^\beta,\ x^\alpha \cos \ln x^\beta$
ⓓ $\lambda_1 = \lambda_2 = \cdots = \lambda_k = \alpha + \beta i$, $\lambda_{k+1} = \lambda_{k+2} = \cdots = \lambda_{2k} = \alpha - \beta i$	$x^\alpha \sin \ln x^\beta, \ldots, (\ln x)^{k-1} x^\alpha \sin \ln x^\beta$, $x^\alpha \cos \ln x^\beta, \ldots, (\ln x)^{k-1} x^\alpha \cos \ln x^\beta$
ⓔ $\lambda = 0$	1
ⓕ $\lambda_1 = \lambda_2 = \cdots = \lambda_k = 0$	$1, \ln x, \ldots, (\ln x)^{k-1}$

---

④ Ist die Inhomogenität eine Kombination von Termen der Form $x^\alpha (\ln x)^m$ oder $x^a (\ln x)^m \begin{Bmatrix} \sin \\ \cos \end{Bmatrix} \ln x^\beta$, so läßt sich mit Ansätzen arbeiten. Diese Ansätze sind eine direkte Übersetzung der Ansätze für den konstante-Koeffizienten-Fall.

Der <u>Resonanzfaktor</u> k gibt an, wie oft der Exponent $\mu = \alpha \pm i\beta$ als Nullstelle des unter ① berechneten charakteristischen Polynoms auftritt.

Sind P und Q Polynome vom Höchstgrad m, so sind R und S ebenfalls Polynome vom Grad m. A, B, C und D sind Konstanten.

⑤ Bei AWP werden die Konstanten in der allgemeinen Lösung bestimmt.

rechte Seite	μ	Ansatz
x^α	α	$C(\ln x)^k x^\alpha$
$P(\ln x)$	0	$(\ln x)^k R(\ln x)$
$P(\ln x) x^\alpha$	α	$(\ln x)^k R(\ln x) x^\alpha$
$A \sin \ln x^\beta + B \cos \ln x^\beta$	βi	$(\ln x)^k \left(C \sin \ln x^\beta + D \cos \ln x^\beta \right)$
$P(\ln x) \sin \ln x^\beta +$ $+Q(\ln x) \cos \ln x^\beta$	βi	$(\ln x)^k \big(R(\ln x) \sin \ln x^\beta +$ $+S(\ln x) \cos \ln x^\beta \big)$
$\left(A \sin \ln x^\beta + B \cos \ln x^\beta \right) x^\alpha$	$\alpha + \beta i$	$(\ln x)^k \left(C \sin \ln x^\beta + D \cos \ln x^\beta \right) x^\alpha$
$\left(P(\ln x) \sin \ln x^\beta +\right.$ $\left.+Q(\ln x) \cos \ln x^\beta \right) x^\alpha$	$\alpha + \beta i$	$(\ln x)^k \big(R(\ln x) \sin \ln x^\beta +$ $+S(\ln x) \cos \ln x^\beta \big) x^\alpha$

Ein Polynom in $\ln x$ hat dabei die Form

$$P(\ln x) = a_m (\ln x)^m + a_{m-1} (\ln x)^{m-1} + \cdots + a_1 \ln x + a_0.$$

Wieder steht eigentlich alles in der letzten Zeile. Ist μ keine Nullstelle des charakteristischen Polynoms, fehlt der Term mit $(\ln x)^k$.

Für $x < 0$ muß wieder x durch $|x|$ und $\ln x$ durch $\ln |x|$ ersetzt werden. Man beachte außerdem, daß sich die Terme mit $\ln x^\beta$ auch als $\beta \ln x$ schreiben lassen.

Warnung **Warnung:** das charakteristische Polynom entsteht erst nach dem Einsetzen und Sortieren. z.B. ist im nachfolgenden Beispiel $p(\lambda)$ nicht $\lambda^2 - 2$, sondern $\lambda^2 - \lambda - 2$.

Beispiel 2: $x^2 y'' - 2y = 40 x^7$, $y(1) = 0$, $y'(1) = 2$

① $y = x^\lambda$ wird in die homogene Dgl. eingesetzt: $x^2 \lambda(\lambda - 1) x^{\lambda - 2} - 2x^\lambda = 0$, also $\lambda^2 - \lambda - 2 = 0$

② Die Lösungen davon sind $\lambda_1 = -1$ und $\lambda_2 = 2$.

③ Ein Fundamentalsystem ist also x^{-1} und x^2.

④ Mit $\mu = 7$ und damit $k = 0$ (Resonanzfaktor) ist der Ansatz $y = Cx^7$. $C \cdot 7 \cdot 6 x^7 - 2C x^7 \stackrel{!}{=} 40 x^7 \Leftrightarrow C = 1$. Die allgemeine Lösung ist also

$$y = C_1 x^{-1} + C_2 x^2 + x^7.$$

⑤ Die Konstanten werden wie in Beispiel 1 bestimmt und man erhält wieder

$$y = x^{-1} - 2x^2 + x^7.$$

6.8. EULER-DIFFERENTIALGLEICHUNGEN

Vergleich der Methoden:

	Methode 1	Methode 2
Vorteil	Zurückführung auf Bekanntes, bei inhomogenen Problemen läßt sich die direkte Formel benutzen	direkte Lösung
Nachteil	mehrere Schritte bei einfachen Aufgaben, AW müssen mittransformiert werden	komplizierte Rechnung bei Inhomogenitäten
Anwendung	bei inhomogenen Problemen	falls nur ein Fundamental-system gesucht ist

3. Beispiele

Beispiel 3: $(x-1)^2 y'' - 3(x-1)y' + 4y = 0$

Hierbei handelt es sich um eine <u>Variante</u> der Eulerschen Dgl., wobei $x - x_0$ die Rolle von x übernimmt. Dabei lassen sich alle Lösungsverfahren verwenden, wenn man überall x durch $x - x_0$ (hier: $x - 1$) ersetzt.

Die Gleichung wird mit einem <u>Ansatz</u> gelöst. Die entsprechende Transformation ist $t = \ln(x-1)$ bzw. $x = e^t + 1$.

① Mit $y = (x-1)^\lambda$, $y' = \lambda(x-1)^{\lambda-1}$ und $y'' = \lambda(\lambda-1)(x-1)^{\lambda-2}$ erhält man durch Einsetzen und Sortieren
$$(x-1)^\lambda (\lambda^2 - 4\lambda + 4) = 0.$$

② Es ist $\lambda_{1,2} = 2$.

③ Laut Tabelle ist ein Fundamentalsystem gegeben durch
$$(x-1)^2 \quad \text{und} \quad (x-1)^2 \ln(x-1) \quad \text{bzw} \quad (x-1)^2 \ln|x-1| \quad \text{für} \quad x < 1.$$

Beispiel 4: Bestimmen Sie für $x > 0$ ein Fundamentalsystem zu
$$x^4 y^{(4)} + 6x^3 y''' + 7x^2 y'' + xy' - y = 0$$

Da nur ein Fundamentalsystem gesucht ist, macht man den Ansatz $y = x^\lambda$. Dann ist $y' = \lambda x^{\lambda-1}$, $y'' = \lambda(\lambda-1)x^{\lambda-2}$, $y''' = \lambda(\lambda-1)(\lambda-2)x^{\lambda-3}$ und $y^{(4)} = \lambda(\lambda-1)(\lambda-2)(\lambda-3)x^{\lambda-4}$.

① Mit $\lambda(\lambda-1)(\lambda-2) = \lambda^3 - 3\lambda^2 + 2\lambda$ und
$\lambda(\lambda-1)(\lambda-2)(\lambda-3) = \lambda^4 - 6\lambda^3 + 11\lambda^2 - 6\lambda$ erhält man

$$x^4(\lambda^4 - 6\lambda^3 + 11\lambda^2 - 6\lambda)x^{\lambda-4} + 6x^3(\lambda^3 - 3\lambda^2 + 2\lambda)x^{\lambda-3}$$
$$+ 7x^2(\lambda^2 - \lambda)x^{\lambda-2} + x\lambda x^{\lambda-1} - x^\lambda = 0.$$

Sortieren ergibt

$$(\lambda^4 - 1)x^\lambda = 0, \quad \text{also} \quad \lambda^4 - 1 = 0.$$

② Die Nullstellen von $p(\lambda) = \lambda^4 - 1$ sind ± 1 und $\pm i$.

③ Laut Tabelle bilden die Funktionen x, x^{-1}, $\sin\ln x$ und $\cos\ln x$ ein Fundamentalsystem.

Beispiel 5: $3x^2 y'' + 2xy' - 4y = 4\ln x$

Lösung durch Transformation (Methode 1):

① Einsetzen ergibt $3(\ddot{y} - \dot{y}) + 2\dot{y} - 4y = 4t$, also

$$3\ddot{y} - \dot{y} - 4y = 4t.$$

② Das charakteristische Polynom $p(\lambda) = 3\lambda^2 - \lambda - 4$ hat die Nullstellen $\lambda_1 = -1$ und $\lambda_2 = 4/3$. Ein Fundamentalsystem ist deshalb durch e^{-t} und $e^{4/3 t}$ gegeben.

Die rechte Seite besteht aus einem Polynom ersten Grades ohne Exponentialterm, also $\mu = 0$. Da 0 keine Nullstelle von p ist, liegt keine Resonanz vor, also $k = 0$. Eine partikuläre Lösung läßt sich also mit einem Ansatz $y_p = At + B$ bestimmen. Alternativ lässt sich die direkte Formel aus Abschnitt 7 verwenden: mit $s = 1$ erhält man

$$y_p = 4 \sum_{j=0}^{1} \frac{1!}{(1-j)!} \left(\frac{1}{p}\right)^{(j)}(0) \, t^{s-j} = 4(-\frac{1}{4}t + \frac{1}{16}) = -t + \frac{1}{4}.$$

Benutzt wurde dabei

$$\frac{1}{p}(0) = \frac{1}{4}, \quad \left(\frac{1}{p}\right)' = \frac{-(6\lambda - 1)}{(3\lambda^2 - \lambda - 4)^2}, \quad \left(\frac{1}{p}\right)'(0) = \frac{1}{16}.$$

Die allgemeine Lösung ist

$$y(t) = C_1 e^{-t} + C_2 e^{4/3 t} - t + \frac{1}{4}.$$

6.8. EULER-DIFFERENTIALGLEICHUNGEN

③ Allgemeine Lösung der Ausgangsgleichung ist

$$y(x) = C_1 x^{-1} + C_2 x^{4/3} - \ln x + \frac{1}{4}.$$

Lösung durch einen Ansatz (Methode 2):

① Einsetzen ergibt für die homogene Gleichung

$$p(\lambda) = 3\lambda(\lambda - 1) + 2\lambda - 4 = 0.$$

② Die Nullstellen von p sind wieder $\lambda_1 = -1$ und $\lambda_2 = 4/3$.

③ Ein Fundamentalsystem ist also x^{-1} und $x^{4/3}$.

④ Die Inhomogenität hat keinen x^μ-Anteil. Daher ist $\mu = 0$ und es liegt keine Resonanz vor. Der Grad des Polynoms in $\ln x$ ist eins. Ein geeigneter Ansatz ist also ein Polynom ersten Grades in $\ln x$:

$$y_p = A \ln x + B.$$

Mit $y_p' = Ax^{-1}$ und $y_p'' = -Ax^{-2}$ erhält man durch Einsetzen

$$-3A + 2A - 4A \ln x - 4B = 4 \ln x.$$

Daraus bestimmt man $A = -1$ und $B = \frac{1}{4}$. Die allgemeine Lösung ist wieder

$$y = C_1 x^{-1} + C_2 x^{4/3} - \ln x + \frac{1}{4}.$$

Beispiel 6: $x^2 y'' + xy' + 4y = \sin 2\ln(-x)$, $y(-e^\pi) = -\pi/4$, $y'(-e^\pi) = 1/4e^\pi$

Die Dgl. wird mit der Transformation (Methode 1) gelöst.

① Mit der Transformation $x = -e^t$ bzw. $t = \ln(-x)$ wird die rechte Seite zu $\sin 2t$. Einsetzen und Sortieren ergibt

$$\ddot{y} + 4y = \sin 2t.$$

② Das charakteristische Polynom hat die Nullstellen $\pm 2i$. Ein Fundamentalsystem ist daher durch $\sin 2t$ und $\cos 2t$ gegeben.

Um eine partikuläre Lösung zu ermitteln, wendet man das Hilfsmittel "komplexe Rechnung bei reeellen Dgl." aus Abschnitt 7 an: wegen $\sin 2t = \operatorname{Im} e^{2it}$ bestimmt man eine partikuläre Lösung $y_\mathbb{C}$ zur rechten Seite e^{2it}. Dann erhält man eine partikuläre Lösung der gegebenen Gleichung als $\operatorname{Im} y_\mathbb{C}$.

Da Resonanz vorliegt (der Exponent $2i$ ist Nullstelle des charakteristischen Polynoms), ist ein geeigneter Ansatz $y_\mathbb{C} = Ate^{2it}$. Einsetzen von $\ddot{y}_\mathbb{C} = A(-4t + 4i)e^{2it}$ gibt $A = \frac{1}{4i} = -\frac{i}{4}$. Aus $y_\mathbb{C} = -\frac{i}{4}te^{2it}$ erhält man $y_p = \operatorname{Im} y_\mathbb{C} = -\frac{1}{4}t \cos 2t$. Damit ist die allgemeine Lösung der transformierten Gleichung

$$y(t) = C_1 \sin 2t + C_2 \cos 2t - \frac{1}{4}t \cos 2t.$$

③ Die allgemeine Lösung der Ausgangsgleichung ist

$$y(x) = C_1 \sin 2\ln(-x) + C_2 \cos 2\ln(-x) - \frac{1}{4}\ln(-x)\cos 2\ln(-x).$$

④ Bestimmung der Konstanten durch Einsetzen der Anfangswerte:

$$y(-e^\pi) = C_1 \sin 2\pi + C_2 \cos 2\pi - \frac{1}{4}\pi \cos 2\pi = -\frac{\pi}{4} \quad \Rightarrow \quad C_2 = 0.$$

$$y'(x) = C_1 \frac{2}{x} \cos 2\ln(-x) - C_2 \frac{2}{x} \sin 2\ln(-x)$$
$$- \frac{1}{4x} \cos 2\ln(-x) + \frac{1}{4}\ln(-x)\frac{2}{x} \sin 2\ln(-x)$$

$$y'(-e^\pi) = C_1 \cos 2\pi \frac{2}{-e^\pi} + \frac{1}{4} \cos 2\pi = \frac{1}{4e^\pi} \quad \Rightarrow \quad C_1 = 0.$$

Die Lösung des Anfangswertproblems ist also

$$y = -\frac{1}{4}t \cos 2t.$$

Bestimmung der Konstanten durch Transformation der Anfangswerte: Mit der Transformation $t = \ln(-x)$ erhält man für $x = -e^\pi$ $t = \pi$ und damit die Bedingung

$$y(t = \pi) = -\frac{\pi}{4}.$$

Die zweite Bedingung transformiert sich nach der Gleichung $\dot{y} = xy'$:

$$\dot{y}(t = \pi) = -e^\pi \frac{1}{4e^\pi} = -\frac{1}{4}.$$

Damit erhält man in ③ dieselben Werte für C_1 und C_2 wie oben.

6.9 Randwert- und Randeigenwertprobleme

Oft werden Randeigenwertprobleme auch als <u>Eigenwertprobleme</u> oder <u>Sturm-Liouville–Eigenwertaufgaben</u> bezeichnet.

Hier werden Rand- und Randeigenwertprobleme nur für Dgl. zweiter Ordnung betrachtet.

1.+2. Definitionen und Berechnung

Randwertprobleme, RWP

Sei $[a,b]$ ein Intervall und f, p_1 und p_2 stetige Funktionen. Für eine zweimal differenzierbare Funktion y definiert man den <u>Differentialausdruck</u>

$$L[y] := y'' + p_1 y' + p_2 y.$$

und die <u>Randwerte</u>

$$R_1[y] := c_{11} y(a) + c_{12} y'(a) + c_{13} y(b) + c_{14} y'(b),$$

$$R_2[y] := c_{21} y(a) + c_{22} y'(a) + c_{23} y(b) + c_{24} y'(b),$$

die keine Vielfache voneinander sein sollen, d.h. der Rang der Matrix
$\begin{pmatrix} c_{11} & c_{12} & c_{13} & c_{14} \\ c_{21} & c_{22} & c_{23} & c_{24} \end{pmatrix}$ soll zwei sein.

Ein <u>Randwertproblem</u> (<u>RWP</u>) besteht aus einer Differentialgleichung und zwei <u>Randbedingungen</u>:

$$L[y] = f, \qquad R_1[y] = \alpha_1, \qquad R_2[y] = \alpha_2.$$

Das <u>zugehörige homogene Randwertproblem</u> ist

$$L[y] = 0, \qquad R_1[y] = 0, \qquad R_2[y] = 0.$$

Eine Lösung ist jeweils eine Funktion, die die Differentialgleichung $L[y] = f$ (bzw. $L[y] = 0$) löst und gleichzeitig den beiden Randbedingungen genügt.

In vielen Fällen hat man <u>getrennte Randbedingungen</u>, d.h. R_1 bezieht sich nur auf Werte bei a und R_2 auf Werte bei b. Dann werden R_1 und R_2 auch als R_a und R_b bezeichnet:

$$R_a[y] = d_1 y(a) + d_2 y'(a), \qquad R_b[y] = d_3 y(b) + d_4 y'(b).$$

Die Lösbarkeit des RWP richtet sich nach der Lösbarkeit des zugehörigen homogenen RWP.

① Bestimmung eines Fundamentalsystems y_1, y_2 der homogenen Dgl. $L[y] = 0$, bei inhomogenen Dgl. zusätzlich einer partikulären Lösung y_p.

② Berechnung von $D = \det \begin{pmatrix} R_1[y_1] & R_1[y_2] \\ R_2[y_1] & R_2[y_2] \end{pmatrix}$

③ Die Lösbarkeit von homogenen und inhomogenen Problemen richtet sich danach, ob $D = 0$ ist.

	homogenes Problem	inhomogenes Problem
$D \neq 0$	hat nur die triviale Lösung $y = 0$	eindeutig lösbar
$D = 0$	mehrdeutig lösbar	unlösbar oder mehrdeutig lösbar

④ Bestimmung der allgemeinen Lösung C_1, C_2 des Gleichungssystems

$$\begin{array}{l} C_1 R_1[y_1] + C_2 R_1[y_2] = \alpha_1 - R_1[y_p] \\ C_1 R_2[y_1] + C_2 R_2[y_2] = \alpha_2 - R_2[y_p] \end{array}.$$

Tip: Für $D = 0$ nimmt man Gaußelimination, sonst die Cramersche Regel. D ist als Determinate des Gleichungssystems schon berechnet.

⑤ Die Lösung des RWP ist dann $y = C_1 y_1 + C_2 y_2 + y_p$.

Beispiel 1: $y'' + y = 1$, $y(0) = 0, y(2\pi) = 0$.

① Ein Fundamentalsystem ist $y_1 = \sin x$ und $y_2 = \cos x$, eine partikuläre Lösung ist $y_p = 1$.

② Es liegen getrennte Randbedingungen vor: $R_1[y] = y(0)$, $R_2[y] = y(2\pi)$. Damit wird

$$D = \det \begin{pmatrix} R_1[y_1] & R_1[y_2] \\ R_2[y_1] & R_2[y_2] \end{pmatrix} = \det \begin{pmatrix} \sin 0 & \cos 0 \\ \sin 2\pi & \cos 2\pi \end{pmatrix} = \det \begin{pmatrix} 0 & 1 \\ 0 & 1 \end{pmatrix} = 0.$$

③ Da es sich um ein inhomogenes Problem handelt, hat man entweder unendlich viele oder keine Lösung.

④ Das Gleichungssystem für C_1 und C_2 hat wegen $R_1[y_p] = R_2[y_p] = 1$ und $\alpha_1 = \alpha_2 = 0$ die Gestalt $\left(\begin{array}{cc|c} 0 & 1 & -1 \\ 0 & 1 & -1 \end{array} \right)$ mit der Lösung C_1 beliebig, $C_2 = -1$.

⑤ Die Lösung ist also $y = C_1 \sin x - \cos x + 1$, $C_1 \in \mathbb{R}$.

6.9. RANDWERT- UND RANDEIGENWERTPROBLEME

Randeigenwertprobleme, REWP

Gegeben ist ein Intervall $[a,b]$ und ein Differentialausdruck

$$L[y] := y'' + p_1 y' + p_2 y,$$

der oft auch in der sogenannten selbstadjungierten Form gegeben ist:

$$L[y] := -(py')' + qy.$$

Ein Randeigenwertproblem besteht aus einer homogenen(!) Dgl. und zwei Randbedingungen

$$L[y] = \lambda y, \quad R_1[y] = 0, \quad R_2[y] = 0.$$

Oft werden auch folgende Formen verwendet:

$$-(py')' + qy = \lambda r y \quad \text{oder} \quad (py')' + qy = -\lambda r y$$

r ist dabei eine positive Funktion. Eine Zahl λ, für die dieses Randwertproblem nichttriviale Lösungen hat, heißt Eigenwert. Eine von null verschiedene Lösung heißt Eigenlösung oder Eigenfunktion.

① Für jedes $\lambda \in \mathbb{R}$ bestimmt man ein Fundamentalsystem $y_1(.,\lambda)$ und $y_2(.,\lambda)$ von $y'' + p_1 y' + (p_2 - \lambda) y = 0$. Dabei ist in der Regel eine Fallunterscheidung zu treffen.

② Bestimmung der Eigenwerte: λ ist Eigenwert, falls

$$D(\lambda) = \det \begin{pmatrix} R_1[y_1(.,\lambda)] & R_1[y_2(.,\lambda)] \\ R_2[y_1(.,\lambda)] & R_2[y_2(.,\lambda)] \end{pmatrix} = 0.$$

③ Für jeden Eigenwert λ gibt es eine nichttriviale Lösung C_1, C_2 des Gleichungssystems

$$\left(\begin{array}{cc|c} R_1[y_1(.,\lambda)] & R_1[y_2(.,\lambda)] & 0 \\ R_2[y_1(.,\lambda)] & R_2[y_2(.,\lambda)] & 0 \end{array} \right)$$

Eine Eigenfunktion ist dann $y = C_1 y_1(x,\lambda) + C_2 y_2(x,\lambda)$.

Beispiel 2: $y'' + y = -\lambda y, \ y'(0) = y'(\pi) = 0$

Das Problem liegt in selbstadjungierter Form mit $p = q = r = 1$ vor.

① Zunächst wird die Dgl. auf $y'' + (\lambda+1)y = 0$ umgeschrieben. Ein Fundamentalsystem ist für $\lambda < -1$ durch $y_1(x,\lambda) = e^{\sqrt{-1-\lambda}\,x}$ und $y_2(x,\lambda) = e^{-\sqrt{-1-\lambda}\,x}$, für $\lambda = -1$ durch $y_1(x,\lambda) = 1$ und $y_2(x,\lambda) = x$ und für $\lambda > -1$ durch $y_1(x,\lambda) = \sin\sqrt{\lambda+1}\,x$ und $y_2(x,\lambda) = \cos\sqrt{\lambda+1}\,x$ gegeben.

② + ③ Für jeden dieser Fälle wird untersucht, ob $D(\lambda) = 0$ ist und dann ggf. eine Eigenfunktion bestimmt. Mit den Randwerten $R_1(y,.) = y'(0)$ und $R_2(y,.) = y'(\pi)$ erhält man:

$\boxed{\text{i) } \lambda < -1}$

$$D(\lambda) = \det \begin{pmatrix} \sqrt{-1-\lambda} & -\sqrt{-1-\lambda} \\ \sqrt{-1-\lambda}\, e^{\sqrt{-1-\lambda}\,\pi} & -\sqrt{-1-\lambda}\, e^{-\sqrt{-1-\lambda}\,\pi} \end{pmatrix}$$
$$= (\sqrt{-1-\lambda})^2 \left(-e^{-\sqrt{-1-\lambda}\,\pi} + e^{\sqrt{-1-\lambda}\,\pi}\right)$$

Da für reelle a, b mit $a \neq b$ stets $e^a \neq e^b$ ist, ist $D(\lambda) \neq 0$ für $\lambda < -1$. In diesem Fall gibt es also keine Eigenwerte und -funktionen.

$\boxed{\text{ii) } \lambda = -1}$

$$D(-1) = \det \begin{pmatrix} 0 & 1 \\ 0 & 1 \end{pmatrix} = 0.$$

Eine nichttriviale Lösung des entsprechenden Systems ist $C_1 = 1$, $C_2 = 0$. Eine Eigenfunktion zu $\lambda = -1$ ist also $y(x) = 1$.

$\boxed{\text{iii) } \lambda > -1}$

$$D(\lambda) = \det \begin{pmatrix} \sqrt{\lambda+1} & 0 \\ \sqrt{\lambda+1}\,\cos\sqrt{\lambda+1}\,\pi & -\sqrt{\lambda+1}\,\sin\sqrt{\lambda+1}\,\pi \end{pmatrix}$$
$$= -(\sqrt{\lambda+1})^2 \sin\sqrt{\lambda+1}\,\pi$$

Es ist also

$$D(\lambda) = 0 \quad \Leftrightarrow \quad \sin\sqrt{\lambda+1}\,\pi = 0 \quad \Leftrightarrow \quad \sqrt{\lambda+1} = k$$

Dabei ist wegen $\lambda > -1$ $k \in \mathbb{N}$ zu wählen. Eigenwerte sind also die Zahlen $\lambda_k = k^2 - 1$ mit $k \in \mathbb{N}$. Um die Lösung des entsprechenden Gleichungssystems zu ermitteln, beachte man, daß die Matrix wegen $\sin\sqrt{\lambda+1}\,\pi = 0$ die Gestalt

$$\begin{pmatrix} \sqrt{\lambda+1} & 0 \\ \sqrt{\lambda+1}\,\cos\sqrt{\lambda+1}\,\pi & 0 \end{pmatrix}$$

hat. Eine nichttriviale Lösung ist durch $C_1 = 0$, $C_2 = 1$ gegeben. Damit ist eine zu $\lambda_k = k^2 - 1$ gehörende Eigenfunktion

$$y_n(x) = \cos\sqrt{\lambda_k+1}\,x = \cos kx.$$

Insgesamt erhält man aus ii) und iii) die Eigenwerte λ_k und Eigenfunktionen y_k als

$$\lambda_k = k^2 - 1, \quad y_k = \cos kx, \quad k \in \mathbb{N}_0.$$

6.9. RANDWERT- UND RANDEIGENWERTPROBLEME

3. Beispiele

Beispiel 3: $y'' - y = 2x$, $y(0) = y(1)$, $y'(0) = y'(1)$.

Es handelt sich um ein inhomogenes RWP.

① Ein Fundamentalsystem ist $y_1 = e^x$ und $y_2 = e^{-x}$, eine partikuläre Lösung ist $y_p = -2x$.

② Es handelt sich um sogenannte periodische Randbedingungen

$$R_1[y] = y(0) - y(1) = 0 \quad \text{und} \quad R_2[y] = y'(0) - y'(1) = 0.$$

periodische Randbedingungen

D berechnet sich als

$$D = \det \begin{pmatrix} 1-e & 1-e^{-1} \\ 1-e & -(1-e^{-1}) \end{pmatrix} = -2(1-e)(1-e^{-1}).$$

③ Wegen $D \neq 0$ ist das RWP eindeutig lösbar.

④ Mit $R_1[-2x] = 2$ und $R_2[-2x] = 0$ erhält man die Zahlen C_1 und C_2 als Lösungen des Gleichungssystems $\begin{pmatrix} 1-e & 1-e^{-1} \\ 1-e & -(1-e^{-1}) \end{pmatrix} \begin{vmatrix} -2 \\ 0 \end{vmatrix}$.

Mit der Cramerschen Regel wird $C_1 = \dfrac{2(1-e^{-1})}{-2(1-e)(1-e^{-1})} = \dfrac{-1}{1-e}$ und $C_2 = \dfrac{2(1-e)}{-2(1-e)(1-e^{-1})} = \dfrac{-1}{1-e^{-1}} = \dfrac{e}{1-e}$.

⑤ Die (eindeutige) Lösung des RWP ist also

$$y = -\frac{1}{1-e}e^x + \frac{e}{1-e}e^{-x} - 2x = \frac{1}{1-e}(e^{1-x} - e^x) - 2x.$$

Beispiel 4: $y'' - 3y' + 2y = 0$, $y(0) = y(2) = 0$

Es handelt sich um ein homogenes RWP.

① Ein Fundamentalsystem ist $y_1 = e^x$ und $y_2 = e^{2x}$.

② Mit den Randbedingungen $R_1[y] = y(0) = 0$ und $R_2[y] = y(2) = 0$ berechnet man D:

$$D = \det \begin{pmatrix} 1 & 1 \\ e^2 & e^4 \end{pmatrix} = e^4 - e^2 \neq 0.$$

③ Da $D \neq 0$ ist und es sich um ein homogenes Problem handelt, ist die eindeutige Lösung des RWP durch $y = 0$ gegeben.

Beispiel 5: $-(x^2 y')' - \frac{1}{4} y = \lambda y, \quad y(1) = 0, y(e^{2\pi}) = 0$

Ausdifferenzieren ergibt eine Euler-Dgl.:

$$-x^2 y'' - 2xy' - \frac{1}{4} y - \lambda y = 0 \quad \Leftrightarrow \quad x^2 y'' + 2xy' + (\lambda + \frac{1}{4}) y = 0.$$

Die Randwerte sind $R_1[y] = y(1)$ und $R_2[y] = y(e^{2\pi})$.

① Mit dem Ansatz $y = x^\alpha$ wird ein Fundamentalsystem ermittelt:

$$\alpha(\alpha - 1) + 2\alpha + \lambda + \frac{1}{4} = 0 \quad \Leftrightarrow \quad \alpha_{1,2} = -\frac{1}{2} \pm \sqrt{-\lambda}.$$

Ein Fundamentalsystem ist damit

$y_1 = x^{\alpha_1}, y_2 = x^{\alpha_2}$ \quad für $\lambda < 0$

$y_1 = \frac{1}{\sqrt{x}}, y = \frac{1}{\sqrt{x}} \ln x$ \quad für $\lambda = 0$

$y_1 = \frac{1}{\sqrt{x}} \sin(\sqrt{\lambda} \ln x), y_2 = \frac{1}{\sqrt{x}} \cos(\sqrt{\lambda} \ln x)$ \quad für $\lambda > 0$.

② + ③ In jedem dieser Fälle wird $D(\lambda)$ untersucht und für Eigenwerte je eine Eigenfunktion bestimmt:

i) $\lambda < 0$

$$D(\lambda) = \det \begin{pmatrix} 1 & 1 \\ e^{2\alpha_1 \pi} & e^{2\alpha_2 \pi} \end{pmatrix} = e^{2\alpha_2 \pi} - e^{2\alpha_1 \pi}.$$

Wegen $\alpha_1 \neq \alpha_2$ gibt es für $\lambda < 0$ keine Eigenwerte.

ii) $\lambda = 0$

$$D(\lambda) = \det \begin{pmatrix} 1 & 0 \\ e^{-\pi} & 2\pi e^{-\pi} \end{pmatrix} = 2\pi e^{-\pi} \neq 0.$$

0 ist also auch kein Eigenwert.

iii) $\lambda > 0$

$$D(\lambda) = \det \begin{pmatrix} 0 & 1 \\ e^{-\pi} \sin(2\pi \sqrt{\lambda}) & e^{-\pi} \cos(2\pi \sqrt{\lambda}) \end{pmatrix} = -e^{-\pi} \sin(2\pi \sqrt{\lambda}).$$

Es ist $D(\lambda) = 0$ für $2\pi \sqrt{\lambda} = k\pi$ mit $k \in \mathbb{N}$. Die Eigenwerte sind also $\lambda_k = \frac{k^2}{4}$. Um eine zugehörige Eigenfunktion zu ermitteln, löst man das entsprechende Gleichungssystem und findet eine nichttriviale Lösung $C_1 = 1$ und $C_2 = 0$. Eigenwerte und -funktionen sind damit

$$\lambda_k = \frac{k^2}{4}, \quad y_k(x) = \frac{1}{\sqrt{x}} \sin(\sqrt{\lambda_k} \ln x) = \frac{1}{\sqrt{x}} \sin(\frac{k}{2} \ln x) \quad \text{mit } k \in \mathbb{N}.$$

6.10 Potenzreihenansätze und spezielle Dgl.

Die Verfahren in diesem Abschnitt werden nur für Dgl. zweiter Ordnung vorgestellt. Eine Verallgemeinerung auf höhere Ordnung ist aber ohne Weiteres möglich (Beispiel 8).

1. Definitionen

Potenzreihenansätze

Alle Funktionen, die man durch Verknüpfung elementarer Funktionen wie rationalen Funktionen, trigonometrischen und Exponentialfunktionen und deren Umkehrfunktionen erhält, sind in ihrem Definitionsbereich um jeden Punkt in eine gegen die Funktion konvergente Potenzreihe entwickelbar. Diese Eigenschaft heißt analytisch. Funktionen, die durch Fallunterscheidung definiert sind, haben diese Eigenschaft in der Regel dort nicht, wo die Definitionsgebiete aneinanderstossen.

entwickelbare Funktionen

analytisch

Mit Potenzreihenansätzen (PR-Ansätze) versucht man, die Lösung einer Dgl. als Potenzreihe (**PR**) zu erhalten. Hauptanwendungsgebiet sind lineare Dgl. mit Polynomkoeffizienten. Allgemein gilt:

PR-Ansatz
PR

Satz: Die Dgl. sei in expliziter Form gegeben, d.h. nach der höchsten Ableitung aufgelöst. Sind alle auf der rechten Seite vorkommenden Funktionen an einer Stelle x_0 in Potenzreihen entwickelbar, so auch jede Lösung eines AWP mit Anfangswerten bei x_0.

Regularität von Dgl.

Eine Dgl., die sich in der Form
$$y'' + py' + qy = 0 \qquad \textbf{(R)}$$
mit in $x = 0$ analytischen Funktionen p und q schreiben läßt, heißt reguläre Dgl.

Lösungsmethode: Potenzreihenansatz, S. 78

Eine Dgl., heißt schwach singulär, wenn sie sich in der Form
$$y'' + \frac{p}{x}y' + \frac{q}{x^2}y = 0 \qquad \textbf{(S)}$$
mit in $x = 0$ analytischen Funktionen p und q schreiben läßt.
Lösungsmethode: verallgemeinerter Potenzreihenansatz, S. 81

Bei der Untersuchung auf Regularität kommt es nicht darauf an, eine konkrete Entwicklung der beteiligten Funktionen anzugeben. Wichtig ist, ob es so eine Entwicklung gibt.

Beispiel 1: $y'' + 4x^2 \arctan x \, y' + e^{\sin x} y = 0$

Die Koeffizientenfunktionen sind bei 0 in PR entwickelbar, da es sich um Verknüpfungen elementarer Funktionen handelt und 0 im Definitionsbereich liegt. Es handelt sich also um eine reguläre Dgl. Daher läßt sich eine Lösung der Dgl. mit einen PR-Ansatz ermitteln. Allerdings darf man wegen der komplizierten Koeffizienten nicht mit einer geschlossenen Formel für die a_n rechnen, sondern kann nur die ersten a_n rekursiv bestimmen.

Beispiel 2: $y'' + \dfrac{4}{x} y' + x^2 y = 0$

Hier handelt es sich nicht um eine reguläre Dgl., da der Koeffizient von y' bei null nicht definiert ist. Allerdings ist es eine schwach singuläre Dgl., da sie in die Form **(S)**

$$y'' + \frac{4}{x} y' + \frac{x^4}{x^2} y = 0$$

mit in Potenzreihen entwickelbaren $p = 4$ und $q = x^4$ gebracht werden kann. Die Dgl. ist also mit einem verallgemeinerten PR-Ansatz lösbar.

Beispiel 3: $x^3 y'' + y = 0$

Schreibt man die Dgl. auf die explizite Form um erhält man

$$y'' + \frac{1}{x^3} y = 0.$$

Da der Koeffizient von y nicht als $\dfrac{q}{x^2}$ mit in 0 entwickelbarem q geschrieben werden kann, läßt sich diese Dgl. weder in der Form **(R)** noch **(S)** schreiben und daher auch nicht mit einem PR-Ansatz lösen.

Beispiel 4: $y'' + |x| y = 0$

Auch hier ist kein PR-Ansatz möglich, da $|x|$ bei 0 nicht differenzierbar ist und somit erst recht nicht als PR geschrieben werden kann.

Spezielle Dgl. 2. Ordnung

In der nachfolgenden Tabelle sind einige der wichtigsten Dgl. 2. Ordnung der mathematischen Physik zusammengestellt. Man beachte, daß es sich in den meisten Fällen nicht um die maximal möglichen Definitionsmengen der Parameter m und k handelt. Die Besseldgl. z.B. gibt es auch für $m \in \mathbb{R}$, vgl. Beispiel 6.

6.10. POTENZREIHENANSÄTZE UND SPEZIELLE DGL.

Bessel-Dgl. $$x^2 y'' + xy' + (x^2 - m^2)y = 0$$	Besselfunktionen J_m $$\sum_{n=0}^{\infty} \frac{(-1)^n x^{m+2n}}{2^{m+2n} n! (n+m)!}$$
Laguerre-Dgl. $$xy'' + (1-x)y' + my = 0$$	Laguerresche Polynome L_m $$\sum_{n=0}^{m} \frac{(-1)^n}{n!} \binom{m}{n} x^n = \frac{e^x}{m!} \frac{d^m(x^m e^{-x})}{dx^m}$$
Dgl. der Laguerre-Funktionen $$xy'' + y' + \left(\frac{1}{2} - \frac{x}{4} - m\right)y = 0$$	Laguerrefunktionen Z_m $$e^{-\frac{x}{2}} L_m(x)$$
Verallgemeinerte Laguerre-Dgl. $$xy'' + (k+1-x)y' + my = 0$$	verallgem. Laguerrepolynome $L_m{}^k$ $$\sum_{n=0}^{m} \frac{(-1)^n}{n!} \binom{m+k}{n+k} x^n = (-1)^k \frac{d^k}{dx^k} L_{m+k}$$
Hermite-Dgl. $$y'' - 2xy' + 2my = 0$$	Hermitesche Polynome H_m $$(-1)^n e^{x^2} \frac{d^m(e^{-x^2})}{dx^m}$$
Dgl. der Hermitefunktionen $$y'' + (2m+1-x^2)y = 0$$	Hermitefunktionen $$e^{-\frac{x^2}{2}} H_m(x)$$
Legendre-Dgl. $$(1-x^2)y'' - 2xy' + m(m+1)y = 0$$	Legendrepolynome P_m $$\frac{1}{2^m m!} \frac{d^m(x^2-1)^m}{dx^m}$$
verallgemeinerte Legendre-Dgl. $$(1-x^2)y'' - 2xy' + \left(m(m+1) - \frac{k^2}{1-x^2}\right)y = 0$$	verallg. Legendrepolynome $P_m{}^k$ $$(1-x^2)^{m/2} \frac{d^k P_m(x)}{dx^k}$$
Gaußsche Dgl. $$x(x-1)y'' + [(\alpha+\beta+1)x - \gamma]y' + \alpha\beta y = 0$$	$F(\alpha, \beta, \gamma, x)$ $$1 + \frac{\alpha\beta}{1!\gamma}x + \frac{\alpha(\alpha+1)\beta(\beta+1)}{2!\gamma(\gamma+1)}x^2 + \cdots$$
Kummersche Dgl. $$xy'' + (\alpha - x)y' - \beta y = 0$$	$\Phi(\alpha, \beta, x)$ $$1 + \sum_{n=1}^{\infty} \frac{1}{n!} \frac{\beta(\beta+1)\cdots(\beta+n+1)}{\alpha(\alpha+1)\cdots(\alpha+n+1)} x^n$$
Tschebyscheff-Dgl. $$(1-x^2)y'' - xy' + n^2 y = 0$$	Tschebyscheffpolynome T_m $$\sum_{n=0}^{[\frac{m}{2}]} \binom{m}{2m} x^{m-2n} (-1)^n (1-x^2)^n$$

Stets ist dabei $m, k \in \mathbb{N}_0$, $\alpha, \beta \in \mathbb{R}$ und $\gamma \in \mathbb{R} \setminus (-\mathbb{N})$.

Eine gute Übersicht über diese Dgl. findet man in [**Hei3**] und [**Hil**], über Bessel- und Legendrefunktionen in [**Br**],[**Mar3**] und in der dort angegebenen Literatur.

Die Bezeichnungen der Dgl. sind sehr vielfältig: so sind Zylinder-, Hankel- und Neumannfunktionen Lösungen der Bessel-Dgl., die Gaußsche Dgl. heißt auch hypergeometrische Dgl., die Kummersche Dgl. konfluente hypergeometrische Dgl. und für den Namen Tschebyscheff gibt es über 60 verschiedene Schreibweisen.

2. Berechnung

Rechnen mit Potenzreihen

Sind $y = \sum_{n=0}^{\infty} a_n x^n$ und $z = \sum_{n=0}^{\infty} b_n x^n$ zwei PR mit den Konvergenzradien r_1 bzw. r_2, so ist

$$\alpha y + \beta z = \sum_{n=0}^{\infty} (\alpha a_n + \beta b_n) x^n$$

konvergent für $|x| < r_3$ mit $r_3 = \min\{r_1, r_2\}$. Potenzreihen dürfen also gliedweise addiert, subtrahiert und mit Konstanten multipliziert werden.

Das Produkt der beiden Reihen hat die Darstellung

$$y \cdot z = \sum_{n=0}^{\infty} c_n x^n \quad \text{mit} \quad c_n = \sum_{j=0}^{n} a_j b_{n-j}. \quad \text{(Cauchysche Produktformel)}$$

Cauchy-produkt   Es ist also $c_0 = a_0 b_0$, $c_1 = a_0 b_1 + a_1 b_0$, $c_2 = a_0 b_2 + a_1 b_1 + a_2 b_0$ usw.

Jede PR ist innerhalb ihres Konvergenzkreises unendlich oft differenzierbar. Die Ableitung erhält man durch gliedweise Differentiation, vgl. die nachfolgende Tabelle und Beispiel 8.

1. Potenzreihenansatz

① Die Dgl. wird auf eine möglichst einfache Form gebracht. Ggf. werden noch benötigte PR ermittelt.

② Die PR-Darstellungen werden in die Dgl. eingesetzt. Dabei achtet man darauf, daß alle PR die Form $\sum_{n=0}^{\infty} c_n x^n$ haben. Für einige häufig vorkommende Fälle kann man die PR-Darstellungen aus folgender Tabelle entnehmen.

Dabei werden $a_{-1} := a_{-2} := 0$ gesetzt, so daß alle Reihen über den gemeinsamen Bereich von 0 bis unendlich laufen.

Alle Terme werden in einer Summe zusammengefaßt. Dabei entsteht ein Ausdruck der Form $\sum_{n=0}^{\infty} [\cdots] x^n = 0$.

6.10. POTENZREIHENANSÄTZE UND SPEZIELLE DGL.

$$y = \sum_{n=0}^{\infty} a_n x^n \quad y' = \sum_{n=0}^{\infty} (n+1)a_{n+1} x^n \quad y'' = \sum_{n=0}^{\infty} (n+1)(n+2)a_{n+2} x^n$$

$$xy = \sum_{n=0}^{\infty} a_{n-1} x^n \quad xy' = \sum_{n=0}^{\infty} n a_n x^n \quad xy'' = \sum_{n=0}^{\infty} n(n+1)a_{n+1} x^n$$

$$x^2 y = \sum_{n=0}^{\infty} a_{n-2} x^n \quad x^2 y' = \sum_{n=0}^{\infty} (n-1)a_{n-1} x^n \quad x^2 y'' = \sum_{n=0}^{\infty} n(n-1)a_n x^n$$

③ Der Ausdruck in den eckigen Klammern muß für alle n null sein. Er wird nach dem höchsten Koeffizienten aufgelöst und liefert eine Rekursionsformel für die Koeffizienten der Lösungsreihe.

④ Die ersten Koeffizienten werden aus den Anfangswerten der Dgl. berechnet:

$$a_0 = y(0), \quad a_1 = y'(0).$$

Wenn keine Anfangswerte vorgegeben sind, wählt man einmal $a_0 = 1$, $a_1 = 0$ und einmal $a_0 = 0$, $a_1 = 1$. Man erhält damit ein Fundamentalsystem. Die weiteren Koeffizienten lassen sich nacheinander mit der Rekursionsformel bestimmen.

⑤ Wenn ab einem n_0 alle $a_n = 0$ sind, bricht die Reihe ab und man erhält eine Polynomlösung. Manchmal kann man das Bildungsgesetz für die Koeffizienten erraten. In diesem Fall muß man es durch eine vollständige Induktion beweisen. Gelegentlich läßt sich danach die Reihe in geschlossener Form schreiben, d.h. durch bekannte Funktionen ausdrücken.

Mit dem PR-Ansatz lassen sich auch inhomogene Dgl. lösen, vgl. Beispiel 8.

inhomogene Dgl.

Beispiel 5: $y'' - \dfrac{x}{x-1} y' + \dfrac{1}{x-1} y = 0, \quad y(0) = 1, \, y'(0) = 1$

Da die Koeffizienten aus elementaren Funktionen zusammengesetzt sind und 0 im Definitionsbereich liegt, handelt es sich um eine reguläre Dgl. Man kann also mit einem PR-Ansatz die Lösung bestimmen.

① Wenn mit dem Nenner durchmultipliziert wird, hat man einfache Koeffizienten:

$$(x-1)y'' - xy' + y = 0.$$

② Die Terme für die Potenzreihen findet man in der Tabelle:

$$\sum_{n=0}^{\infty} n(n+1)a_{n+1} x^n - \sum_{n=0}^{\infty} (n+1)(n+2)a_{n+2} x^n - \sum_{n=0}^{\infty} n a_n x^n + \sum_{n=0}^{\infty} a_n x^n = 0.$$

③ Zusammenfassen:
$$\sum_{n=0}^{\infty} [n(n+1)a_{n+1} - (n+1)(n+2)a_{n+2} - na_n + a_n]x^n = 0.$$

Da der Ausdruck in den eckigen Klammern stets null sein muss, erhält man durch Auflösen nach dem höchsten Koeffizienten a_{n+2}

$$a_{n+2} = \frac{n(n+1)a_{n+1} + (-n+1)a_n}{(n+1)(n+2)}. \quad \text{(Rekursionsformel)}$$

Rekursionsformel

④ $a_0 = y(0) = 1$, $a_1 = y'(0) = 1$. Die weiteren Koeffizienten erhält man, wenn man in der Rekursionsformel der Reihe nach $n = 0$, $n = 1$, $n = 2$ usw. setzt und die jeweils schon gefundenen Werte einsetzt:

$$(n=0) \quad a_2 = \frac{0 \cdot 1 \cdot 1 + (-0+1) \cdot 1}{1 \cdot 2} = \frac{1}{2}$$

$$(n=1) \quad a_3 = \frac{1 \cdot 2 \cdot \frac{1}{2} + (-1+1) \cdot 1}{2 \cdot 3} = \frac{1}{6}$$

$$(n=2) \quad a_4 = \frac{2 \cdot 3 \cdot \frac{1}{6} + (-2+1) \cdot \frac{1}{2}}{3 \cdot 4} = \frac{1}{24}$$

⑤ Bis jetzt hat man $a_n = \frac{1}{n!}$. Das läßt sich auch für $n = 5$ noch nachrechnen. Daher stellt man die Behauptung: $A(n) : a_n = \frac{1}{n!}$ auf und beweist sie durch vollständige Induktion. Beim Induktionsschritt schließt man nicht nur von $A(n)$ auf $A(n+1)$, sondern benutzt einen Schluß von $A(n)$ und $A(n+1)$ auf $A(n+2)$.

Induktionsanfang
Wegen der Form des Induktionsschlusses braucht man zwei Startwerte. Daß sogar $A(0)$ bis $A(4)$ wahr sind, wurde oben nachgerechnet.

Induktionsschritt:
Voraussetzung:
$A(n)$ und $A(n+1)$ sind wahr, d.h. $a_n = \frac{1}{n!}$ und $a_{n+1} = \frac{1}{(n+1)!}$.

Behauptung: $a_{n+2} = \frac{1}{(n+2)!}$

Beweis:
$$a_{n+2} = \frac{n(n+1)a_{n+1} + (-n+1)a_n}{(n+1)(n+2)} = \frac{n(n+1)\frac{1}{(n+1)!} + (-n+1)\frac{1}{n!}}{(n+1)(n+2)}$$
$$= \frac{n + (-n+1)}{n!(n+1)(n+2)} = \frac{1}{(n+2)!}.$$

Die Lösung ist also
$$y = \sum_{n=0}^{\infty} \frac{1}{n!}x^n = e^x.$$

6.10. POTENZREIHENANSÄTZE UND SPEZIELLE DGL.

2. verallgemeinerter Potenzreihenansatz

Hier wird eine Lösung der Form $\sum\limits_{n=0}^{\infty} a_n x^{n+\rho}$ mit noch zu bestimmenden ρ gesucht.

① Die Dgl. wird in die Form **(S)** gebracht. Die Zahlen $p_0 := p(0)$ und $q_0 = q(0)$ werden bestimmt. Sind beide Zahlen null und ist zusätzlich auch $q_1 = q'(0) = 0$, so läßt sich die Dgl. in die Form **(R)** bringen (reguläre Dgl.) und ein Potenzreihenansatz wie unter **1** verwenden.

② Bestimmung der Lösungen $\rho_{1,2}$ der Indexgleichung

$$\rho(\rho - 1) + p_0 \rho + q_0 = 0.$$

- Ist $\rho_1 - \rho_2 \notin \mathbb{Z}$, so erhält man für jedes ρ_i eine Lösung der Dgl. Die beiden Lösungen bilden ein Fundamentalsystem.

- Ist $\rho_1 - \rho_2 \in \mathbb{Z}$, so gibt es ein ρ_i, so daß für alle $n \in \mathbb{N}$ der Ausdruck $n + 2\rho + p_0 - 1 \neq 0$ ist. Für dieses ρ_i erhält man eine Lösung der Dgl. Auch für das andere ρ kann es eine Lösung als verallgemeinerte PR geben. Im allgemeinen kann man aus der bereits berechneten Lösung $y_1 = \sum\limits_{n=0}^{\infty} a_n x^{n+\rho_1}$ eine zweite Lösung y_2 mit einem Produktansatz(vgl. 6.6) bestimmen oder mit einem Ansatz

$$y = \sum_{n=0}^{\infty} b_n x^{n+\rho_2} + C\, y_1(x) \ln x, \quad C \in \mathbb{R}$$

③ Die Dgl. wird auf eine möglichst einfache Form gebracht. und die verallgemeinerten PR werden eingesetzt. Häufig gebrauchte Reihen (mit $a_{-1} = a_{-2} = 0$):

$y = \sum\limits_{n=0}^{\infty} a_n x^{n+\rho}$
$xy = \sum\limits_{n=0}^{\infty} a_{n-1} x^{n+\rho}$
$x^2 y = \sum\limits_{n=0}^{\infty} a_{n-2} x^{n+\rho}$

$y' = \sum\limits_{n=0}^{\infty} (n + \rho + 1) a_{n+1} x^{n+\rho} + \rho a_0 x^{\rho-1}$
$xy' = \sum\limits_{n=0}^{\infty} (n + \rho) a_n x^{n+\rho}$
$x^2 y' = \sum\limits_{n=0}^{\infty} (n + \rho - 1) a_{n-1} x^{n+\rho}$

$xy'' = \sum\limits_{n=0}^{\infty} (n + \rho + 1)(n + \rho) a_{n+1} x^{n+\rho} + \rho(\rho - 1) a_0 x^{\rho-1}$

$x^2 y'' = \sum\limits_{n=0}^{\infty} (n + \rho)(n + \rho - 1) a_n x^{n+\rho}$

Alle Terme werden in einer Summe zusammengefaßt. Dabei entsteht außer eventuell auftretenden Summanden mit $x^{\rho-1}$ ein Ausdruck der Form $\sum\limits_{n=0}^{\infty} [\cdots] x^{n+\rho} = 0$.

Indexgleichung

④ Die Summanden mit $x^{\rho-1}$ müssen wegen der Indexgleichung wegfallen.
Der Ausdruck in den eckigen Klammern muß für alle n null sein. Er wird nach dem höchsten Koeffizienten aufgelöst und liefert eine Rekursionsformel für die Koeffizienten der Lösungsreihe.

⑤ Der erste Koeffizient a_0 ist frei wählbar. Falls ein Anfangswert gegeben ist, kann a_0 auch aus diesem berechnet werden. Die weiteren Koeffizienten lassen sich nacheinander mit der Rekursionsformel bestimmen.

⑥ Wenn ab einem n_0 alle $a_n = 0$ sind, bricht die Reihe ab und man erhält eine Polynomlösung. Manchmal kann man das Bildungsgesetz für die Koeffizienten erraten. In diesem Fall muß man es durch eine vollständige Induktion beweisen. Gelegentlich läßt sich danach die Reihe in geschlossener Form schreiben, d.h. durch bekannte Funktionen ausdrücken.

Beispiel 6: $x^2 y'' + xy' + (x^2 - \frac{1}{4})y = 0$ (Bessel-Dgl. mit $m = \frac{1}{2}$)

① Es handelt sich um eine schwach singuläre Dgl., da man sie auf die Form

$$y'' + \frac{1}{x}y' + \frac{x^2 - \frac{1}{4}}{x^2}y = 0$$

mit $p(x) = 1$ und $q(x) = x^2 - \frac{1}{4}$ bringen kann. Damit ist $p_0 = 1$, $p_1 = 0$ und $q_0 = -\frac{1}{4}$.

② Die Indexgleichung $\rho(\rho - 1) + \rho - \frac{1}{4} = 0$ liefert $\rho_1 = \frac{1}{2}$ und $\rho_2 = -\frac{1}{2}$.
Wegen $\rho_1 - \rho_2 = 1 \in \mathbb{Z}$ bekommt man eventuell nur eine Lösung der Dgl. Deshalb berechnet man $n + 2\rho + p_0 - 1 = n + 2(\pm\frac{1}{2}) + 1 - 1 = n \pm 1$. Für $\rho = +\frac{1}{2}$ ist dieser Ausdruck stets von 0 verschieden.

③ In die Form $x^2 y'' + xy' + (x^2 - \frac{1}{4})y = 0$ werden die Reihen mit $\rho = \frac{1}{2}$ eingesetzt und zusammengefasst:

$$\sum_{n=0}^{\infty} [(n+\frac{1}{2})(n-\frac{1}{2})a_n + (n+\frac{1}{2})a_n + a_{n-2} - \frac{1}{4}a_n]x^{n+1/2} = 0.$$

④ Da der Ausdruck in den eckigen Klammern verschwinden muß, erhält man durch Auflösen nach a_n für $n > 0$ die Rekursionsformel

$$a_n = \frac{-1}{n(n+1)} a_{n-2}$$

6.10. POTENZREIHENANSÄTZE UND SPEZIELLE DGL.

⑤ Wegen $a_{-2} = 0$ ist für $n = 0$ [...] $= 0$. Man wählt nun $a_0 = 1$ und erhält der Reihe nach

$(n = 1) \qquad a_1 = -\frac{1}{2}a_{-1} = 0 \quad (a_{-1}$ ist als 0 definiert!$)$

$(n = 2) \qquad a_2 = -\frac{1}{2 \cdot 3} = -\frac{1}{3!}$

$(n = 3) \qquad a_3 = -\frac{1}{3 \cdot 4}a_1 = 0 \quad$ damit werden auch $a_5 = a_7 = \cdots = 0$.

$(n = 4) \qquad a_4 = -\frac{1}{4 \cdot 5}a_2 = \frac{1}{5!}$

⑥ Durch Induktion erhält man

$$a_{2n} = (-1)^n \frac{1}{(2n+1)!} \quad \text{und} \quad a_{2n+1} = 0.$$

Eine Lösung ist also

$$y = \sum_{n=0}^{\infty}(-1)^n\frac{1}{(2n+1)!}x^{2n+1/2} = \frac{1}{\sqrt{x}}\sum_{n=0}^{\infty}(-1)^n\frac{1}{(2n+1)!}x^{2n+1} = \frac{1}{\sqrt{x}}\sin x.$$

Jetzt wird untersucht, ob es für $\rho = -\frac{1}{2}$ auch noch eine Lösung gibt. Dazu geht es bei ③ wieder los.

③ $\qquad \sum_{n=0}^{\infty}[(n-\frac{1}{2})(n-\frac{3}{2})a_n + (n-\frac{1}{2})a_n + a_{n-2} - \frac{1}{4}a_n]x^{n-1/2} = 0.$

④ Da der Ausdruck in den eckigen Klammern verschwinden muß, erhält man durch Auflösen nach a_n die Rekursionsformel

$$a_n = \frac{-1}{n(n-1)}a_{n-2}$$

⑤ Jetzt rechnet man wieder wie oben. Zuerst ist $a_0 = 1$ und $n = 2$:

$(n = 2) \qquad a_2 = -\frac{1}{1 \cdot 2}a_0 = -\frac{1}{2!}$

$(n = 3) \qquad a_3 = -\frac{1}{2 \cdot 3}a_1.$

$(n = 4) \qquad a_4 = -\frac{1}{3 \cdot 4}a_2 = \frac{1}{4!}$

Hier kann man also auch a_1 frei wählen. Da wir nur eine weitere Lösung brauchen, wählen wir $a_1 = 0$. Hätten wir mit $\rho = -\frac{1}{2}$ angefangen, könnten wir genau wie bei regulären Dgl. durch Wahlen von a_0 und a_1 jeweils als 0 und 1 ein Fundamentalsystem berechnen. Bei dieser Dgl. würden wir mit $a_0 = 0$ und $a_1 = 1$ die oben gefundene Lösung $y = \frac{\sin x}{\sqrt{x}}$ noch einmal erhalten.

⑥ Durch Induktion erhält man

$$a_{2n} = (-1)^n \frac{1}{(2n)!} \quad \text{und} \quad a_{2n+1} = 0.$$

Eine Lösung ist also

$$y = \sum_{n=0}^{\infty} (-1)^n \frac{1}{(2n)!} x^{2n-1/2} = \frac{1}{\sqrt{x}} \sum_{n=0}^{\infty} (-1)^n \frac{1}{(2n)!} x^{2n} = \frac{1}{\sqrt{x}} \cos x.$$

Ein Fundamentalsystem ist damit $y_1 = \dfrac{\sin x}{\sqrt{x}}$ und $y_2 = \dfrac{\cos x}{\sqrt{x}}$.

Alternativ hätte man y_2 natürlich auch über den Produktansatz aus 6.6 berechnen können.

Entwicklung um x_0

Variante:

Der Entwicklungspunkt ist nicht 0, sondern x_0. Dann wird überall x durch $x - x_0$ ersetzt, d.h. man erhält als Lösung eine PR der Form $\sum\limits_{n=0}^{\infty} a_n(x - x_0)^n$ bzw. $\sum\limits_{n=0}^{\infty} a_n(x - x_0)^{n+\rho}$. Natürlich muß man die Koeffizientenfunktionen nun darauf untersuchen, ob sie im Punkt $x = x_0$ analytisch, d.h. in eine PR der Form $\sum\limits_{n=0}^{\infty} c_n(x - x_0)^n$ entwickelbar sind.

Nichtlineare Dgl.

Auch nichtlineare Dgl. lassen sich mit PR-Ansätzen bearbeiten. Allerdings erhält man nur in Ausnahmefällen geschlossene Formeln für die Koeffizienten.

---

① Die gegebenen Anfangswerte bestimmen die ersten Glieder der Potenzreihe: $a_0 = y(0)$, $a_1 = y'(0)$.

② Die Dgl wird nach der höchsten Ableitung aufgelöst.

③ Einsetzen der Anfangswerte gibt den Wert der höchsten Ableitung bei 0. Daraus kann man mit $a_n = \frac{1}{n!} y^{(n)}(0)$ die a_n bestimmen.

④ Die Dgl. wird einmal abgeleitet. Dabei muß die Kettenregel beachtet werden.

⑤ Weiter mit ③, bis genügend a_n bestimmt sind.

6.10. POTENZREIHENANSÄTZE UND SPEZIELLE DGL.

Beispiel 7: Bestimmen Sie die ersten vier Koeffizienten der PR-Entwicklung der Lösung des AWP $y' = y^2$, $y(0) = 1$.

① Aus $y(0) = 1$ folgt $a_0 = 1$.

② Die Dgl. ist schon nach der höchsten Ableitung y' aufgelöst.

③ Auswerten der Dgl. für $x = 0$: $y'(0) = 1^2$ $\Rightarrow$ $y'(0) = 1$ $\Rightarrow$ $a_1 = 1$.

④ Ableiten der Dgl.: $y'' = 2yy'$.

③ Auswerten: $y''(0) = 2y(0)y'(0) = 2$ $\Rightarrow$ $a_2 = 1$.

④ Ableiten: $y''' = 2yy'' + 2y'^2$.

③ Auswerten: $y'''(0) = 2y(0)y''(0) + 2y(0)^2 = 6$ $\Rightarrow$ $a_3 = 1$.

Die Potenzreihenentwicklung der Lösung des AWP ist also

$$y = 1 + x + x^2 + x^3 + \cdots$$

Ein Nachweis, daß alle $a_n = 1$ sind, ist sehr schwierig. Benutzt man aber, daß $\sum_{n=0}^{\infty} x^n = \dfrac{1}{1-x}$ ist, rechnet man leicht nach, daß $\dfrac{1}{1-x}$ tatsächlich eine Lösung des AWP ist.

3. Beispiele

Beispiel 8: $y''' - 3xy' + 12y = 24(x+1)$, $y(0) = 2$, $y'(0) = y''(0) = 0$

Es handelt sich um eine reguläre Dgl, da sie die Form (R) hat.

① Zunächst wird eine PR-Darstellung für y''' hergeleitet: durch dreifaches Ableiten der Reihe für y erhält man zunächst

$$y''' = \sum_{n=0}^{\infty} n(n-1)(n-2)a_n x^{n-3}.$$

Herleitung von PR-Darstellungen

Um eine Reihe mit x^n statt x^{n-3} zu erhalten, setzt man $m := n - 3$, also $n = m + 3$. Bei den Grenzen der Reihe beachte man, daß $n = 0 \Leftrightarrow m = -3$ und $n \to \infty \Leftrightarrow m \to \infty$ ist.

$$y''' = \sum_{n=0}^{\infty} n(n-1)(n-2)a_n x^{n-3} = \sum_{m=-3}^{\infty} (m+3)(m+2)(m+1)a_{m+3} x^m$$

Als letztes bemerkt man, daß für $m = -3, -2, -1$ in der Summe eine Null steht und daher die Reihe "in Wirklichkeit" bei $m = 0$ beginnt. Gleichzeitig benennt man m in n um, da es ja egal ist, mit welchem Symbol man den Laufindex bezeichnet.

$$y''' = \sum_{n=0}^{\infty} (n+3)(n+2)(n+1)a_{n+3}x^n$$

② Die Reihen werden in die Dgl. eingesetzt:

$$\sum_{n=0}^{\infty} [(n+3)(n+2)(n+1)a_{n+3} - 3na_n + 12a_n]x^n = 24 + 24x.$$

③ Koeffizientenvergleich ergibt die Rekursionsformel

$$(n+3)(n+2)(n+1)a_{n+3} - 3na_n + 12a_n = \begin{cases} 24 & \text{für } n = 0, 1 \\ 0 & \text{sonst} \end{cases}$$

④ Die Anfangswerte geben $a_0 = y(0) = 2$, $a_1 = y'(0) = 0$ und $a_2 = \frac{1}{2}y''(0) = 0$. Die restlichen Koeffizienten werden aus der Rekursionsformel berechnet:

$$(n = 0) \qquad 6 \cdot a_3 - 0 \cdot a_0 + 12 \cdot a_0 = 24 \quad \Rightarrow a_3 = 0$$
$$(n = 1) \qquad 24 \cdot a_4 - 3 \cdot a_1 + 12 \cdot a_1 = 24 \quad \Rightarrow a_4 = 1$$

Zur Berechnung der restlichen Koeffizienten wird die Rekursionsformel nach a_{n+3} aufgelöst:

$$a_{n+3} = \frac{3n - 12}{(n+3)(n+2)(n+1)} a_n \quad \text{für} \quad n \geq 2.$$

Da a_{n+3} stets ein Vielfaches von a_n ist, folgt: Ist $a_n = 0$, so ist auch $a_{n+3} = a_{n+6} = a_{n+9} = \cdots = 0$. Damit folgt aus $a_2 = 0$ sofort $a_5 = a_8 = a_{11} = \cdots = 0$ und aus $a_3 = 0$ folgt $a_6 = a_9 = \cdots = 0$. a_7 wird wieder mit der Rekursionsformel bestimmt:

$$(n = 4) \qquad a_7 = \frac{3 \cdot 4 - 12}{7 \cdot 6 \cdot 5} a_4 = 0.$$

Damit sind alle weiteren $a_n = 0$.

⑤ Die Lösung des AWP ist $y = x^4 + 2$.

Beispiel 9: $y'' - \dfrac{2}{x^2} y = 0$, (vgl. Beispiele 1 und 2 in Abschnitt 8)

Die <u>Euler-Dgl.</u> ist ein Spezialfall der schwach singulären Dgl.

6.10. POTENZREIHENANSÄTZE UND SPEZIELLE DGL.

① Aus der Dgl, die schon in der Form (S) ist, liest man $p_0 = 0$ und $q_0 = -2$ ab.

② Die Indexgleichung $\rho(\rho - 1) - 2 = 0$ (das ist genau das charakteristische Polynom der Dgl!) hat die Lösungen $\rho_1 = -1$ und $\rho_2 = 2$.

Mit $\rho_1 - \rho_2 \in \mathbb{Z}$ beginnt man mit dem ρ, für das für alle $n \in \mathbb{N}$ stets $n + 2\rho - 1 \neq 0$ ist. Das ist für $\rho = 2$ der Fall.

③ In die Dgl. der Form
$$x^2 y'' - 2y = 0$$
werden die PR-Darstellungen eingesetzt:
$$\sum_{n=0}^{\infty} [(n+2)(n+1)a_n - 2a_n] x^{n+2} = 0.$$

④ Aus $((n+2)(n+1) - 2)a_n = 0 \Leftrightarrow (n^2 + 3n)a_n = 0 \Leftrightarrow n(n+3)a_n = 0$ folgt, daß a_n nur für $n = 0$ von null verschieden sein kann. Damit erhält man mit $a_0 = 1$ und $a_n = 0$ für $n > 0$ die Lösung $y = x^2$.

Jetzt kann man noch nachsehen, ob man auch für $\rho_1 = -1$ eine Lösung bekommt:

③ Diesmal erhält man durch Einsetzen der PR-Darstellungen
$$\sum_{n=0}^{\infty} [(n-1)(n-2)a_n - 2a_n] x^{n-1} = 0.$$

④ Jetzt folgt
$((n-1)(n-2) - 2)a_n = 0 \Leftrightarrow (n^2 - 3n)a_n = 0 \Leftrightarrow n(n-3)a_n = 0$.
Damit können nur a_0 und a_3 von null verschieden sein, und man erhält
$$y = a_0 x^{-1} + a_3 x^3 x^{-1} = a_0 x^{-1} + a_3 x^2.$$

In dieser Lösung ist die oben gefundene also schon enthalten.

Das Beispiel zeigt, daß die Euler-Dgl. zwar vom Typ "schwachsinguläre Dgl." ist, besser aber mit den Verfahren aus Abschnitt 8 bearbeitet wird.

Beispiel 10: $xy'' + (1-x)y' + y = 0$, $y(0) = 1$ (Laguerre-Dgl. mit $m = 1$)

① Es handelt sich um eine schwach singuläre Dgl., da sie in der Form
$$y'' + \frac{1-x}{x} y' + \frac{x}{x^2} y = 0$$
mit $p_0 = 1$ und $q_0 = 0$ geschrieben werden kann.

② Aus der Indexgleichung $\rho(\rho-1) + 1\cdot\rho + 0 = 0$ erhält man $\rho_{1,2} = 0$. Wegen $\rho_1 - \rho_2 = 0 \in \mathbb{Z}$ kann man nur eine PR-Lösung erwarten, obwohl wegen $\rho = 0$ der PR-Ansatz wie bei regulären Dgl. benutzt wird.

③ In die ursprüngliche Dgl. werden die Reihen eingesetzt:

$$\sum_{n=0}^{\infty}[n(n+1)a_{n+1} + (n+1)a_{n+1} - na_n + a_n]x^n = 0.$$

④ Auflösen nach a_{n+1} gibt die Rekursionsformel

$$a_{n+1} = \frac{n-1}{(n+1)^2}a_n.$$

⑤ Wegen $y(0) = 1$ hat man $a_0 = 1$.

$$(n=0) \qquad a_1 = \frac{-1}{1}a_0 \Rightarrow a_1 = -1$$
$$(n=1) \qquad a_2 = \frac{0}{4}a_1 \Rightarrow a_2 = 0$$

Dann folgt $a_3 = a_4 = \cdots = 0$.

⑥ Die Lösung ist damit

$$y = -x + 1.$$

Beispiel 11: Für welche λ hat $y'' - 4xy' + \lambda y = 0$, $y'(0) = 0$, Polynome als Lösungen?

Zunächst werden für diese reguläre Dgl. die PR-Darstellungen eingesetzt:

$$\sum_{n=0}^{\infty}[(n+1)(n+2)a_{n+2} - 4na_n + \lambda a_n]x^n = 0.$$

Daraus erhält man die Rekursionsformel

$$a_{n+2} = \frac{4n - \lambda}{(n+1)(n+2)}a_n.$$

Wegen $a_1 = y'(0) = 0$ sind damit alle a_n mit ungradem n null. Außerdem erkennt man wie in Beispiel 8, daß die Reihe abbricht, wenn ein $a_n = 0$ ist. Das kann nur dann der Fall sein, wenn entweder a_{n-2} schon null war oder wenn der Zähler der Rekursionsformel null wird, also für $4n - \lambda = 0$.

Man erhält also Polynome als Lösung, wenn $\lambda = 4n$ mit einer geraden Zahl n ist (da man ja nur für gerade n die noch die a_n bestimmt), also für

$$\lambda = 8m, \quad m \in \mathbb{N}.$$

6.11 Lineare Dgl.-Systeme 1. Ordnung

1. Definitionen

Die Dgl.-Systeme werden vektoriell geschrieben.

Ein lineares System 1. Ordnung ist

$$\vec{y}' = A(x)\vec{y} + \vec{b}(x).$$

lineares System 1. Ordnung

$A(x)$ ist eine stetige $n \times n$-Matrixfunktion und $\vec{b}(x)$ eine stetige Vektorfunktion; d.h. A ist eine $n \times n$-Matrix und $\vec{b}$ ist ein Vektor mit n Komponenten, deren Einträge auf einem Intervall I stetige Funktionen sind.

Ist $\vec{b}(x) = \vec{0}$ bzw. nicht vorhanden, so spricht man von einem homogenen, sonst von einem inhomogenen System. Falls die Matrix A nicht von x abhängt (d.h. A ist konstant), handelt es sich um ein System mit konstanten Koeffizienten. Dieser Spezialfall wird in Abschnitt 12 behandelt.

homogenes System

Schreibt man das System zeilenweise aus, erhält man n gekoppelte Dgl. für die n Funktionen y_1 bis y_n:

gekoppelte Dgl.

$$\begin{aligned} y_1' &= a_{11}(x)y_1 + a_{12}(x)y_2 + \cdots + a_{1n}(x)y_n + b_1(x) \\ y_2' &= a_{21}(x)y_1 + a_{22}(x)y_2 + \cdots + a_{2n}(x)y_n + b_2(x) \\ &\vdots \\ y_n' &= a_{n1}(x)y_1 + a_{n2}(x)y_2 + \cdots + a_{nn}(x)y_n + b_n(x) \end{aligned}$$

Dabei ist

$$\vec{y} = \begin{pmatrix} y_1(x) \\ y_2(x) \\ \vdots \\ y_n(x) \end{pmatrix}, \quad A = \begin{pmatrix} a_{11}(x) & a_{12}(x) & \cdots & a_{1n}(x) \\ a_{21}(x) & a_{22}(x) & \cdots & a_{2n}(x) \\ \vdots & \vdots & \ddots & \vdots \\ a_{n1}(x) & a_{n2}(x) & \cdots & a_{nn}(x) \end{pmatrix}, \quad \vec{b}(x) = \begin{pmatrix} b_1(x) \\ b_2(x) \\ \vdots \\ b_n(x) \end{pmatrix}.$$

Für die Lösungen des homogenen Systems gilt: Es gibt n linear unabhängige Vektorlösungen $\vec{y}_1$ bis $\vec{y}_n$. (Achtung! Nicht mit y_1 bis y_n verwechseln!) Diese n Lösungsvektoren schreibt man nebeneinander und faßt sie zur Hauptmatrix oder Fundamentalmatrix zusammen:
$$Y = \begin{pmatrix} | & | & & | \\ \vec{y}_1 & \vec{y}_2 & \cdots & \vec{y}_n \\ | & | & & | \end{pmatrix}$$

Hauptmatrix

Fundamental-matrix

Die Determinante $W(x) := \det Y(x)$ heißt Wronskideterminante und erfüllt

$$\boxed{W'(x) = \operatorname{spur} A \cdot W(x) = (a_{11}(x) + a_{22}(x) + \cdots + a_{nn}(x))\, W(x)}$$

Wronskideterminante

(Als Probe benutzen!)

Probe

Fundamental-system
Hauptsystem
Lösungsbasis

Sprechweise: Sind $\vec{y}_1$ bis $\vec{y}_n$ linear unabhängige Lösungen des homogenen Systems, so nennt man sie Fundamentalsystem, Hauptsystem oder Lösungsbasis. Der Grund für diese Bezeichnung ist die Tatsache, daß jede Lösung des homogenen Systems eine Linearkombination dieser Vektoren ist.

In diesem Abschnitt werden zu besseren Unterscheidung Konstanten C_1, $\vec{C}$ mit großen und Funktionen $c_1(x)$, $\vec{c}(x)$ mit kleinen Buchstaben bezeichnet.

Sind $\vec{y}_1$ bis $\vec{y}_n$ Lösungen des homogenen Systems, so gilt

Jede Lösung des homogenen System hat die Form
$$\vec{y}(x) = C_1\vec{y}_1(x) + C_2\vec{y}_2(x) + \cdots + C_n\vec{y}_n(x)$$

mit Koeffizienten $C_1, \ldots, C_n \in \mathbb{R}$ bzw. $\mathbb{C}$
(allgemeine Lösung der homogenen Dgl)

allgemeine Lösung

$\Leftrightarrow$ Jede Lösung des homogenen Systems hat die Form $\vec{y}(x) = Y(x)\vec{C}$ mit $\vec{C} \in \mathbb{R}^n$ bzw. $\mathbb{C}^n$

$\Leftrightarrow$ Y ist nichtsinguläre Lösung der Matrixdgl. $Y' = A(x)Y$

$\Leftrightarrow$ $\vec{y}_1(x)$ bis $\vec{y}_n(x)$ sind als Funktionen linear unabhängig

$\Leftrightarrow$ für ein $x_0 \in I$ sind die Vektoren $\vec{y}_1(x_0)$ bis $\vec{y}_n(x_0)$ linear unabhängig

$\Leftrightarrow$ für jedes $x \in I$ sind die Vektoren $\vec{y}_1(x)$ bis $\vec{y}_n(x)$ linear unabhängig

$\Leftrightarrow$ Die wie oben gebildete Matrix Y ist für ein $x_0 \in I$ regulär

$\Leftrightarrow$ Die Matrix $Y(x)$ ist für jedes $x \in I$ regulär

$\Leftrightarrow$ Für ein $x_0 \in I$ ist $W(x_0) \neq 0$

$\Leftrightarrow$ Für jedes $x \in I$ ist $W(x) \neq 0$

2. Berechnung

1. Umschreiben einer Dgl. auf ein System

Die lineare Dgl. n-ter Ordnung
$$y^{(n)} + a_{n-1}(x)y^{(n-1)} + \cdots + a_2(x)y'' + a_1(x)y' + a_0(x)y = b(x)$$

wird in ein System umgeschrieben, indem die Variablen y_1 bis y_n so definiert werden: $y_1 = y$, $y_2 = y'$, $y_3 = y''$, $\ldots$, $y_n = y^{(n-1)}$. Dann gilt

$$\begin{aligned} y_1' &= y_2 \\ y_2' &= y_3 \\ &\vdots \\ y_n' &= -a_0(x)y_1 - a_1(x)y_2 - \cdots - a_{n-1}(x)y_n + b(x). \end{aligned}$$

6.11. LINEARE DGL.-SYSTEME 1. ORDNUNG

In Matrixschreibweise hat man also mit $\vec{y} = \begin{pmatrix} y_1 \\ y_2 \\ y_3 \\ \vdots \\ y_n \end{pmatrix} = \begin{pmatrix} y \\ y' \\ y'' \\ \vdots \\ y^{(n-1)} \end{pmatrix}$

$$\vec{y}' = \begin{pmatrix} 0 & 1 & 0 & 0 & \cdots & 0 \\ 0 & 0 & 1 & 0 & \cdots & 0 \\ 0 & 0 & 0 & 1 & \cdots & 0 \\ \vdots & & & & \ddots & \vdots \\ -a_0(x) & -a_1(x) & -a_2(x) & -a_3(x) & \cdots & -a_{n-1} \end{pmatrix} \vec{y} + \begin{pmatrix} 0 \\ 0 \\ 0 \\ \vdots \\ b(x) \end{pmatrix}.$$

Beispiel 1: Die Bessel-Dgl $x^2 y'' + xy' + (x^2 - m^2)y = 0$ soll auf ein System umgeschrieben werden.

Mit $y_1 = y$ und $y_2 = y'$ erhält man $\vec{y}' = \begin{pmatrix} 0 & 1 \\ -(1 - m^2/x^2) & -1/x \end{pmatrix} \vec{y}$.

$\vec{y}$ ist genau dann Lösung des Systems, wenn $\vec{y}$ die Form $\vec{y} = \begin{pmatrix} y \\ y' \end{pmatrix}$ ist und y Lösung der Bessel-Dgl. ist.

2. Umschreiben eines 2×2-Systems auf Dgl. 2. Ordnung

Dieses Verfahren heißt auch <u>Entkoppeln</u>.   Entkoppeln

① Das System wird zeilenweise ausgeschrieben. Ab jetzt wird angenommen, daß die erste Zeile y_2 enthält, sonst vertauscht man die Variablen (vgl. Beispiel 4).

② Die erste Zeile wird abgeleitet.

③ Darin wird aus der zweiten Zeile y_2' ersetzt.

④ Die ursprüngliche erste Zeile wird nach y_2 aufgelöst. Damit werden die in der neuen Gleichung vorkommenden y_2 ersetzt und man erhält eine Dgl. 2. Ordnung für y_1.

⑤ Läßt sich eine Lösung y_1 dieser Dgl. ermitteln, erhält man durch Einsetzen in die erste Zeile des ursprünglichen Systems ein entsprechendes y_2. Der Vektor $\vec{y} = \begin{pmatrix} y_1 \\ y_2 \end{pmatrix}$ ist dann eine Lösung des Systems. Aus einem Fundamentalsystem der Dgl. zweiter Ordnung erhält man ein Fundamentalsystem des Systems.

Beispiel 2: Das System $\vec{y}' = \begin{pmatrix} -2/x & 1/x \\ 3/x & 0 \end{pmatrix} \vec{y}$ soll in eine Dgl. 2. Ordnung umgeschrieben werden

① Ausschreiben des Systems:

$$y_1' = -\frac{2}{x}y_1 + \frac{1}{x}y_2$$
$$y_2' = \frac{3}{x}y_1$$

② Ableiten der ersten Gleichung:

$$y_1'' = -\frac{2}{x}y_1' + \frac{2}{x^2}y_1 + \frac{1}{x}y_2' - \frac{1}{x^2}y_2$$

③ Aus der zweiten Gleichung wird y_2' ersetzt:

$$y_1'' = -\frac{2}{x}y_1' + \frac{2}{x^2}y_1 + \frac{3}{x^2}y_1 - \frac{1}{x^2}y_2 = -\frac{2}{x}y_1' + \frac{5}{x^2}y_1 - \frac{1}{x^2}y_2$$

④ Die erste Gleichung wird nach y_2 aufgelöst:

$$y_2 = x(y_1' + \frac{2}{x}y_1) = xy_1' + 2y_1.$$

Einsetzen und Sortieren gibt eine Euler-Dgl. für y_1:

$$y_1'' = -\frac{2}{x}y_1' + \frac{5}{x^2}y_1 - \frac{1}{x}y_1' - \frac{2}{x^2}y_1 \quad \Leftrightarrow \quad x^2 y_1'' + 3xy_1' - 3y_1 = 0$$

⑤ Die Lösung dieser Euler-Dgl. ist $y_1 = C_1 x^{-3} + C_2 x$. Aus der ersten Zeile des Systems erhält man damit für y_2:

$$y_2 = xy_1' + 2y_1 = x(-3C_1 x^{-4} + C_2) + 2(C_1 x^{-3} + C_2 x) = -C_1 x^{-3} + 3C_2 x.$$

Damit ist die allgemeine Lösung des Systems

$$\vec{y} = \begin{pmatrix} C_1 x^{-3} + C_2 x \\ -C_1 x^{-3} + 3C_2 x \end{pmatrix} = C_1 \begin{pmatrix} x^{-3} \\ -x^{-3} \end{pmatrix} + C_2 \begin{pmatrix} x \\ 3x \end{pmatrix}.$$

Die beiden letzten Vektoren bilden ein Fundamentalsystem: für die Wronskideterminante $W(x)$ der entsprechenden Fundamentalmatrix Y mit $Y = \begin{pmatrix} x^{-3} & x \\ -x^{-3} & 3x \end{pmatrix}$ gilt ja $W(x) = 4x^{-2} \neq 0$.

Euler-Systeme

Hinweis: Dgl.-Systeme der Form $\vec{y}' = \frac{1}{x}A\vec{y}$ mit einer konstanten Matrix A sind das Analogon zu Euler-Dgl. für Systeme. Ein Fundamentalsystem läßt sich entweder mit dem Ansatz $\vec{y} = x^\alpha \vec{v}$ oder durch die Transformation $x = e^t$ und anschließendem Lösen eines Systems mit konstanten Koeffizienten bestimmen.

3. Inhomogene Systeme

Zur Lösung von inhomogenen Systemen benötigt man ein Fundamentalsystem Y der homogenen und eine partikuläre Lösung $\vec{y}_p$ der inhomogenen Gleichung. Die Bestimmung von y_p beruht auf der Methode der Variation der Konstanten: Ist die allgemeine Lösung der homogenen Dgl. durch

$$\vec{y} = C_1\vec{y}_1 + C_2\vec{y}_2 + \cdots + C_n\vec{y}_n$$

Variation der Konstanten

gegeben, macht man in der inhomogenen Dgl. $\vec{y}' = A(x)\vec{y} + \vec{b}(x)$ den Ansatz

$$\vec{y}_p = c_1(x)\vec{y}_1 + c_2(x)\vec{y}_2 + \cdots + c_n(x)\vec{y}_n = Y(x)\vec{c}(x).$$

Dabei ist $\vec{c}(x) = (c_1(x), \ldots, c_n(x))^\top$ der Vektor mit den Komponenten $c_1(x)$ bis $c_n(x)$. Einsetzen in die Dgl. ergibt zunächst eine Bestimmungsgleichung für $\vec{c}'(x)$: $\vec{c}'(x)$ löst $Y(x)\vec{c}'(x) = \vec{b}(x)$. Eine partikuläre Lösung ist also

$$\vec{y}_p = Y(x) \int Y^{-1}(x)\vec{b}(x)\,dx.$$

Die Gleichung für $\vec{c}'$ löst man am besten mit der Cramerschen Regel. Alternativ kann man natürlich auch $\vec{c}'$ als Produkt der Inversen von Y mit $\vec{b}(x)$ bestimmen: $\vec{c}' = Y^{-1}(x)\vec{b}(x)$. In der Regel ist das aber aufwendiger. Damit hat man folgenden Rechenweg:

① Bestimme $\vec{c}'$ aus $Y(x)\vec{c}'(x) = \vec{b}(x)$.

② Integration von $\vec{c}'(x)$ liefert $\vec{c}(x)$.

③ Eine partikuläre Lösung ist $\vec{y}_p(x) = Y(x)\vec{c}(x)$.

④ Die allgemeine Lösung der inhomogenen Dgl. ist die Summe der allgemeinen Lösung der homogenen Dgl. und $\vec{y}_p$:

$$\vec{y} = \vec{y}_{hom} + \vec{y}_p = C_1\vec{y}_1 + C_2\vec{y}_2 + \cdots + C_n\vec{y}_n + \vec{y}_p, \quad C_i \in \mathbb{R} \text{ bzw } C_i \in \mathbb{C}.$$

Will man ein AWP mit $\vec{y}(x_0) = \vec{y}_0$ lösen, kann man auch die Formel aus Punkt 5 benutzen:

$$\vec{y}(x) = Y(x)Y^{-1}(x_0)\vec{y}_0 + Y(x)\int_{x_0}^{x} Y^{-1}(t)\vec{b}(t)\,dt.$$

Hierin sind die "richtigen" Integrationskonstanten schon enthalten. Beim Rechnen beachte man, daß der Teil $Y^{-1}(x_0)\vec{y}_0$ der Lösungsvektor $\vec{C}$ des Gleichungssystem $Y(x_0)\vec{C} = \vec{y}_0$ und die Vektorfunktion $\vec{c}(t) = Y^{-1}(t)\vec{b}(t)$ Lösung von $Y(t)\vec{c}(t) = \vec{b}(t)$ ist. Damit lassen sich diese Größen mit der Cramerschen Regel bestimmen.

Zur Bestimmung der allgemeinen Lösung ist diese Variante weniger geeignet.

> **Beispiel 3:** $\vec{y}' = \begin{pmatrix} -2/x & 1/x \\ 3/x & 0 \end{pmatrix} \vec{y} + \begin{pmatrix} x^2 \\ 3x^2 \end{pmatrix}$

① Nach Beispiel 2 ist eine Fundamentalmatrix $Y = \begin{pmatrix} x^{-3} & x \\ -x^{-3} & 3x \end{pmatrix}$. Mit $\vec{b}(x) = \begin{pmatrix} x^2 \\ 3x^2 \end{pmatrix}$ erhält man $\vec{c}'(x) = \begin{pmatrix} c_1'(x) \\ c_2'(x) \end{pmatrix}$ mit der Cramerschen Regel. Dabei ist die Nennerdeterminante die Wronskideterminante $W(x) = 4x^{-2}$.

$$c_1'(x) = \frac{\begin{vmatrix} x^2 & x \\ 3x^2 & 3x \end{vmatrix}}{4x^{-2}} = 0, \quad c_2'(x) = \frac{\begin{vmatrix} x^{-3} & x^2 \\ -x^{-3} & 3x^2 \end{vmatrix}}{4x^{-2}} = \frac{4x^{-1}}{4x^{-2}} = x.$$

② Die Integrationskonstanten sind frei wählbar, also nimmt man beide gleich null: $c_1(x) = 0$, $c_2(x) = \dfrac{x^2}{2}$.

③ $\vec{y}_p = c_1(x)\vec{y}_1 + c_2(x)\vec{y}_2 = \dfrac{1}{2} \begin{pmatrix} x^3 \\ 3x^3 \end{pmatrix}$

④ Die allgemeine Lösung ist

$$\vec{y} = C_1 \begin{pmatrix} x^{-3} \\ -x^{-3} \end{pmatrix} + C_2 \begin{pmatrix} x \\ 3x \end{pmatrix} + \frac{1}{2} \begin{pmatrix} x^3 \\ 3x^3 \end{pmatrix}, \quad C_1, C_2 \in \mathbb{R}.$$

> **4. Reduktionsverfahren von d'Alembert (klassisch)**

Achtung! Diese Variante des Reduktionsverfahrens ist nur der Vollständigkeit halber mit aufgenommen. Das verallgemeinerte Reduktionsverfahren im nächsten Unterabschnitt ist im allg. besser.

Leider gibt es bei $n \geq 2$ Gleichungen kein allgemein durchführbares Verfahren zur Lösung von Dgl.-Systemen mit variablen Koeffizienten. Hat man allerdings (etwa durch Raten) eine Lösung ermittelt, kann man mit dem d'Alembertschen Reduktionsverfahren das Problem auf die Lösung eines Systems mit $n - 1$ Gleichungen zurückführen. Insbesondere läßt sich bei einer bekannten Lösung ein 2×2-System vollständig lösen.

Gegeben sei ein $n \times n$-System $\vec{y}' = A(x)\vec{y}$. Eine bekannte Lösung sei $\vec{w}(x) = (w_1(x), \ldots, w_n(x))^\top$ mit $w_1(x) \neq 0$.

Das d'Alembertsche Reduktionsverfahren beruht auf einem Ansatz

$$\vec{y}(x) = \Phi(x)\vec{w}(x) + \vec{z}(x), \qquad \vec{z} = \begin{pmatrix} 0 \\ z_2 \\ \vdots \\ z_n \end{pmatrix}.$$

6.11. LINEARE DGL.-SYSTEME 1. ORDNUNG

Φ ist eine noch zu bestimmende Funktion.

Man erhält dann, daß die letzten $n-1$ Komponenten von z Lösungen eines $(n-1) \times (n-1)$-Systems sind. Zu jedem $\vec{z}$ kann man dann Φ bestimmen.

Wenn die erste Komponente von $\vec{w}$ gleich null ist, kann man entweder das Verfahren entsprechend modifizieren oder die Variablen vertauschen (siehe Beispiel 4).

---

① Berechne die Matrix $B = (b_{ij})_{i,j=2,\ldots,n}$ durch

$$b_{ij} = a_{ij} - \frac{w_i}{w_1} a_{1j};$$

d.h. B entsteht aus A, indem für $i = 2$ bis n von der i-ten Zeile von A wird die mit $\frac{w_i}{w_1}$ multiplizierte 1. Zeile von A abgezogen wird. Dann streicht man die erste Zeile und Spalte der ursprünglichen Matrix A.

② Bestimme ein Fundamentalsystem $\vec{v}_1$ bis $\vec{v}_{n-1}$ des $(n-1) \times (n-1)$-Sytems $\vec{v}' = B(x)\vec{v}$. Das geschieht eventuell durch eine weitere Reduktion.

③ Ist $\vec{v} = (v_1(x), \ldots, v_{n-1}(x))^\top$ eine Lösung dieses Systems, bilde $\vec{z}(x) = (0, v_1(x), \ldots, v_{n-1}(x))^\top$. $\vec{z}$ ist also ein Vektor mit erster Komponente null, in dem die restlichen $n-1$ Komponenten aus denen von $\vec{v}$ bestehen.

Berechne die Hilfsfunktion

$$\Phi = \int \frac{1}{w_1} \sum_{i=2}^n a_{1i} z_i \, dx.$$

Die Summe ist die erste Komponente des Matrix×Vektor-Produkts von A und $\vec{z}$.

④ $\vec{y} = \Phi\vec{w} + \vec{z}$ ist eine Lösung von $\vec{y}' = A\vec{y}$.

⑤ Wiederhole Schritt③ und④ mit jedem Element von $\vec{v}_1$ bis $\vec{v}_{n-1}$. Die berechneten Vektorfunktionen bilden zusammen mit $\vec{w}$ ein Fundamentalsystem zu $\vec{y}' = A\vec{y}$.

Beispiel 4: Im Intervall $]0, \pi[$ ist eine Lösung des Systems

$$\vec{y}' = \begin{pmatrix} \cot x & 0 \\ -1 - \frac{\cot x}{x} & \frac{1}{x} \end{pmatrix} \vec{y} \text{ gegeben durch } \vec{y} = \begin{pmatrix} 0 \\ x \end{pmatrix}.$$

Bestimmen Sie mit Hilfe des d'Alembertschen Reduktionsverfahrens ein Fundamentalsystem.

Die bekannte Lösung $\vec{y} = \begin{pmatrix} 0 \\ x \end{pmatrix}$ erfüllt nicht die Bedingung, daß die erste Komponente ungleich null sein muß. Daher werden im System die Komponenten vertauscht. Mit den neuen Variablen $u_1 := y_2$ und $u_2 := y_1$ lautet das System ausgeschrieben

$$u_2' = \cot x\, u_2$$
$$u_1' = \left(-1 - \frac{\cot x}{x}\right) u_2 + \frac{1}{x} u_1$$

In Matrixschreibweise hat man für $\vec{u}$ also

$$\vec{u}' = A\vec{u} \quad \text{mit} \quad A = \begin{pmatrix} \frac{1}{x} & -1 - \frac{\cot x}{x} \\ 0 & \cot x \end{pmatrix}$$

und der bekannten Lösung $\vec{w} = \begin{pmatrix} x \\ 0 \end{pmatrix}$.

① In der Matrix B ist nur b_{22} zu berechnen:
$$b_{22} = a_{22} - \frac{w_2}{w_1} a_{12} = \cot x - \frac{0}{x}\left(-1 - \frac{\cot x}{x}\right) = \cot x$$

② Jetzt wird eine Lösung zu $\vec{v}' = B\vec{v}$ gesucht. Da B eine 1×1-Matrix ist, ist die homogene lineare Dgl. 1. Ordnung $v_1' = \cot x\, v_1$ zu lösen. Eine Lösung ist nach Abschnitt 1 $v_1 = \exp(\int \cot x\, dx) = \exp(\ln|\sin x|) = \sin x$ (mit der üblichen Argumentation, daß mit jeder Lösung auch das Negative Lösung ist).

③ Für $\vec{z}$ erhält man $\vec{z} = \begin{pmatrix} 0 \\ v_1 \end{pmatrix} = \begin{pmatrix} 0 \\ \sin x \end{pmatrix}$.

$$\Phi = \int \frac{1}{x}\left(-1 - \frac{\cot x}{x}\right) \sin x\, dx = \int \left(-\frac{\sin x}{x} - \frac{\cos x}{x^2}\right) dx = \frac{\cos x}{x}.$$

Das letzte Integral erhält man, wenn man den zweiten Term unter dem Integralzeichen mit $f' = \frac{-1}{x^2}$ und $g = \cos x$ partiell integriert. Dann hebt sich der Sinusterm heraus.

④ $\vec{u} = \Phi \vec{w} + \vec{z} = \frac{\cos x}{x}\begin{pmatrix} x \\ 0 \end{pmatrix} + \begin{pmatrix} 0 \\ \sin x \end{pmatrix} = \begin{pmatrix} \cos x \\ \sin x \end{pmatrix}$

⑤ Da es sich um ein 1×1-System handelt, besteht ein Fundamentalsystem auch nur aus einem Element, nämlich $\vec{v} = (v_1)$. Damit ist man fertig.

Abschließend muß die Variablenvertauschung rückgängig gemacht werden: Aus $\vec{u} = \begin{pmatrix} \cos x \\ \sin x \end{pmatrix}$ erhält man $\vec{y} = \begin{pmatrix} \sin x \\ \cos x \end{pmatrix}$. $\vec{y}$ bildet mit der bekannten Lösung $\begin{pmatrix} 0 \\ x \end{pmatrix}$ ein Fundamentalsystem: daß beides Lösungen sind, bestätigt eine Probe (oder die Tatsache, daß korrekt gerechnet wurde), die lineare Unabhängigkeit folgt aus $W(x) = x \sin x \neq 0$ auf $]0, \pi[$.

6.11. LINEARE DGL.-SYSTEME 1. ORDNUNG

5. Verallgemeinertes Reduktionsverfahren von d'Alembert

Das auf Seite 94ff beschriebene Reduktionsverfahren hat zwei Nachteile: zum einen muss man eine Lösung vorgegeben haben, die in der ersten Komponente von Null verschieden ist, zum anderen hat man keinen Vorteil davon, wenn man schon mehr als eine Lösung des Dgl.-Systems kennt. Beide Nachteile vermeidet das nachfolgend beschriebene verallgemeinerte Reduktionsverfahren. Das oben beschriebene Verfahren ist der Spezialfall, daß die Matrix H in der ersten Spalte den Vektor $\vec{w}(x)$ und für $k \geq 2$ in der k-ten Spalte den k-ten Einheitsvektor $\vec{e}_k$ enthält.

Gegeben sei ein $n \times n$-System $\vec{y}' = A(x)\vec{y}$, wobei bereits k linear unabhängige Lösungen $\vec{h}_1(x)$ bis $\vec{h}_k(x)$ bekannt seien.

① Bilde die Matrix
$$H(x) = (H_1, H_2) = (\vec{h}_1, \cdots, \vec{h}_k, \vec{h}_{k+1}, \vec{h}_n),$$
so dass H regulär ist.

d.h. die ersten k Spalten von H (die Teilmatrix H_1) bestehen aus den schon bekannten Lösungen, und die restlichen $n - k$ Spalten (die Teilmatrix H_2) werden so gewählt, daß H regulär ist. Dabei nimmt man natürlich möglichst einfache Vektoren $\vec{h}_{k+1}$ bis $\vec{h}_n$, eventuell Koordinateneinheitsvektoren.

② Bilde die Matrix
$$B = H^{-1}(AH_2 - H_2') = \begin{pmatrix} B_1 \\ B_2 \end{pmatrix}$$
B_1 ist eine Matrix mit $n - k$ Spalten und k Zeilen, und B_2 ist eine $(n - k) \times (n - k)$-Matrix.

③ Bestimme eine Fundamentalmatrix C_2 des reduzierten Systems $\vec{z}' = B_2(x)\vec{z}$.

Das ist ein $(n - k) \times (n - k)$-System. Im Fall $k = n - 1$ ist es einfach eine homogene lineare Dgl.

④ Bilde die Matrix $C_1(x) = \int B_1(x) C_2(x)\,dx$. Das bedeutet, daß man in jeder Komponente des Matrizenprodukts irgendeine Stammfunktion nimmt.

⑤ Die Spalten von $HC = H \begin{pmatrix} C_1 \\ C_2 \end{pmatrix}$ sind weitere $n - k$ linear unabhängige Lösungen von $\vec{y}' = A(x)\vec{y}$, die zusammen mit $\vec{h}_1$ bis $\vec{h}_n$ ein Fundamentalsystem bilden.

Beispiel 5: Beispiel 4 von Seite 95 im Intervall $]0,\pi[$:
$$\vec{y}' = \begin{pmatrix} \cot x & 0 \\ -1 - \dfrac{\cot x}{x} & \dfrac{1}{x} \end{pmatrix} \vec{y}, \text{ bekannte Lösung: } \vec{h}_1(x) = \begin{pmatrix} 0 \\ x \end{pmatrix}.$$

① Wähle $H = \begin{pmatrix} 0 & 1 \\ x & 0 \end{pmatrix}$. Die bekannte Lösung $\vec{h}_1$ wurde also durch $\vec{h}_2 = \begin{pmatrix} 1 \\ 0 \end{pmatrix}$ zu einer invertierbaren Matrix ergänzt.

② Mit $H^{-1} = \dfrac{1}{-x} \begin{pmatrix} 0 & -1 \\ -x & 0 \end{pmatrix} = \begin{pmatrix} 0 & \frac{1}{x} \\ 1 & 0 \end{pmatrix}$ ist

$$B = H^{-1}(AH_2 - H_2') = \begin{pmatrix} 0 & \frac{1}{x} \\ 1 & 0 \end{pmatrix} \left[\begin{pmatrix} \cot x & 0 \\ -1 - \dfrac{\cot x}{x} & \dfrac{1}{x} \end{pmatrix} \begin{pmatrix} 1 \\ 0 \end{pmatrix} - \begin{pmatrix} 0 \\ 0 \end{pmatrix} \right]$$

$$= \begin{pmatrix} 0 & \frac{1}{x} \\ 1 & 0 \end{pmatrix} \begin{pmatrix} \cot x \\ -1 - \dfrac{\cot x}{x} \end{pmatrix} = \begin{pmatrix} -\dfrac{1}{x} - \dfrac{\cot x}{x^2} \\ \cot x \end{pmatrix}$$

Es ist also $B_2 = \cot x$ und $B_1 = \dfrac{-1}{x} - \dfrac{\cot x}{x^2}$.

③ Wie auf S. 96 im Schritt ② erhält man $C_2(x) = \sin x$.

④ Wie in Schritt ③ ist $C_1(x) = \displaystyle\int \left(-\dfrac{1}{x} - \dfrac{\cot x}{x^2}\right) \sin x \, dx = \dfrac{\cos x}{x}$

⑤ $HC = \begin{pmatrix} 0 & 1 \\ x & 0 \end{pmatrix} \begin{pmatrix} \dfrac{\cos x}{x} \\ \sin x \end{pmatrix} = \begin{pmatrix} \sin x \\ \cos x \end{pmatrix}$ ist damit eine weitere Lösung des Dgl.-Systems.

Man erkennt, dass das die gleichen Rechnungen wie auf Seite 95f sind, das Verfahren ist aber übersichtlicher.

6. Anfangswertprobleme

Anfangs-
wert-
probleme,
AWP

Ein Anfangswertproblem besteht aus einer Dgl. und Anfangswerten:

$$\vec{y}' = A(x)\vec{y} + \vec{b}(x), \quad \vec{y}(x_0) = \vec{y}_0.$$

Zur Lösung gibt es drei Möglichkeiten:

6.11. LINEARE DGL.-SYSTEME 1. ORDNUNG

1. Möglichkeit In der allgemeinen Lösung werden die Konstanten C_1 bis C_n so bestimmt, daß die Anfangsbedingung erfüllt ist. Dabei ist die Lösung eines eindeutig lösbaren $n \times n$-Gleichungssystems zu bestimmen.
2. Möglichkeit Man bestimmt eine Fundamentalmatrix Y. Dann ist die eindeutige Lösung des AWP gegeben durch (vgl. 3.)

$$\vec{y}(x) = Y(x)Y^{-1}(x_0)\vec{y}_0 + Y(x)\int_{x_0}^{x} Y^{-1}(t)\vec{b}(t)\,dt$$
$$= Y(x)\left(Y^{-1}(x_0)\vec{y}_0 + \int_{x_0}^{x} Y^{-1}(t)\vec{b}(t)\,dt\right).$$

Der zweite Term ist diejenige partikuläre Lösung, die für $x = x_0$ null wird. Das ist i.a. etwas aufwendiger als die erste Möglichkeit.
3. Möglichkeit Bei konstanten Koeffizienten und AW bei 0 läßt sich das AWP eventuell ohne Bestimmung einer allgemeinen Lösung mit der Laplace-Transformation (Kapitel 8) behandeln.

Beispiel 6: Gesucht ist die Lösung der Dgl. aus Beispiel 3 mit $\vec{y}(1) = \begin{pmatrix} 2 \\ 4 \end{pmatrix}$.

1. Möglichkeit Werden in die allgemeine Lösung

$$\vec{y} = C_1 \begin{pmatrix} x^{-3} \\ -x^{-3} \end{pmatrix} + C_2 \begin{pmatrix} x \\ 3x \end{pmatrix} + \frac{1}{2}\begin{pmatrix} x^3 \\ 3x^3 \end{pmatrix}$$

die Anfangswerte $x = 1$ und $\vec{y} = \begin{pmatrix} 2 \\ 4 \end{pmatrix}$ eingesetzt, erhält man

$$C_1 \begin{pmatrix} 1 \\ -1 \end{pmatrix} + C_2 \begin{pmatrix} 1 \\ 3 \end{pmatrix} + \frac{1}{2}\begin{pmatrix} 1 \\ 3 \end{pmatrix} = \begin{pmatrix} 2 \\ 4 \end{pmatrix}.$$

Das gibt für C_1 und C_2 das Gleichungssystem

$$C_1 \begin{pmatrix} 1 \\ -1 \end{pmatrix} + C_2 \begin{pmatrix} 1 \\ 3 \end{pmatrix} = \begin{pmatrix} 3/2 \\ 5/2 \end{pmatrix}.$$

Die Lösung ist $C_1 = \dfrac{1}{2}$ und $C_2 = 1$. Die Lösung des AWP ist also

$$\vec{y} = \frac{1}{2}\begin{pmatrix} x^{-3} \\ -x^{-3} \end{pmatrix} + \begin{pmatrix} x \\ 3x \end{pmatrix} + \frac{1}{2}\begin{pmatrix} x^3 \\ 3x^3 \end{pmatrix} = \begin{pmatrix} 1/2\,x^{-3} + x + 1/2\,x^3 \\ -1/2\,x^{-3} + 3x + 3/2\,x^3 \end{pmatrix}.$$

2. Möglichkeit Mit $Y(x) = \begin{pmatrix} x^{-3} & x \\ -x^{-3} & 3x \end{pmatrix}$ bestimmt man zunächst $Y^{-1}(1)\vec{y}_0$ als Lösung $\vec{C}$ von $Y(1)\vec{C} = \begin{pmatrix} 2 \\ 4 \end{pmatrix}$. Mit $Y(1) = \begin{pmatrix} 1 & 1 \\ -1 & 3 \end{pmatrix}$ erhält man $\vec{C} = \begin{pmatrix} C_1 \\ C_2 \end{pmatrix}$ mit $C_1 = \dfrac{1}{2}$ und $C_2 = \dfrac{3}{2}$.

Um den Integranden $\vec{c}'(t)$ zu bestimmen, beachtet man, daß es sich um die Lösung der Gleichung $Y(t)\vec{c}'(t) = \vec{b(t)}$ handelt. Wie in Beispiel 3 ist $\vec{c}'(t) = \begin{pmatrix} 0 \\ t \end{pmatrix}$.

Die Lösung des AWP ist damit

$$\begin{aligned}
\vec{y}(x) &= \begin{pmatrix} x^{-3} & x \\ -x^{-3} & 3x \end{pmatrix} \left(\begin{pmatrix} 1/2 \\ 3/2 \end{pmatrix} + \int_1^x \begin{pmatrix} 0 \\ t \end{pmatrix} dt \right) \\
&= \begin{pmatrix} x^{-3} & x \\ -x^{-3} & 3x \end{pmatrix} \left(\begin{pmatrix} 1/2 \\ 3/2 \end{pmatrix} + \begin{pmatrix} 0 \\ 1/2 x^2 - 1/2 \end{pmatrix} \right) \\
&= \begin{pmatrix} x^{-3} & x \\ -x^{-3} & 3x \end{pmatrix} \begin{pmatrix} 1/2 \\ 1 + 1/2 x^2 \end{pmatrix} \\
&= \begin{pmatrix} 1/2 x^{-3} + x + 1/2 x^3 \\ -1/2 x^{-3} + 3x + 3/2 x^3 \end{pmatrix}
\end{aligned}$$

3. Beispiele

Beispiel 7: $\vec{y}' = \begin{pmatrix} \dfrac{1 - \sin x + \cos x}{x} & -\dfrac{\sin x + \cos x}{x} & \dfrac{\sin x - \cos x}{x} \\ -1 & 0 & 1 \\ \dfrac{1 - \sin x + \cos x}{x} & -\dfrac{x + \sin x + \cos x}{x} & \dfrac{\sin x - \cos x}{x} \end{pmatrix} \vec{y}$

Tip: $\vec{y} = \begin{pmatrix} x \\ 0 \\ x \end{pmatrix}$ ist Lösung.

Da eine Lösung bekannt ist, läßt sich das Reduktionsverfahren von d'Alembert verwenden.

① Mit $w_1 = x$, $w_2 = 0$ und $w_3 = x$ berechnet man B als $B = \begin{pmatrix} 0 & 1 \\ -1 & 0 \end{pmatrix}$.

② Nach Abschnitt 12 oder Beispiel 8 ist ein Fundamentalsystem dieses Systems mit konstanten Koeffizienten $\vec{v}_1 = \begin{pmatrix} \sin x \\ \cos x \end{pmatrix}$, $\vec{v}_2 = \begin{pmatrix} \cos x \\ -\sin x \end{pmatrix}$.

③ Aus $\vec{v}_1$ erhält man $\vec{z}_1 = \begin{pmatrix} 0 \\ \sin x \\ \cos x \end{pmatrix}$ und

$$\Phi_1 = \int \frac{1}{x} \cdot \frac{-\sin^2 x - \sin x \cos x + \sin x \cos x - \cos^2 x}{x} dx = \int \frac{-1}{x^2} dx = \frac{1}{x}.$$

6.11. LINEARE DGL.-SYSTEME 1. ORDNUNG

④
$$\vec{y}_1 = \frac{1}{x}\begin{pmatrix} x \\ 0 \\ x \end{pmatrix} + \begin{pmatrix} 0 \\ \sin x \\ \cos x \end{pmatrix} = \begin{pmatrix} 1 \\ \sin x \\ 1 + \cos x \end{pmatrix}.$$

③ Aus $\vec{v}_2$ erhält man $\vec{z}_2 = \begin{pmatrix} 0 \\ \cos x \\ -\sin x \end{pmatrix}$ und

$$\Phi_2 = \int \frac{1}{x} \cdot \frac{-\sin x \cos x - \cos^2 x - \sin^2 x + \sin x \cos x}{x}\, dx = \int \frac{-1}{x^2}\, dx = \frac{1}{x}.$$

④
$$\vec{y}_2 = \frac{1}{x}\begin{pmatrix} x \\ 0 \\ x \end{pmatrix} + \begin{pmatrix} 0 \\ \cos x \\ -\sin x \end{pmatrix} = \begin{pmatrix} 1 \\ \cos x \\ 1 - \sin x \end{pmatrix}.$$

⑤ Eine Fundamentalmatrix ist also $Y = \begin{pmatrix} x & 1 & 1 \\ 0 & \sin x & \cos x \\ x & 1+\cos x & 1-\sin x \end{pmatrix}.$

Wenn man das im verallgemeinerten Reduktionsverfahren aufschreibt, macht man dieselben Rechnungen mit Matrizen. H_2 besteht aus dem zweiten und dritten Einheitsvektor.

① Mit $H = \begin{pmatrix} x & 0 & 0 \\ 0 & 1 & 0 \\ x & 0 & 1 \end{pmatrix}$ erhält man $H^{-1} = \begin{pmatrix} \frac{1}{x} & 0 & 0 \\ 0 & 1 & 0 \\ -1 & 0 & 1 \end{pmatrix}$ (nach dem Gauß-Verfahren subtrahiert man die erste Zeile von der letzten und dividiert dann die erste durch x).

② $B = H^{-1}(AH_2 - H_2') = \begin{pmatrix} -\frac{\sin x + \cos x}{x^2} & \frac{\sin x - \cos x}{x^2} \\ 0 & 1 \\ -1 & 0 \end{pmatrix}.$

③ Mit $B_2 = \begin{pmatrix} 0 & 1 \\ -1 & 0 \end{pmatrix}$ ist eine Fundamentalmatrix zu $\vec{z}' = B_2(x)\vec{z}$ durch $C_2 = \begin{pmatrix} \sin x & \cos x \\ \cos x & -\sin x \end{pmatrix}$ gegeben.

④
$$C_1(x) = \int \begin{pmatrix} -\frac{\sin x + \cos x}{x^2} & \frac{\sin x - \cos x}{x^2} \end{pmatrix} \begin{pmatrix} \sin x & \cos x \\ \cos x & -\sin x \end{pmatrix}\, dx$$
$$= \int \begin{pmatrix} \frac{-1}{x^2} & \frac{-1}{x^2} \end{pmatrix}\, dx = \begin{pmatrix} \frac{1}{x} & \frac{1}{x} \end{pmatrix}$$

⑤ Schliesslich erhält man genau wie oben zwei weitere linear unabhängige Lösungen als Spalten von

$$HC = \begin{pmatrix} x & 0 & 0 \\ 0 & 1 & 0 \\ x & 0 & 1 \end{pmatrix} \begin{pmatrix} \frac{1}{x} & \frac{1}{x} \\ \sin x & \cos x \\ \cos x & \sin x \end{pmatrix} = \begin{pmatrix} 1 & 1 \\ \sin x & \cos x \\ 1 + \cos x & 1 - \sin x \end{pmatrix}.$$

Beispiel 8: Bestimmen Sie ein Fundamentalsystem zu $\vec{y}\,' = \begin{pmatrix} 0 & 1 \\ -1 & 0 \end{pmatrix} \vec{y}$ durch Umschreiben auf eine Dgl. zweiter Ordnung.

Dieses System hat die Form, die durch Umschreiben einer Dgl. zweiter Ordnung entsteht : in allen Zeilen außer der letzten (das ist hier nur die erste) steht nur eine 1 hinter der Hauptdiagonalen (siehe Punkt 1). Mit $a_0 = 1$ und $a_1 = 0$ erhält man die Dgl. zweiter Ordnung $y'' + y = 0$.

Ein Fundamentalsystem wird nach Abschnitt 7 durch $\sin x$, $\cos x$ gegeben.

Der Vektors $\vec{y}$ im System hat die Form $\vec{y} = \begin{pmatrix} y \\ y' \end{pmatrix}$, wobei y die Funktion aus der Dgl. zweiter Ordnung ist. Damit erhält man ein Fundamentalsystem des Systems, indem man für $y = \sin x$ und $y = \cos x$ den Vektor $\vec{y}$ bildet:

$$\vec{y}_1 = \begin{pmatrix} \sin x \\ \cos x \end{pmatrix}, \quad \vec{y}_2 = \begin{pmatrix} \cos x \\ -\sin x \end{pmatrix}.$$

Beispiel 9: Das System $\vec{y}\,' = \begin{pmatrix} 0 & 1/x \\ m^2/x - x & 0 \end{pmatrix} \vec{y}$ soll in eine Dgl. zweiter Ordnung umgeschrieben werden.

① Ausschreiben $\quad \begin{array}{l} y_1' = \frac{1}{x} y_2 \\ y_2' = (\frac{m^2}{x} - x) y_1 \end{array}$

② Ableiten: $y_1'' = -\frac{1}{x^2} y_2 + \frac{1}{x} y_2'$

③ Einsetzen: $y_1'' = -\frac{1}{x^2} y_2 + (\frac{m^2}{x^2} - 1) y_1$

④ Aus $-\frac{1}{x^2} y_2 = -\frac{1}{x} y_1'$ folgt

$$y_1'' = -\frac{1}{x} y_1' + (\frac{m^2}{x^2} - 1) y_1$$

6.11. LINEARE DGL.-SYSTEME 1. ORDNUNG

Nach Multiplikation mit x^2 ergibt sich für $y = y_1$ eine Bessel-Dgl:
$$x^2 y'' + xy' + (x^2 - m^2)y = 0.$$

Der Unterschied zu Beispiel 1 ist, daß dort die Umschreibung mittels $y_1 = y$, $y_2 = y'$ geschah, hier ist es $y_1 = y$, $y_2 = xy'$.

Beispiel 10: Gesucht ist eine Fundamentalmatrix zu
$$\vec{y}' = \begin{pmatrix} 2/x & x^2 & 1 \\ 0 & -1 & 1/x \\ 0 & 0 & 1/x \end{pmatrix} \vec{y}.$$

Dieses Dgl.-System ist lösbar, weil die letzte Zeile nur y_3 enthält. Nach der Bestimmung von y_3 läßt sich aus der zweiten Zeile y_2 bestimmen, wobei das gefundene y_3 als Inhomogenität eingeht. Zum Schluß bleibt noch eine Dgl. für eine unbekannte Funktion y_1.

① Wird die dritte Zeile ausgeschrieben, lautet sie $y_3' = \dfrac{1}{x} y_3$. Nach 6.1 ist
$$y_3 = C_3 x.$$

② Die zweite Zeile lautet ausgeschrieben $y_2' = -y_2 + \dfrac{1}{x} y_3 = -y_2 + C_3$. Die Lösung dieser linearen inhomogenen Dgl. (mit konstanten Koeffizienten) ist
$$y_2 = C_2 e^{-x} + C_3.$$

③ Ausschreiben der ersten Zeile:
$$y_1' = \frac{2}{x} y_1 + x^2 y_2 + y_3 = \frac{2}{x} y_1 + x^2(C_2 e^{-x} + C_3) + C_3 x.$$

Diese inhomogene Dgl. wird nach Abschnitt 1 gelöst: $y_h = x^2$ (Spezialfall 2), für y_p erhält man
$$y_p = x^2 \int x^{-2} \bigl(x^2(C_2 e^{-x} + C_3) + C_3 x \bigr)\, dx = -C_2 x^2 e^{-x} + C_3(x^3 + x^2 \ln|x|)$$

und damit
$$y_1 = C_1 x^2 - C_2 x^2 e^{-x} + C_3(x^3 + x^2 \ln|x|).$$

④ Die allgemeine Lösung ist also
$$\vec{y} = \begin{pmatrix} y_1 \\ y_2 \\ y_3 \end{pmatrix} = \begin{pmatrix} C_1 x^2 - C_2 x^2 e^{-x} + C_3(x^3 + x^2 \ln|x|) \\ C_2 e^{-x} + C_3 \\ C_3 x \end{pmatrix}$$
$$= C_1 \begin{pmatrix} x^2 \\ 0 \\ 0 \end{pmatrix} + C_2 \begin{pmatrix} -x^2 e^{-x} \\ e^{-x} \\ 0 \end{pmatrix} + C_3 \begin{pmatrix} -x^3 + x^2 \ln|x| \\ 1 \\ x \end{pmatrix}.$$

Eine Fundamentalmatrix ist
$$Y(x) = \begin{pmatrix} x^2 & -x^2 e^{-x} & x^3 + x^2 \ln|x| \\ 0 & e^{-x} & 1 \\ 0 & 0 & x \end{pmatrix}.$$

Beispiel 11: Gesucht ist die Lösung des AWP $\vec{y}' = A\vec{y} + \vec{b}$, $\vec{y}(0) = \vec{y}_0$ mit
$$A = \begin{pmatrix} -3 & 9 \\ -4 & 9 \end{pmatrix}, \vec{b} = e^x \begin{pmatrix} 9 \\ 4 \end{pmatrix} \text{ und } \vec{y}_0 = \begin{pmatrix} 0 \\ 1 \end{pmatrix}.$$
Eine Lösung der homogenen Gleichung ist $\vec{w} = \begin{pmatrix} 3e^{3x} \\ 2e^{3x} \end{pmatrix}$.

Obwohl in Abschnitt 12 effektivere Verfahren zur Lösung von Dgl.-Systemem mit konstanten Koeffizienten sind, wird hier das Reduktionsverfahren von d'Alembert verwendet.

① Die Matrix B besteht nur aus einer Zahl $b_{22} = 9 - \frac{2}{3}9 = 3$.

② Eine Lösung von $v' = 3v$ ist $v = e^{3x}$, also $\vec{v}(x) = (e^{3x})$.

③ Damit ist $\vec{z}(x) = \begin{pmatrix} 0 \\ e^{3x} \end{pmatrix}$ und
$$\Phi(x) = \int \frac{1}{3e^{3x}} \cdot 9 \cdot e^{3x} \, dx = \int 3 \, dx = 3x.$$
Eine zweite Lösung des Systems ist
$$\vec{y} = 3x \begin{pmatrix} 3e^{3x} \\ 2e^{3x} \end{pmatrix} + \begin{pmatrix} 0 \\ e^{3x} \end{pmatrix} = e^{3x} \begin{pmatrix} 9x \\ 6x+1 \end{pmatrix}.$$

Eine Fundamentalmatrix ist also $Y = e^{3x} \begin{pmatrix} 3 & 9x \\ 2 & 6x+1 \end{pmatrix}$ und man kann die Lösung der inhomogenen Gleichung berechnen.

① Bestimmung der Lösung $\vec{c}\,'$ des Gleichungssystems (1. Möglichkeit)
$$\begin{pmatrix} 3e^{3x} & 9xe^{3x} & | & 9e^x \\ 2e^{3x} & (6x+1)e^{3x} & | & 4e^x \end{pmatrix}$$
mit $W(x) = \det Y(x) = e^{6x}(18x + 3 - 18x) = 3e^{6x}$ erhält man mit der Cramerschen Regel
$$\begin{aligned} c_1'(x) &= \frac{(54x + 9 - 36x)e^{4x}}{3e^{6x}} = (6x+3)e^{-2x} \\ c_2'(x) &= \frac{(12 - 18)e^{4x}}{3e^{6x}} = -2e^{-2x} \end{aligned}$$

6.11. LINEARE DGL.-SYSTEME 1. ORDNUNG

② $c_1(x) = -3(x+1)e^{-2x}$, $c_2(x) = e^{-2x}$, also $\vec{c}(x) = e^{-2x} \begin{pmatrix} -3x - 3 \\ 1 \end{pmatrix}$.

③ $\vec{y}_p = Y(x)\vec{c}(x) = e^x \begin{pmatrix} 3 & 9x \\ 2 & 6x+1 \end{pmatrix} \begin{pmatrix} -3x - 3 \\ 1 \end{pmatrix} = e^x \begin{pmatrix} -9 \\ -5 \end{pmatrix}$.

④ Die allgemeine Lösung ist damit

$$\vec{y} = C_1 e^{3x} \begin{pmatrix} 3 \\ 2 \end{pmatrix} + C_2 e^{3x} \begin{pmatrix} 9x \\ 6x+1 \end{pmatrix} + e^x \begin{pmatrix} -9 \\ -5 \end{pmatrix}.$$

⑤ Setzt man $x_0 = 0$ und $\vec{y}_0$ ein, erhält man

$$\begin{pmatrix} 0 \\ 1 \end{pmatrix} = C_1 \begin{pmatrix} 3 \\ 2 \end{pmatrix} + C_2 \begin{pmatrix} 0 \\ 1 \end{pmatrix} + \begin{pmatrix} -9 \\ -5 \end{pmatrix}$$

mit der Lösung $C_1 = 3$, $C_2 = 0$. Die Lösung des AWP ist also

$$\vec{y} = 3e^{3x} \begin{pmatrix} 3 \\ 2 \end{pmatrix} + e^x \begin{pmatrix} -9 \\ -5 \end{pmatrix} = \begin{pmatrix} 9e^{3x} - 9e^x \\ 6e^{3x} - 5e^x \end{pmatrix}.$$

Beispiel 12: Beispiel 4 auf Seite 45 ohne „scharfes Nachdenken".
$y''' - \cot x\, y'' - y' + \cot x\, y = 0$ (*)
die Lösungen $y_1 = e^x$ und $y_2 = e^{-x}$ sind bekannt.

Die Dgl. 3. Ordnung wird in ein 3×3-System 1. Ordnung umgeschrieben:

Mit $\vec{u} = \begin{pmatrix} y \\ y' \\ y'' \end{pmatrix}$ gilt: y löst (*) $\Leftrightarrow \vec{u}$ löst $\vec{u}' = A\vec{u}$ mit $A = \begin{pmatrix} 0 & 1 & 0 \\ 0 & 0 & 1 \\ -\cot x & 1 & \cot x \end{pmatrix}$.

Wegen des Aufbaus von $\vec{u} = (y, y', y'')^\top$ haben die bekannten Lösungen die Form

$$\vec{h}_1(x) = \begin{pmatrix} e^x \\ e^x \\ e^x \end{pmatrix} \quad \text{und} \quad \vec{h}_2(x) = \begin{pmatrix} e^{-x} \\ -e^{-x} \\ e^{-x} \end{pmatrix}.$$

① Wähle $H = (H_1, H_2) = \begin{pmatrix} e^x & e^{-x} & 1 \\ e^x & -e^{-x} & 0 \\ e^x & e^{-x} & 0 \end{pmatrix}$.

② Es ist $B = H^{-1}(AH_2 - H_2') = H^{-1} \begin{pmatrix} 0 \\ 0 \\ -\cot x \end{pmatrix}$. Da B eine Matrix mit einer

Spalte ist, kann man $B = \vec{b}$ als Vektor auffassen. Statt H zu invertieren, benutzt man die Tatsache, dass $B = \vec{b} = H^{-1}(AH_2 - H_2')$ die Lösung der Gleichung $H\vec{b} = AH_2 - H_2'$ ist. Wir berechnen diese mit Hilfe der Cramerschen Regel: im Gleichungssystem

$$\left(\begin{array}{ccc|c} e^x & e^{-x} & 1 & 0 \\ e^x & -e^{-x} & 0 & 0 \\ e^x & e^{-x} & 0 & -\cot x \end{array} \right)$$

ist die Determinante $D = 2$, und damit folgt für die Komponenten von $\vec{b} = (b_1, b_2, b_3)^\top$

$$b_1 = \frac{1}{2} \begin{vmatrix} 0 & e^{-x} & 1 \\ 0 & -e^{-x} & 0 \\ -\cot x & e^{-x} & 0 \end{vmatrix} = -\frac{1}{2} e^{-x} \cot x$$

$$b_2 = \frac{1}{2} \begin{vmatrix} e^x & 0 & 1 \\ e^x & 0 & 0 \\ e^x & -\cot x & 0 \end{vmatrix} = -\frac{1}{2} e^x \cot x \text{ und}$$

$$b_3 = \frac{1}{2} \begin{vmatrix} e^x & e^{-x} & 0 \\ e^x & -e^{-x} & 0 \\ e^x & e^{-x} & -\cot x \end{vmatrix} = \cot x$$

Damit ist $B_2 = b_3 = \cot x$ und $B_1 = \begin{pmatrix} b_1 \\ b_2 \end{pmatrix} = \begin{pmatrix} -\frac{1}{2} e^{-x} \cot x \\ -\frac{1}{2} e^x \cot x \end{pmatrix}$.

③ Jetzt wird das reduzierte System $\vec{z}' = B_2(x)\vec{z}$ gelöst: eine Lösung von $z' = \cot x\, z$ ist $z = \sin x$. Es ist also $C_2(x) = \sin x$.

④ Es ist $C_1(x) = \int B_1(x) C_2(x)\, dx = \int \begin{pmatrix} -\frac{1}{2} e^{-x} \cot x \\ -\frac{1}{2} e^x \cot x \end{pmatrix} \sin x\, dx$

$= -\frac{1}{2} \int \begin{pmatrix} e^{-x} \cos x \\ e^x \cos x \end{pmatrix} dx = -\frac{1}{4} \begin{pmatrix} e^{-x}(\sin x - \cos x) \\ e^x(\sin x + \cos x) \end{pmatrix}$

⑤ Die dritte Lösung des Systems ist

$$HC = \begin{pmatrix} e^x & e^{-x} & 1 \\ e^x & -e^{-x} & 0 \\ e^x & e^{-x} & 0 \end{pmatrix} \begin{pmatrix} -\frac{1}{4} e^{-x}(\sin x - \cos x) \\ -\frac{1}{4} e^x(\sin x + \cos x) \\ \sin x \end{pmatrix} = \frac{1}{2} \begin{pmatrix} \sin x \\ \cos x \\ -\sin x \end{pmatrix}$$

Ein drittes Element eines Fundamentalsystems der Ausgangsdifferentialgleichung ist die erste Komponente y der gerade gefundenen Lösung $\vec{u}$: $y = \frac{1}{2} \sin x$ oder $y = \sin x$.

6.12 Systeme mit konstanten Koeffizienten

1. Definitionen

Ist in einem $n \times n$-Dgl.-System

$$\vec{y}' = A\vec{y} + \vec{b}(x)$$

die Matrix A konstant, hat man ein System mit <u>konstanten Koeffizienten</u>. Ist A eine reelle Matrix, d.h. sind die Einträge in A reell, spricht man von einem <u>reellen System</u>.

reelles System

Dieser Spezialfall der in Abschnitt 11 beschriebenen Dgl.-Systeme ist vollständig lösbar.

2. Berechnung

Bestimmung eines Fundamentalsystems

Grundregel:

Grundregel

> Ist λ Eigenwert von A und $\vec{v}$ Eigenvektor zu λ, so ist $\vec{y} = e^{\lambda x}\vec{v}$ eine Lösung. Ist λ k-fache Nullstelle des charakteristischen Polynoms, so gehören zu λ auch k l.u. Lösungen.

Eine Kurzzusammenfassung zu Eigenwerte und -vektoren ist auf Seite 114.

Dabei können zwei Schwierigkeiten auftreten:

1. A hat komplexe Eigenwerte.

komplexe Eigenwerte

Ist A eine nichtreelle Matrix, so rechnet man einfach nach der "Grundregel" weiter, da man dann ja ohnehin nur komplexe Lösungen erwarten kann.

Ist A reell, so ist mit jeder nichtreellen Zahl λ auch $\overline{\lambda}$ Eigenwert. Sind also λ und $\overline{\lambda}$ jeweils k-fache Eigenwerte, geht man so vor:

> ① Bestimme zu λ gehörende l.u. Lösungen $\vec{y}_1(x)$ bis $\vec{y}_k(x)$ des Systems.
>
> ② Bilde zu jedem $\vec{y}_j(x)$ die Funktionen $\operatorname{Re}\vec{y}_j(x)$ und $\operatorname{Im}\vec{y}_j(x)$. Hilfsmittel ist dabei die Eulerformel
>
> $$e^{(a+ib)x} = e^{ax}(\cos bx + i\sin bx).$$
>
> ③ Die so entstandenen $2k$ Funktionen sind zu den beiden Eigenwerten λ und $\overline{\lambda}$ gehörende l.u. Lösungen.

2. λ ist k-fache Nullstelle, es gibt aber nur $m_1 < k$ linear unabhängige Eigenvektoren zu λ.

Hier gibt es zwei verschiedene Strategien:

Ergänzungs-
methode

1. Ergänzungsmethode

① Bilde die Matrix $B := A - \lambda E$, E ist die $n \times n$-Einheitsmatrix.

② Die Lösungen von $B\vec{x} = \vec{0}$ sind genau die Eigenvektoren. Da es m_1 linear unabhängige (l.u.) Eigenvektoren gibt, hat B den Rang $n - m_1$, d.h. es gibt $n - m_1$ l.u. Zeilen (oder Spalten) in B. Da es zu jedem Eigenwert einen Eigenvektor geben muß, ist sicher $m_1 \geq 1$.

③ Nach der Grundregel sind mit den Eigenvektoren $\vec{v}_{11}$ bis $\vec{v}_{1m_1}$ die Funktionen $\vec{y}_{11}(x) = e^{\lambda x}\vec{v}_{11}$ bis $\vec{y}_{1m_1}(x) = e^{\lambda x}\vec{v}_{1m_1}$ Lösungen des Systems.

④ Bilde die Matrix B^2 und bestimme diejenigen Lösungen $\vec{v}_{21}$ bis $\vec{v}_{2m_2}$ von $B^2\vec{x} = \vec{0}$, die nicht bereits Lösungen von $B\vec{x} = \vec{0}$ sind.

Da jede Lösung von $B\vec{x} = \vec{0}$ auch $B^2\vec{x} = \vec{0}$ erfüllt, bedeutet das, daß man eine Basis des Lösungsraums von $B\vec{x} = \vec{0}$ zu einer von $B^2\vec{x} = \vec{0}$ ergänzt.

Dabei gilt sicher $m_2 \leq m_1$, d.h. es kommen höchstens soviele l.u. Lösungen dazu, wie im ersten Schritt gefunden wurden.

⑤ Hat man in Schritt ④ m_2 Vektoren $\vec{v}_{21}$ bis $\vec{v}_{2m_2}$ gefunden, so sind die Funktionen $\vec{y}_{21} = e^{\lambda x}(\vec{v}_{21} + x B\vec{v}_{21})$ bis $\vec{y}_{2m_2} = e^{\lambda x}(\vec{v}_{2m_2} + x B\vec{v}_{2m_2})$ Lösungen des Systems.

⑥ Ist $m_1 + m_2 = k$, so sind k Lösungen gefunden und man ist fertig. Sonst wird das Verfahren aus Schritt ④ und ⑤ wiederholt:

⑦ Man bildet B^3 und sucht m_3 l.u. Lösungen $\vec{v}_{31}$ bis $\vec{v}_{3m_3}$ von $B^3\vec{x} = \vec{0}$, die nicht schon $B^2\vec{x} = \vec{0}$ lösen. Es ist $m_3 \leq m_2$.

Lösungen sind dann $\vec{y}_{31} = e^{\lambda x}\left(\vec{v}_{31} + xB\vec{v}_{31} + \frac{x^2}{2}B^2\vec{v}_{31}\right)$ bis

$\vec{y}_{3m_3} = e^{\lambda x}\left(\vec{v}_{3m_3} + xB\vec{v}_{3m_3} + \frac{x^2}{2}B^2\vec{v}_{3m_3}\right)$. Ist $m_1 + m_2 + m_3 = k$, ist man fertig, sonst geht es mit der nächsten Stufe weiter.

⑧ Im m-ten Schritt erhält man Lösungen der Form

$$\vec{y}_{mj} = e^{\lambda x}\left(\vec{v}_{mj} + xB\vec{v}_{mj} + \frac{x^2}{2}B^2\vec{v}_{mj} + \cdots + \frac{x^{m-1}}{(m-1)!}B^{m-1}\vec{v}_{mj}\right)$$

6.12. SYSTEME MIT KONSTANTEN KOEFFIZIENTEN

Der Name des Verfahrens stammt aus Schritt ④, wo eine Basis des Lösungsraums von $B^k \vec{x} = \vec{0}$ zu einer Basis des Lösungsraums von $B^{k+1} \vec{x} = \vec{0}$ ergänzt wird. Rechentips dazu finden sich im Anschluß zu Beispiel 5.

2. Hau-Ruck-Methode

Hau-Ruck-Methode

> ① Bilde die Matrix $B := A - \lambda E$, E ist die $n \times n$-Einheitsmatrix.
>
> ② Bilde solange Potenzen von B, bis der Rang von B^{k_0} $n - k$ ist, d.h. bis das Gleichungssystem $B^{k_0} \vec{x} = \vec{0}$ k linear unabhängige Lösungen hat. Das ist nach spätestens $k - 1$ Schritten der Fall, da für $j < k_0$ der Rang von B^{j+1} stets um mindestens 1 kleiner als der von B^j ist.
>
> ③ Bestimme eine Basis $\vec{v}_1$ bis $\vec{v}_k$ des Lösungsraums von $B^{k_0} \vec{x} = \vec{0}$.
>
> ④ Ein System von zum k-fachen Eigenwert λ gehörenden Lösungen ist für $j = 1, \ldots, k$
> $$\vec{y}_j = e^{\lambda x} \left(\vec{v}_j + x B \vec{v}_j + \frac{x^2}{2} B^2 \vec{v}_j + \cdots + \frac{x^{k_0-1}}{(k_0-1)!} B^{k_0-1} \vec{v}_j \right).$$

Da man keine Basisergänzung vornehmen muß, ist die Hau-Ruck-Methode schneller, liefert aber nicht so "schöne" Lösungen wie die Ergänzungsmethode, da i.allg. alle Lösungen Polynomanteile haben, auch die nach der Grundregel existierenden Lösungen einfacher Bauart. Natürlich lassen sich die Lösungen nach beiden Methoden durch Linearkombination ineinander überführen. Das ist allerdings i.allg. rechnerisch aufwendig.

Für die wichtigsten Fälle sind in den folgenden zwei Übersichten die Rechenmethoden zusammengestellt.

Übersicht: reelle Systeme mit $n = 2$

2 × 2-Matrizen

$\lambda_1 \neq \lambda_2$, beide reell	nach Grundregel
$\lambda_1 = \lambda_2$, zwei l.u. EV	nach Grundregel
$\lambda_1 = \lambda_2$, ein l.u. EV	Eine Lösung nach Grundregel. Eine zweite erhält man aus der Ergänzungsregel: mindestens einer der Einheitsvektoren $\vec{e}_1$ oder $\vec{e}_2$ ist kein EV, z.B. $\vec{e}_1$. Dann ist $e^{\lambda x}(\vec{e}_1 + x B \vec{e}_1)$ eine zweite Lösung.
$\lambda_1 = \overline{\lambda}_2$ $\lambda_{1,2} \notin \mathbb{R}$	Eine komplexe Lösung nach Grundregel, dann wie in Punkt 1 in Real- und Imaginärteil trennen.

3 × 3-Matrizen

Übersicht: reelle Systeme mit $n = 3$

$\lambda_1, \lambda_2, \lambda_3$ verschieden reell	nach Grundregel
$\lambda_1 = \lambda_2 \neq \lambda_3$, zwei EV zu $\lambda_{1,2}$	nach Grundregel
$\lambda_1 = \lambda_2 \neq \lambda_3$, ein EV zu $\lambda_{1,2}$	Zu $\lambda_{1,2}$ und λ_3 wird je eine Lösung nach der Grundregel bestimmt, eine zweite Lösung zu $\lambda_{1,2}$ nach dem Ergänzungs- oder Hau-Ruck-Verfahren für $k_0 = 2$.
$\lambda_1 = \overline{\lambda}_2$, $\lambda_{1,2} \notin \mathbb{R}$, $\lambda_3 \in \mathbb{R}$	Nach Grundregel zu λ_3 relle und zu λ_1 komplexe Lösung bestimmen. (Trick in Beisp. 9 beachten!) Aus dieser durch Trennen in Real- und Imaginärteil zwei relle Lösungen erzeugen.
$\lambda_1 = \lambda_2 = \lambda_3$, drei l.u. EV	nach Grundregel
$\lambda_1 = \lambda_2 = \lambda_3$, zwei l.u. EV	Entweder nach Grundregel zwei Lösungen bestimmen. Für die dritte Ergänzungsverfahren mit $m = 2$, einer der drei Einheitsvektoren ist kein EV. Oder Hau-Ruck-Verfahren mit $k_0 = 2$, als $\vec{v}_1$ bis $\vec{v}_3$ die Einheitsvektoren wählen.
$\lambda_1 = \lambda_2 = \lambda_3$, ein l.u. EV	Entweder eine Lösung nach Grundregel und zwei Schritte Ergänzungsverfahren. Oder Hau-Ruck-Verfahren mit $k_0 = 3$ und als $\vec{v}_1$ bis $\vec{v}_3$ die Einheitsvektoren wählen.

Beispiel 1: $\vec{y}' = \begin{pmatrix} 3 & -2 \\ -1 & 2 \end{pmatrix} \vec{y}$.

Das charakteristische Polynon ist $p(\lambda) = \lambda^2 - 5\lambda + 4$, die Eigenwerte sind $\lambda_1 = 1$ und $\lambda_2 = 4$. Eigenvektoren dazu sind $\vec{v}_1 = \begin{pmatrix} 1 \\ 1 \end{pmatrix}$ und $\vec{v}_2 = \begin{pmatrix} -2 \\ 1 \end{pmatrix}$. Damit ist ein Fundamentalsystem

$$\vec{y_1} = e^x \begin{pmatrix} 1 \\ 1 \end{pmatrix} \quad \text{und} \quad \vec{y_2} = e^{4x} \begin{pmatrix} -2 \\ 1 \end{pmatrix}.$$

Beispiel 2: $\vec{y}' = \begin{pmatrix} 3 & 2 \\ -2 & -1 \end{pmatrix} \vec{y}$.

Das charakteristische Polynom ist $p(\lambda) = \lambda^2 - 2\lambda + 1$, die Eigenwerte sind $\lambda_{1,2} = 1$.

6.12. SYSTEME MIT KONSTANTEN KOEFFIZIENTEN

Einziger l.u. Eigenvektor ist $\vec{v}_1 = \begin{pmatrix} 1 \\ -1 \end{pmatrix}$. Wegen $B = \begin{pmatrix} 2 & 2 \\ -2 & -2 \end{pmatrix}$ ist $B^2 = 0$ und man kann nach der Ergänzungsmethode einen beliebigen Nicht-Eigenvektor nehmen, z.B. $\vec{v}_2 = \vec{e}_1 = \begin{pmatrix} 1 \\ 0 \end{pmatrix}$. Eine Lösung des Systems ist nach der Grundregel $\vec{y}_1 = e^x \begin{pmatrix} 1 \\ -1 \end{pmatrix}$, eine andere $\vec{y}_2 = e^x[\vec{v}_2 + xB\vec{v}_2] = e^x \left[\begin{pmatrix} 1 \\ 0 \end{pmatrix} + x \begin{pmatrix} 2 \\ -2 \end{pmatrix} \right] = e^x \begin{pmatrix} 1 + 2x \\ -2x \end{pmatrix}$.

Beispiel 3: $\vec{y}' = \begin{pmatrix} 3 & 2 \\ -2 & 1 \end{pmatrix} \vec{y}$.

Das charakteristische Polynom $p(\lambda) = \lambda^2 - 4\lambda + 7$ hat die Nullstellen $\lambda_{1,2} = 2 \pm i\sqrt{3}$.

① Bilde $B = A - (2 + i\sqrt{3})E = \begin{pmatrix} 1 - i\sqrt{3} & 2 \\ -2 & -1 - i\sqrt{3} \end{pmatrix}$. Da die Zeilen linear abhängig sind (1. müssen sie es sein, weil wir richtig gerechnet haben und es einen EV geben muß, 2. kann man mal die zweite Zeile mit $1 - i\sqrt{3}$ multiplizieren, 3. ist die Determinante der Matrix B null), kann man die zweite weglassen. Eine Lösung von $B\vec{x} = \vec{0}$ ist $\vec{v} = \begin{pmatrix} -2 \\ 1 - i\sqrt{3} \end{pmatrix}$. Damit erhält man eine komplexe Lösung $\vec{y} = e^{(2+i\sqrt{3})x} \begin{pmatrix} -2 \\ 1 - i\sqrt{3} \end{pmatrix}$.

② Zerlegung in Real- und Imaginärteil:

$$\begin{aligned} \vec{y} &= e^{(2+i\sqrt{3})x} \begin{pmatrix} -2 \\ 1 - i\sqrt{3} \end{pmatrix} = e^{2x}(\cos\sqrt{3}x + i\sin\sqrt{3}x) \begin{pmatrix} -2 \\ 1 - i\sqrt{3} \end{pmatrix} \\ &= e^{2x} \begin{pmatrix} -2\cos\sqrt{3}x \\ \cos\sqrt{3}x + \sqrt{3}\sin\sqrt{3}x \end{pmatrix} + ie^{2x} \begin{pmatrix} -2\sin\sqrt{3}x \\ -\sqrt{3}\cos\sqrt{3}x + \sin\sqrt{3}x \end{pmatrix}. \end{aligned}$$

③ Ein reelles Fundamentalsystem ist also

$$\vec{y}_1 = e^{2x} \begin{pmatrix} -2\cos\sqrt{3}x \\ \cos\sqrt{3}x + \sqrt{3}\sin\sqrt{3}x \end{pmatrix}$$

und

$$\vec{y}_2 = e^{2x} \begin{pmatrix} -2\sin\sqrt{3}x \\ -\sqrt{3}\cos\sqrt{3}x + \sin\sqrt{3}x \end{pmatrix}.$$

Inhomogene Systeme und AWP

Bei kleinen Systemen und Inhomogenität mit bekannter Laplacetransformierten kann man eventuell die Lösung des System mit der Laplacetransformation berechnen, vgl. Kapitel 8.

Laplace-
transformation

AWP

Ansätze für partikuläre Lösungen

Ist die Inhomogenität eine Summe, gilt wieder das Überlagerungsprinzip s. S. 41.

Für AWP gilt das in Abschnitt 11 gesagte.

Ist die Inhomogenität aus Polynomen, trigonometrischen und Exponentialfunktionen zusammengesetzt, kann eine partikuläre Lösung mit einem Ansatz bestimmt werden. Das geschieht analog zu den in 6.7 (Methode 1) beschriebenen Verfahren.

Ein Unterschied ergibt sich lediglich bei Resonanz: im Gegensatz zu den Methoden für lineare Dgl. höherer Ordnung darf man hier nicht alle Glieder mit niedrigem Exponenten weglassen.

Bei Resonanz sind daher Ansätze wegen der Vielzahl der Unbekannten nicht sehr geeignet.

Beispiel 4: $\vec{y}' = \begin{pmatrix} 3 & 2 \\ -2 & -1 \end{pmatrix} \vec{y} + \begin{pmatrix} 2\sin x \\ e^x \end{pmatrix}$

Die Eigenwerte sind (vgl. Beispiel 2) $\lambda_1 = \lambda_2 = 1$, für den e^x-Teil liegt also Resonanz mit dem Resonanzfaktor $k = 2$ vor (vgl. 6.7). Damit macht man für eine partikuläre Lösung den Ansatz

$$\vec{y}_p = \sin x \, \vec{a} + \cos x \, \vec{b} + e^x [x^2 \vec{c} + x \vec{d} + \vec{e}]$$

Bei diesen Ansätzen ist es wichtig, solange wie möglich vektoriell zu rechnen, da man bei einer Aufspaltung in Komponenten keine Strukturen erkennen kann.

Natürlich rechnet man nach dem Überlagerungsprinzip und bestimmt zunächst eine Lösung $\vec{y}_{p1} = \sin x \, \vec{a} + \cos x \, \vec{b}$ für die rechte Seite $\sin x \, \vec{v}$ mit $\vec{v} = \begin{pmatrix} 2 \\ 0 \end{pmatrix}$.

Einsetzen in die Dgl. ergibt

$$\cos x \, \vec{a} - \sin x \, \vec{b} = \sin x \, A\vec{a} + \cos x \, A\vec{b} + \sin x \, \vec{v}.$$

Durch Vergleich der Sinus- und Cosinusteile erhält man zwei vektorielle Gleichungen:

$$A\vec{a} + \vec{b} + \vec{v} = \vec{0} \quad \text{und} \quad A\vec{b} - \vec{a} = \vec{0}.$$

Die zweite Gleichung bedeutet $\vec{a} = A\vec{b}$ und wird in die erste eingesetzt:

$$A^2 \vec{b} + \vec{b} + \vec{v} = 0 \quad \Leftrightarrow \quad (A^2 + E)\vec{b} = -\vec{v}.$$

Mit $A^2 = \begin{pmatrix} 5 & 4 \\ -4 & -3 \end{pmatrix}$ und $A^2 + E = \begin{pmatrix} 6 & 4 \\ -4 & -2 \end{pmatrix}$ ist die Lösung dieses Gleichungssystems $\vec{b} = \begin{pmatrix} 1 \\ -2 \end{pmatrix}$. $\vec{a}$ wird dann aus $\vec{a} = A\vec{b}$ als $\vec{a} = \begin{pmatrix} -1 \\ 0 \end{pmatrix}$ berechnet.

Eine erste partikuläre Lösung ist also

$$\vec{y}_{p1} = \sin x \begin{pmatrix} -1 \\ 0 \end{pmatrix} + \cos x \begin{pmatrix} 1 \\ -2 \end{pmatrix} = \begin{pmatrix} -\sin x + \cos x \\ -2\cos x \end{pmatrix}.$$

6.12. SYSTEME MIT KONSTANTEN KOEFFIZIENTEN

Ganz ähnlich rechnet man für $e^x \vec{v}$ mit $\vec{v} = \begin{pmatrix} 0 \\ 1 \end{pmatrix}$ mit dem Ansatz

$$\vec{y}_{p2} = e^x[x^2\vec{c} + x\vec{d} + \vec{e}].$$

Einsetzen gibt

$$e^x[x^2\vec{c} + x\vec{d} + \vec{e} + 2x\vec{c} + \vec{d}] = e^x A[x^2\vec{c} + x\vec{d} + \vec{e}] + e^x \vec{v}.$$

Sortieren nach Potenzen von x gibt drei Gleichungen:

$$\begin{array}{rcl} \vec{c} & = & A\vec{c} \\ \vec{d} + 2\vec{c} & = & A\vec{d} \\ \vec{e} + \vec{d} & = & A\vec{e} + \vec{v} \end{array} \quad \Leftrightarrow \quad \begin{array}{rcl} (A-E)\vec{c} & = & \vec{0} \\ (A-E)\vec{d} & = & 2\vec{c} \\ (A-E)\vec{e} & = & \vec{d} - \vec{v} \end{array}$$

Die erste Gleichung sagt aus, daß $\vec{c}$ ein Eigenvektor zu $\lambda = 1$ sein muß. $\vec{c}$ muß also die Form $\vec{c} = \alpha \begin{pmatrix} 1 \\ -1 \end{pmatrix}$ haben.

Schreibt man die zweite Gleichung in Matrixform, erhält man

$$\begin{pmatrix} 2 & 2 & | & 2\alpha \\ -2 & -2 & | & -2\alpha \end{pmatrix}.$$

Die Zeilen sind linear abhängig. Wenn $\vec{d} = \begin{pmatrix} d_1 \\ d_2 \end{pmatrix}$ eine Lösung ist, muß $\alpha = d_1 + d_2$ sein.

Da bisher nichts über $\vec{d}$ vorausgesetzt ist, ist die dritte Gleichung leicht lösbar: man wählt $\vec{d} = \vec{v}$ und kann dann $\vec{e} = \vec{0}$ nehmen. Mit $d_1 = 0$ und $d_2 = 1$ hat man $\alpha = 1$ und eine Lösung ist

$$\vec{y}_{p2} = e^x[x^2\vec{c} + x\vec{d} + \vec{e}] = e^x\left[x^2\begin{pmatrix} 1 \\ -1 \end{pmatrix} + x\begin{pmatrix} 0 \\ 1 \end{pmatrix}\right] = e^x\begin{pmatrix} x^2 \\ -x^2 + x \end{pmatrix}.$$

Eine partikuläre Lösung des Systems ist dann $\vec{y}_p = \vec{y}_{p1} + \vec{y}_{p2}$.

Selbstverständlich kann man auch mit der Variation der Konstanten rechnen: mit $Y = \begin{pmatrix} e^x & e^x(1+2x) \\ -e^x & -2xe^x \end{pmatrix}$ bekommt man z.B. für den e^x-Teil eine partikuläre Lösung $Y(x) \int Y^{-1}(x) e^x \vec{v}\, dx$ als

$$\begin{aligned} \vec{y}_{p2}(x) & = e^x \begin{pmatrix} 1 & 1+2x \\ -1 & -2x \end{pmatrix} \int e^{-x} \begin{pmatrix} -2x & -1-2x \\ 1 & 1 \end{pmatrix} e^x \begin{pmatrix} 0 \\ 1 \end{pmatrix} dx \\ & = e^x \begin{pmatrix} 1 & 1+2x \\ -1 & -2x \end{pmatrix} \int \begin{pmatrix} -1-2x \\ 1 \end{pmatrix} dx \\ & = e^x \begin{pmatrix} 1 & 1+2x \\ -1 & -2x \end{pmatrix} \begin{pmatrix} -x - x^2 \\ x \end{pmatrix} = e^x \begin{pmatrix} x^2 \\ -x^2 + x \end{pmatrix}. \end{aligned}$$

Erinnerung: Eigenwerte und Eigenvektoren

Eigenwert, EW
Eigenvektor, EV
charakteristisches Polynom

A sei eine (reelle odder komplexe) $n \times n$-Matrix. Eine Zahl $\lambda \in \mathbb{C}$ heißt Eigenwert (EW) von A, falls es einen (eventuell komplexen) Vektor $\vec{x} \neq \vec{0}$ gibt mit $A\vec{x} = \lambda\vec{x}$. $\vec{x}$ heißt dann Eigenvektor (EV) zum EW λ.

Das charakteristische Polynom $p(\lambda)$ ist erklärt als $p(\lambda) = \det(A - \lambda E)$, wobei E die $n \times n$-Einheitsmatrix ist. Die Nullstellen von p sind gerade die Eigenwerte der Matrix.

Zur Kontrolle kann man benutzen: p hat immer die Form

$$p(\lambda) = (-1)^n \lambda^n + (-1)^{n-1} \text{spur}\, A\, \lambda^{n-1} + \cdots + \det A.$$

Spur

Die Spur einer Matrix A (spur A) ist die Summe der Elemente auf der Hauptdiagonalen.

Für $n = 2$ und $n = 3$ ist das ausgeschrieben:

$$p(\lambda) = \lambda^2 - \text{spur}A \cdot \lambda + \det A \qquad (n = 2)$$

$$p(\lambda) = -\lambda^3 + \text{spur}A \cdot \lambda^2 - c_2 \lambda + \det A \qquad (n = 3)$$

c_2 ist für $A = \begin{pmatrix} a & b & c \\ d & e & f \\ g & h & j \end{pmatrix}$ definiert als $c_2 = \begin{vmatrix} a & b \\ d & e \end{vmatrix} + \begin{vmatrix} a & c \\ g & j \end{vmatrix} + \begin{vmatrix} e & f \\ h & j \end{vmatrix}$.

Wichtige Eigenschaften:

- Es gibt (mit Vielfachheit gezählt) genau n Nullstellen von p.

algebraische Vielfachheit
- die algebraische Vielfachheit $o(\lambda)$ des EW λ gibt an, wie oft λ als Nullstelle von p vorkommt.

geometrische Vielfachheit
- Die geometrische Vielfachheit $\nu(\lambda)$ des EW λ gibt an, wieviele l.u. EV es zum EW λ gibt. $\nu(\lambda)$ ist also die Dimension des Eigenraums zu λ.

Vielfachheit Ordnung
- Statt algebraischer oder geometrischer Vielfachheit sind auch die Ausdrücke Ordnung und Vielfachheit gebräuchlich.

- Zu jedem EW gibt es mindestens einen und höchstens soviele l.u. EW, wie die algebraische Vielfachheit beträgt. ($1 \leq \nu(\lambda) \leq o(\lambda)$)

- Ist A eine reelle Matrix, ist mit jedem komplexen EW λ auch die konjugiert komplexe Zahl $\overline{\lambda}$ EW, und zwar mit denselben algebraischen und geometrischen Vielfachheiten.

- Ist A eine reelle Matrix und $\vec{x}$ (komplexer) EV zum komplexen EW λ, so ist der komplex konjugierte Vektor $\overline{\vec{x}}$ EV zu $\overline{\lambda}$.

- Ist A symmetrisch ($A = A^\top$) oder hermitesch ($A = A^*$, A ist gleich der transponierten Matrix, die zusätzlich komplex konjugiert wurde), so gilt

6.12. SYSTEME MIT KONSTANTEN KOEFFIZIENTEN

i) A hat nur reelle EW.

ii) Die algebraische und geometrische Vielfachheit ist stets gleich. Das bedeutet, daß es eine Basis aus EV gibt.

iii) EV zu veschiedenen EW stehen senkrecht aufeinander.

Berechnung

① Aufstellen des charakteristischen Polynoms $p(\lambda)$.

② Bestimmung der EW als Nullstellen von p.

③ Zu jedem EW λ werden die EV als Lösungen der homogenen Gleichung $(A - \lambda E)\vec{x} = \vec{0}$ bestimmt. (Gaußverfahren!)

Probe

Man rechnet für jeden EW λ und EV $\vec{v}$ die Gleichung $A\vec{v} = \lambda\vec{v}$ nach.

3. Beispiele

In jedem der drei folgenden Beispiele gilt: das charakteristische Polynom ist $p(\lambda) = (\lambda - 2)(\lambda - 1)^3$ und $\vec{v} = (1, 0, 1, 0)^\top$ Eigenvektor zu $\lambda = 2$. Damit hat man immer die Lösung $\vec{y} = e^{2x}(1, 0, 1, 0)^\top$ und es bleibt die Aufgabe, drei zu $\lambda = 1$ gehörende Lösungen zu bestimmen.

Bei diesen Beispielen haben die bei Ergänzungs- und Hau-Ruck-Methode berechneten Lösungen dieselbe Form. Das ist Zufall und durch die Einfachheit der Beispiele bedingt. z.B. kann man im dritten Schritt der Hau-Ruck-Berechnung in Beispiel 5 auch $\vec{v}_1 = (1, 1, 1, 1)^\top$, $\vec{v}_2 = (1, 1, 0, 1)^\top$ und $\vec{v}_3 = (0, 1, 1, 0)$ wählen und erhält Lösungen anderer Gestalt.

Beispiel 5: $\vec{y}' = A\vec{y}$ mit $A = \begin{pmatrix} 1 & 0 & 1 & 0 \\ 0 & 1 & 0 & 1 \\ 1 & 0 & 1 & -1 \\ -1 & 0 & 1 & 2 \end{pmatrix}$

Es ist $B = (A - E) = \begin{pmatrix} 0 & 0 & 1 & 0 \\ 0 & 0 & 0 & 1 \\ 1 & 0 & 0 & -1 \\ -1 & 0 & 1 & 1 \end{pmatrix}$. Da B den Rang 3 hat (die ersten drei Zeilen sind offenbar linear unabhängig) gibt es nur einen l.u. Eigenvektor, z.B. $\vec{v}_1 = (0, 1, 0, 0)^\top$. Das bedeutet, daß $m_1 = 1$ ist.

Um die zwei noch zu $\lambda = 1$ gehörenden Lösungen zu bestimmen, werden beide Verfahren durchgerechnet:

Hau-Ruck-Methode

① B ist schon oben berechnet.

② Da der Rang vom B^k bei jeder Potenz um mindestens eins fallen muß und andererseits wegen $m_3 \leq m_2 \leq m_1$ auch nur um höchstens eins fallen kann, muß $k_0 = 3$ sein. Die Berechnung der Potenzen von B bestätigt das:

$$B^2 = \begin{pmatrix} 1 & 0 & 0 & -1 \\ -1 & 0 & 1 & 1 \\ 1 & 0 & 0 & -1 \\ 0 & 0 & 0 & 0 \end{pmatrix} \text{ hat Rang 2, } B^3 = \begin{pmatrix} 1 & 0 & 0 & -1 \\ 0 & 0 & 0 & 0 \\ 1 & 0 & 0 & -1 \\ 0 & 0 & 0 & 0 \end{pmatrix} \text{ hat Rang 1.}$$

③ Eine Basis des Lösungsraums von $B^3 \vec{x} = \vec{0}$ ist $\vec{v}_1 = (1,0,0,1)^\top$, $\vec{v}_2 = (0,1,0,0)^\top$ und $\vec{v}_3 = (0,0,1,0)^\top$.

④ Drei weitere Lösungen des Dgl.-Systems, die mit der schon gefundenen Lösung zu $\lambda = 2$ ein Fundamentalsystem bilden, werden berechnet als $\vec{y} = e^{\lambda x}[\vec{v} + xB\vec{v} + \tfrac{1}{2}x^2 B^2 \vec{v}]$:

$$\vec{y}_1 = e^x \left[\begin{pmatrix} 1 \\ 0 \\ 0 \\ 1 \end{pmatrix} + x \begin{pmatrix} 0 \\ 1 \\ 0 \\ 0 \end{pmatrix} + \frac{x^2}{2} \begin{pmatrix} 0 \\ 0 \\ 0 \\ 0 \end{pmatrix} \right] = e^x \begin{pmatrix} 1 \\ x \\ 0 \\ 1 \end{pmatrix},$$

$$\vec{y}_2 = e^x \left[\begin{pmatrix} 0 \\ 1 \\ 0 \\ 0 \end{pmatrix} + x \begin{pmatrix} 0 \\ 0 \\ 0 \\ 0 \end{pmatrix} + \frac{x^2}{2} \begin{pmatrix} 0 \\ 0 \\ 0 \\ 0 \end{pmatrix} \right] = e^x \begin{pmatrix} 0 \\ 1 \\ 0 \\ 0 \end{pmatrix},$$

$$\vec{y}_3 = e^x \left[\begin{pmatrix} 0 \\ 0 \\ 1 \\ 0 \end{pmatrix} + x \begin{pmatrix} 1 \\ 0 \\ 0 \\ 1 \end{pmatrix} + \frac{x^2}{2} \begin{pmatrix} 0 \\ 1 \\ 0 \\ 0 \end{pmatrix} \right] = e^x \begin{pmatrix} x \\ \tfrac{1}{2}x^2 \\ 1 \\ x \end{pmatrix}$$

Ergänzungsmethode

① B ist oben schon berechnet.

② Da der Rang von B drei ist, gibt es nur einen l.u. Eigenvektor, nämlich $\vec{v}_{11} = (0,1,0,0)^\top$.

③ Damit ist $\vec{y}_{11} = e^x \vec{v}_{11}$ eine Lösung.

6.12. SYSTEME MIT KONSTANTEN KOEFFIZIENTEN

④ B^2 ist oben berechnet worden. Wegen $m_1 = 1$ und $m_2 \leq m_1$ kann m_2 nur eins sein. Eine zu $\vec{v}_{11}$ l.u. Lösung von $B^2\vec{v} = \vec{0}$ ist $\vec{v}_{21} = (1,0,0,1)^\top$.

⑤ Damit ist $\vec{y}_{21} = e^x[\vec{v}_{21} + xB\vec{v}_{21}] = e^x[(1,0,0,1)^\top + x(0,1,0,0,)^\top]$ eine zweite Lösung.

⑥ Da bisher nur zwei Lösungen gefunden worden sind, geht es mit Schritt ④ weiter.

④ B^3 ist oben berechnet. Lösungen von $B^3\vec{v} = \vec{0}$ sind alle Vektoren mit gleicher erster und vierter Komponente. Eine zu den bereits gefundenen Vektoren l.u. Lösung ist $\vec{v}_{31} = (0,0,1,0)^\top$.

⑤ Eine dritte Lösung ist damit $\vec{y}_{31} = e^x[\vec{v}_{31} + x\vec{v}_{31} + 1/2\, x^2\vec{v}_{31}] = e^x[(0,0,1,0)^\top + x(1,0,0,1)^\top + 1/2\, x^2(0,1,0,0)^\top]$.

Bei der Basisergänzung in ④ kann man folgendes Hilfsmittel verwenden: sucht man z.B. eine Lösung von $B^3\vec{v} = \vec{0}$, die die bekannte Basis $\vec{v}_{11}, \vec{v}_{21}$ von $B^2\vec{v} = \vec{0}$ zu einer von $B^3\vec{v} = \vec{0}$ ergänzt, so gibt es zwei Möglichkeiten:

Tips zur Basisergänzung

- Entweder berechnet man irgendeine Basis von $B^3\vec{v} = \vec{0}$ und nimmt daraus einen zu den bereits gefundenen Vektoren l.u. Vektor dazu.

- Oder: es ist immer möglich, den noch fehlenden Vektor senkrecht zu den bereits bestimmten zu wählen. Damit nimmt man zu den Gleichungen von $B^3\vec{v} = \vec{0}$ noch die beiden Gleichungen $\vec{v}_{11}\vec{v} = 0$ und $\vec{v}_{21}\vec{v} = 0$ hinzu. Im Gleichungssystem sieht das so aus, daß man die Matrix B^3 unten um die beiden transponierten von $\vec{v}_{11}$ und $\vec{v}_{21}$ ergänzt:
$$\left.\begin{pmatrix} 1 & 0 & 0 & -1 \\ 0 & 0 & 0 & 0 \\ 1 & 0 & 0 & -1 \\ 0 & 0 & 0 & 0 \\ 0 & 1 & 0 & 0 \\ 1 & 0 & 0 & 1 \end{pmatrix}\right\} \begin{matrix} B^3 \\ \\ \\ \leftarrow \vec{v}_1^\top \\ \leftarrow \vec{v}_2^\top \end{matrix}$$
Natürlich kann man jetzt bei Gaußalgorithmus die zweite, dritte und vierte Zeile weglassen und man erhält durch Addition der ersten zur letzten Zeile sofort, daß eine Lösung $(0,0,1,0)^\top$ ist.

Beispiel 6: $\vec{y}' = A\vec{y}$ mit $A = \begin{pmatrix} 1 & 0 & 1 & 0 \\ 0 & 1 & 0 & 0 \\ 1 & 0 & 1 & -1 \\ -1 & 0 & 1 & 2 \end{pmatrix}$

Es ist $B = A - E = \begin{pmatrix} 0 & 0 & 1 & 0 \\ 0 & 0 & 0 & 0 \\ 1 & 0 & 0 & -1 \\ -1 & 0 & 1 & 1 \end{pmatrix}$ Da die erste Zeile die Summe von dritter und vierte Zeile ist, hat B den Rang zwei und es gibt zwei l.u. EV zu $\lambda = 1$.

Hau-Ruck-Methode

① B ist bereits berechnet. Wegen $m_1 = 2$ kann nur $m_2 = 1$ gelten (wegen $m_1 + m_2 = k \leq 3$ und $1 \leq m_2 \leq m_1$). Es reicht also, B^2 zu berechnen:

$$B^2 = \begin{pmatrix} 1 & 0 & 0 & -1 \\ 0 & 0 & 0 & 0 \\ 1 & 0 & 0 & -1 \\ 0 & 0 & 0 & 0 \end{pmatrix}.$$ Eine Basis von $B^2\vec{v} = \vec{0}$ ist $\vec{v}_1 = (1,0,0,1)^\top$, $\vec{v}_2 = (0,1,0,0)^\top$ und $\vec{v}_3 = (0,0,1,0)^\top$. Damit berechnet man mit $\vec{y} = e^x[\vec{v} + xB\vec{v}]$ die Lösungen

$$\vec{y}_1 = e^x\left[\begin{pmatrix}1\\0\\0\\1\end{pmatrix} + x\begin{pmatrix}0\\0\\0\\0\end{pmatrix}\right] = e^x\begin{pmatrix}1\\0\\0\\1\end{pmatrix},$$

$$\vec{y}_2 = e^x\left[\begin{pmatrix}0\\1\\0\\0\end{pmatrix} + x\begin{pmatrix}0\\0\\0\\0\end{pmatrix}\right] = e^x\begin{pmatrix}0\\1\\0\\0\end{pmatrix},$$

$$\vec{y}_3 = e^x\left[\begin{pmatrix}0\\0\\1\\0\end{pmatrix} + x\begin{pmatrix}1\\0\\0\\1\end{pmatrix}\right] = e^x\begin{pmatrix}x\\0\\1\\x\end{pmatrix}$$

Ergänzungsmethode

① B ist oben berechnet.

② $\vec{v}_{11} = (0,1,0,0)^\top$ und $\vec{v}_{12} = (1,0,0,1)^\top$ sind EV zu $\lambda = 1$.

③ Damit sind $\vec{y}_{11} = e^x\vec{v}_{11}$ und $\vec{y}_{12} = e^x\vec{v}_{12}$ Lösungen des Dgl.-System.

④ Da zum dreifachen EW $\lambda = 1$ auch drei Lösungen gehören, bleibt eine dritte zu bestimmen.

Mit dem im Anschluß an das vorherige Beispiel beschriebene Verfahren ergänzt man B^2 um die Zeilen $(0,1,0,0)$ und $(1,0,0,1)$ und findet $\vec{v}_{21} = (0,0,1,0)^\top$ als von $\vec{v}_{11}$ und $\vec{v}_{12}$ l.u. Lösung von $B^2\vec{v} = \vec{0}$.

Daß $\vec{v}_{21}$ diese Eigenschaft hat, kann man aber auch direkt aus B^2 erkennen.

⑤ Eine dritte Lösung ist damit

$$\vec{y}_{21} = e^x[(0,0,1,0)^\top + x(1,0,0,1)^\top] = e^x(x,0,1,x)^\top$$

6.12. SYSTEME MIT KONSTANTEN KOEFFIZIENTEN

Beispiel 7: $\vec{y}' = A\vec{y}$ mit $A = \begin{pmatrix} 2 & 0 & 0 & -1 \\ 0 & 1 & 0 & 0 \\ 1 & 0 & 1 & -1 \\ 0 & 0 & 0 & 1 \end{pmatrix}$

Die Matrix $B = A - E$ ist $B = \begin{pmatrix} 1 & 0 & 0 & -1 \\ 0 & 0 & 0 & 0 \\ 1 & 0 & 0 & -1 \\ 0 & 0 & 0 & 0 \end{pmatrix}$. Da B den Rang eins hat, gibt es drei l.u. EV, z.B. $\vec{v}_1 = (1,0,0,1)^\top$, $\vec{v}_2 = (0,1,0,0)^\top$ und $\vec{v}_3 = (0,0,1,0)^\top$. Drei Lösungen, die die bekannte zu $\lambda = 2$ zu einem Fundamentalsystem ergänzen, sind also

$$\vec{y}_1 = e^x \begin{pmatrix} 1 \\ 0 \\ 0 \\ 1 \end{pmatrix}, \quad \vec{y}_2 = e^x \begin{pmatrix} 0 \\ 1 \\ 0 \\ 0 \end{pmatrix}, \quad \text{und} \quad \vec{y}_3 = e^x \begin{pmatrix} 0 \\ 0 \\ 1 \\ 0 \end{pmatrix}.$$

Beispiel 8: $\vec{y}' = \begin{pmatrix} 0 & 1 & 0 \\ 0 & 0 & 1 \\ 1 & 0 & 0 \end{pmatrix} \vec{y}$

Bemerkung: Dieses Dgl.-System kommt von der Dgl. dritter Ordnung $y''' - y = 0$, vgl. Abschnitt 11. Damit läßt sich alternativ ein Fundamentalsystem bestimmen.

Das charakteristische Polynom ist $p(\lambda) = \det(A - \lambda E) = -\lambda^3 + 1$. Eine geratene Nullstelle ist $\lambda_1 = 1$, die beiden anderen ermittelt man nach Polynomdivision mit der p-q-Formel als $\lambda_{2,3} = \frac{1}{2}(-1 \pm \sqrt{3}\,i)$.

Ein Eigenvektor zu $\lambda_1 = 1$ ist $\vec{v}_1 = (1,1,1)^\top$, eine Lösung des Systems ist also nach der Grundregel $\vec{y}_1 = e^x(1,1,1)^\top$.

Zu $\lambda_2 = \frac{1}{2}(-1 + \sqrt{3}\,i)$ bildet man

$$A - \lambda_2 E = \begin{pmatrix} \frac{1}{2}(1 - \sqrt{3}\,i) & 1 & 0 \\ 0 & \frac{1}{2}(1 - \sqrt{3}\,i) & 1 \\ 1 & 0 & \frac{1}{2}(1 - \sqrt{3}\,i) \end{pmatrix}$$

Benutzt man nun die Tatsache, daß $\frac{1}{2}(1 + \sqrt{3}\,i)$ der Kehrwert von $\frac{1}{2}(1 - \sqrt{3}\,i)$ ist, so kann man

- die dritte Zeile nach oben nehmen
- die zweite mit $\frac{1}{2}(1 + \sqrt{3}\,i)$ multiplizieren
- in die dritte Zeile die erste minus $\frac{1}{2}(1 - \sqrt{3}\,i)$ mal die dritte schreiben.

Das Gleichungssystem hat dann die Form $\begin{pmatrix} 1 & 0 & 1/2(1-\sqrt{3}\,i) \\ 0 & 1 & 1/2(1+\sqrt{3}\,i) \\ 0 & 1 & 1/2(1+\sqrt{3}\,i) \end{pmatrix}$.

Damit ist $\vec{v}_2 = \begin{pmatrix} 1/2(-1+\sqrt{3}\,i) \\ 1/2(-1-\sqrt{3}\,i) \\ 1 \end{pmatrix}$ Eigenvektor zu $\lambda_2 = \frac{1}{2}(-1+\sqrt{3}\,i)$.

wichtiger Trick

Bei komplexen Eigenwerten gibt es eine alternative Methode für 3×3- Matrizen, die bei der Bestimmung der Eigenvektoren schneller ist:

Ein EV zum EW λ ist eine nichttriviale Lösung $\vec{v}$ der Gleichung $(A - \lambda E)\vec{v} = \vec{0}$. Das bedeutet, daß das Skalarprodukt von $\vec{v}$ mit den Zeilenvektoren von $B = A - \lambda E$ null ist.

Daher erhält man einen Eigenvektor zu λ als Kreuzprodukt der Zeilenvektoren von $A - \lambda E$:

$$\tilde{\vec{v}}_2 = \begin{pmatrix} 1/2(1-\sqrt{3}\,i) \\ 1 \\ 0 \end{pmatrix} \times \begin{pmatrix} 0 \\ 1/2(1-\sqrt{3}\,i) \\ 1 \end{pmatrix} = \begin{pmatrix} 1 \\ 1/2(-1+\sqrt{3}\,i) \\ 1/2(-1-\sqrt{3}\,i) \end{pmatrix}$$

und das ist das $1/2(-1-\sqrt{3}\,i)$-fache des vorherberechneten Vektors.

Falls das Kreuzprodukt der Nullvektor ist, nimmt man ein anderes Paar von Zeilenvektoren. Falls alle Kreuzprodukte null sind, hat B nur eine linear unabhängige Zeile und es gibt zwei EV zum EW λ. Dieser Fall tritt bei reellen 3×3-Matrizen und komplexen EW nicht auf.

Zur Berechnung einer komplexen Lösung geht man vom doppelten des Vektors $\vec{v}_2$ aus:

$$\begin{aligned}
\vec{y} &= e^{1/2(-1+i\sqrt{3})x} \begin{pmatrix} -1+i\sqrt{3} \\ -1-i\sqrt{3} \\ 2 \end{pmatrix} = e^{-1/2 x}(\cos\tfrac{\sqrt{3}}{2}x + i\sin\tfrac{\sqrt{3}}{2}x) \begin{pmatrix} -1+i\sqrt{3} \\ -1-i\sqrt{3} \\ 2 \end{pmatrix} \\
&= e^{-1/2 x} \begin{pmatrix} -\cos\tfrac{\sqrt{3}}{2}x - \sqrt{3}\sin\tfrac{\sqrt{3}}{2}x \\ -\cos\tfrac{\sqrt{3}}{2}x + \sqrt{3}\sin\tfrac{\sqrt{3}}{2}x \\ 2\cos\tfrac{\sqrt{3}}{2}x \end{pmatrix} + ie^{-1/2 x} \begin{pmatrix} -\sin\tfrac{\sqrt{3}}{2}x + \sqrt{3}\cos\tfrac{\sqrt{3}}{2}x \\ -\sin\tfrac{\sqrt{3}}{2}x - \sqrt{3}\cos\tfrac{\sqrt{3}}{2}x \\ 2\sin\tfrac{\sqrt{3}}{2}x \end{pmatrix} \\
&= \vec{y}_2 + i\vec{y}_3
\end{aligned}$$

Die beiden berechneten Funktionen $\vec{y}_2$ und $\vec{y}_3$ bilden zusammen mit der oben berechneten Funktion $\vec{y}_1$ ein Fundamentalsystem.

Kapitel 7

Funktionentheorie

In diesem Kapitel geht es meistens um Funktionen, die auf einem Gebiet $G \subseteq \mathbb{C}$ definiert sind und komplexe Werte annehmen. Nach Lust, Laune und Bedarf wird $\mathbb{C}$ mit $\mathbb{R}^2$ identifiziert, einer komplexen Zahl $z = x+iy$ entspricht dann der Punkt $(x,y) \in \mathbb{R}^2$.

7.1 Holomorphe und harmonische Funktionen

1. Definitionen

Eine Funktion $u : G \subseteq \mathbb{R}^n \to \mathbb{R}$ ist <u>harmonisch</u>, falls u partiell nach allen Variablen zweimal differenzierbar ist und die Summe aller zweifachen partiellen Ableitungen nach einer Variablen gleich null ist, d.h.

$$\Delta u = \left(\frac{\partial^2}{\partial x_1^2} + \frac{\partial^2}{\partial x_2^2} + \cdots + \frac{\partial^2}{\partial x_n^2} \right) u = 0$$

harmonisch

Eine auf $G \subseteq \mathbb{R}^2$ oder $G \subseteq \mathbb{C}$ definierte reelle Funktion u ist also <u>harmonisch</u>, falls

$$\Delta u = \frac{\partial^2 u}{\partial x^2} + \frac{\partial^2 u}{\partial y^2} = 0.$$

Ist f eine Funktion, die auf $G \subseteq \mathbb{C}$ definiert ist und die komplexe Werte annimmt, so schreibt man

$$f(z) = f(x + iy) = u(x, y) + iv(x, y).$$

u und v sind dabei reellwertige Funktionen und heißen <u>Real-</u> bzw. <u>Imaginärteil</u> von f.

Real- und Imaginärteil

f heißt <u>in $z_0 \in G$ komplex differenzierbar</u>, wenn $\underline{f'(z_0)} := \lim_{z \to z_0} \dfrac{f(z) - f(z_0)}{z - z_0}$ existiert.

$f'(z_0)$

$\partial, \overline{\partial}$ Dies ist gleichbedeutend mit $\overline{\partial} f = \dfrac{\partial}{\partial \overline{z}} f = 0$. Dabei ist

$$\partial = \frac{1}{2}\left(\frac{\partial}{\partial x} - i\frac{\partial}{\partial y}\right) \quad \text{und} \quad \overline{\partial} = \frac{1}{2}\left(\frac{\partial}{\partial x} + i\frac{\partial}{\partial y}\right).$$

Viel wichtiger ist der Begriff der Holomorphie, der gleichbedeutend mit komplexer Differenzierbarkeit <u>in einem Gebiet G</u> ist:

holomorph $f = u + iv$ ist <u>holomorph</u> in G.

- $\Leftrightarrow$ Für alle $z_0 \in G$ existiert $\lim\limits_{z \to z_0} \dfrac{f(z) - f(z_0)}{z - z_0} =: f'(z_0)$,
  d.h. f ist in <u>jedem Punkt</u> $z_0 \in G$ komplex differenzierbar.

- $\Leftrightarrow$ f ist in jedem Punkt $z_0 \in G$ <u>unendlich oft</u> komplex differenzierbar.

C.-R.-Dgl.

- $\Leftrightarrow$ u und v sind als Funktionen von x und y differenzierbar und in G gelten die <u>Cauchy-Riemann-Differentialgleichungen (C.-R.-Dgl.)</u>:

$$u_x = v_y \quad \text{und} \quad u_y = -v_x.$$

- $\Leftrightarrow$ f ist in G reell diff'bar und $\overline{\partial} f = 0$.

- $\Leftrightarrow$ f ist in jedem Punkt z_0 von G in eine konvergente Potenzreihe $\sum\limits_{n=0}^{\infty} a_n(z-z_0)^n$ entwickelbar.

Auf sternförmigen bzw. einfach zusammenhängenden Gebieten ist dies außerdem äquivalent zu

- $\Leftrightarrow$ f hat eine Stammfunktion, d.h. es gibt eine Funktion F mit $F'(z) = f(z)$.

- $\Leftrightarrow$ f ist stetig und für <u>jede</u> in G verlaufende stückweise glatte geschlossene Kurve C ist $\oint_C f(z)\, dz = 0$.

- $\Leftrightarrow$ $\int_C f(z)\, dz$ hängt nur von Anfangs- und Endpunkt einer stückweise glatten Kurve C und nicht von deren Verlauf ab.

Andere Sprechweisen für "holomorph" sind "<u>analytisch</u>", "<u>regulär analytisch</u>" und "<u>regulär</u>".

Beispiele holomorpher Funktionen   Holomorph sind z.B. alle Polynome und gebrochen rationalen Funktionen in z, Potenzreihen, die bekannten elementaren Funktionen wie $\sin z$, $\cos z$, e^z und daraus zusammengesetzte in ihrem Definitionsbereich. (vgl. Abschnitt 2)

7.1. HOLOMORPHE UND HARMONISCHE FUNKTIONEN

Nicht holomorph (obwohl fast überall reell differenzierbar) sind z.B. Re(z), Im(z) (Real- und Imaginärteil), $|z|$, $\overline{z} = x - iy$.

Beispiele nicht holomorpher Funktionen

Ist $f = u + iv$ eine holomorphe Funktion, so sind u und v harmonisch. Bezeichnung: u und v nennt man konjugiert harmonische Funktionen.

konjugiert harmonisch

2. Berechnung

Holomorphie

Rechenregeln

Die Rechenregeln für komplexe Differentiation sind genau dieselben wie im Reellen: Summen-, Produkt,- Quotienten- und Kettenregel können wörtlich übernommen werden, bei der Berechnung von Limiten von Quotienten holomorpher Funktionen kann die Regel von l'Hospital angewendet werden.

Ist $f = u + iv$, so ist $f' = \partial f = u_x + iv_x = u_x - iu_y = v_y + iv_x = v_y - iu_y$.

Ist f durch eine Potenzreihe dargestellt, so erhält man f' durch gliedweises Ableiten:

$$\begin{aligned} f(z) &= \sum_{n=0}^{\infty} c_n (z - z_0)^n \\ f'(z) &= \sum_{n=1}^{\infty} n c_n (z - z_0)^{n-1} = \sum_{n=0}^{\infty} (n+1) c_{n+1} (z - z_0)^n \\ f^{(k)}(z) &= \sum_{n=k}^{\infty} n(n-1) \cdots (n-k+1) c_n (z - z_0)^{n-k} \\ &= \sum_{n=0}^{\infty} (n+k)(n+k-1) \cdots (n+1) c_{n+k} (z - z_0)^n \\ &= \sum_{n=0}^{\infty} \frac{(n+k)!}{n!} c_{n+k} (z - z_0)^n \end{aligned}$$

Beispiel 1: Die Reihe der zweiten Ableitung von ze^z.

Die Potenzreihe von $f(z) = ze^z$ erhält man aus der e^z-Reihe:

$$ze^z = z \sum_{n=0}^{\infty} \frac{z^n}{n!} = \sum_{n=0}^{\infty} \frac{z^{n+1}}{n!} = \sum_{n=1}^{\infty} \frac{z^n}{(n-1)!}.$$

Es ist also $c_0 = 0$ und $c_n = \dfrac{1}{(n-1)!}$ für $n > 0$. Bei der Reihe der Ableitung kommt c_0 nicht mehr vor.

$$(ze^z)'' = \sum_{n=0}^{\infty} \frac{(n+2)!}{n!} c_{n+2} z^n = \sum_{n=0}^{\infty} \frac{(n+2)!}{n!} \frac{z^n}{(n-1+2)!} = \sum_{n=0}^{\infty} \frac{n+2}{n!} z^n.$$

Harmonische Funktionen

u harmonisch?

Um nachzuweisen, daß eine gegebene zweimal stetig differenzierbare Funktion u harmonisch ist, rechnet man entweder $\Delta u = 0$ nach oder identifiziert u als Real- oder Imaginärteil einer holomorphen Funktion. Nützliche Formel zur Berechnung der zweiten Ableitungen:

$$(fg)'' = f''g + 2f'g' + fg''.$$

Ist u eine harmonische Funktion, so läßt sich auf geeigneten Gebieten G eine holomorphe Funktion f bestimmen, so daß $f = u + iv$ ist:

Bestimmung einer konjugiert harmonischen Funktion

① v bestimmt man aus den C.-R.-Dgl. $v_x = -u_y$, $v_y = u_x$ mit den Methoden zur Bestimmung eines Potentials im $\mathbb{R}^2$, vgl. Kapitel 4.8.

② $f = u + iv$ liegt dann bis auf eine rein imaginäre Konstante (aus iv) fest. Diese wird gegebenenfalls bestimmt.

③ f wird als Funktion in z geschrieben, indem sooft wie möglich $x + iy$ zu z zusammengefaßt wird.
   Notfalls ersetzt man $x = \frac{1}{2}(z + \overline{z})$ und $y = \frac{1}{2i}(z - \overline{z})$ und faßt zusammen. Alle $\overline{z}$ müssen herausfallen.

Ist der Imaginärteil v gegeben, so geht man analog vor.

Eine holomorphe Funktion ist also durch Real- oder Imaginärteil bis auf eine Konstante festgelegt.

Beispiel 2: Zeigen Sie, daß $u(x,y) = x^2 - y^2$ harmonisch ist, und bestimmen Sie eine zu u konjugiert harmonische Funktion v und $u + iv$.

Aus $u_{xx} = 2$ und $u_{yy} = -2$ folgt $u_{xx} + u_{yy} = 0$. Damit ist u harmonisch.

① Aus $u_x = 2x$ und $u_y = -2y$ folgt $v_x = -u_y = 2y$, $v_y = u_x = 2x$. Daraus folgt $v(x,y) = 2xy + C$ (Hinguckmethode aus 4.8), man kann also etwa $v = 2xy$ wählen.

② Es ist $f = x^2 - y^2 + 2i\,xy$.

7.1. HOLOMORPHE UND HARMONISCHE FUNKTIONEN

③ Entweder erkennt man $f(z) = (x+iy)^2$ oder man hat

$$f(z) = \frac{1}{4}(z+\bar{z})^2 - \frac{1}{-4}(z-\bar{z})^2 + \frac{2i}{4i}(z+\bar{z})(z-\bar{z}) = \frac{1}{2}z^2 + \frac{1}{2}\bar{z}^2 + \frac{1}{2}(z^2-\bar{z}^2) = z^2.$$

3. Beispiele

Beispiel 3: Ist $u(x,y) = e^x \sin y$ harmonisch?

Nachzurechnen ist $u_{xx} + u_{yy} = 0$. Das folgt direkt aus

$$u_{xx} = e^x \sin y \quad , \quad u_{yy} = -e^x \sin y.$$

Beispiel 4: Eine holomorphe Funktion f mit Realteil $u(x,y) = e^x \sin y$ und $f(0) = 0$ soll bestimmt werden.

① Der Imaginärteil v von f wird aus den C.-R.-Dgl. $u_x = v_y$, $u_y = -v_x$ bestimmt: mit

$$u_x = e^x \sin y \quad \text{und} \quad u_y = e^x \cos y$$

muß für v gelten

$$v_x = -u_y = -e^x \cos y \quad , \text{also} \quad v(x,y) = -e^x \cos y + C(y).$$

Aus $v_y = u_x$ folgt

$$v_y = e^x \sin y + C'(y) \stackrel{!}{=} u_x = e^x \sin y$$

und damit $C'(y) = 0$, also $C(y) = C$, $C \in \mathbb{R}$. Es ist also

$$v(x,y) = -e^x \cos y + C \quad \text{und} \quad f(z) = u(x,y) + iv(x,y) = e^x \sin y - ie^x \cos y + iC.$$

② Aus $f(0) = 0$ folgt $C = 1$ und $f(z) = e^x(\sin y - i \cos y) + i$.

③ Um f als Funktion von z zu schreiben, benutzt man $e^{iw} = \cos w + i \sin w$:

$$\begin{aligned} f(z) &= e^x(\sin y - i \cos y) + i = -ie^x(\cos y + i \sin y) + i \\ &= -ie^x e^{iy} + i = -ie^{x+iy} + i = i(1 - e^z). \end{aligned}$$

Beispiel 5: Untersuchen Sie die Funktion
$$f(z) = f(x+iy) = \sin x \sin y - i \cos x \cos y \text{ auf Holomorphie.}$$

Es ist

$$u(x,y) = \sin x \sin y, \quad u_x = \cos x \sin y, \quad u_y = \sin x \cos y,$$
$$v(x,y) = -\cos x \cos y, \quad v_y = \cos x \sin y, \quad v_x = \sin x \cos y.$$

Die erste C.-R.-Dgl. $u_x = v_y$ ist überall in $\mathbb{C}$ erfüllt, die zweite $u_y = -v_x$ gilt aber nur für $\sin x \cos y = 0$. Das gilt auf dem Gitter mit $x = k\pi$, $k \in \mathbb{Z}$ und $y = (n + 1/2)\pi$, $n \in \mathbb{Z}$. Da kein Teil dieser Menge offen ist (es ist ja kein noch so kleiner Kreis in den Gitterlinien enthalten), ist f nirgends holomorph.

Beispiel 6: Untersuchen Sie die Funktion $f(z) = \dfrac{\overline{z}}{|z|^2}$ auf Holomorphie.

1. Möglichkeit: Wegen $|z|^2 = z\overline{z}$ ist $f(z) = \dfrac{\overline{z}}{z\overline{z}} = \dfrac{1}{z}$. f ist als gebrochen rationale Funktion in z überall dort holomorph, wo f definiert ist, d.h. in $\mathbb{C}\backslash\{0\}$.

Bemerkung: f ist in der gegebenen Form keine Zusammensetzung holomorpher Funktionen, da weder $g(z) = \overline{z}$ noch $h(z) = |z|$ für sich holomorph sind.

2. Möglichkeit: Mit $\overline{z} = x - iy$ wird f in Real- und Imaginärteil zerlegt:

$$f(z) = \frac{x - iy}{x^2 + y^2} = \frac{x}{x^2 + y^2} + i\frac{-y}{x^2 + y^2} = u + iv$$

$$\text{mit} \quad u(x,y) = \frac{x}{x^2 + y^2} \quad \text{und} \quad v(x,y) = \frac{-y}{x^2 + y^2}.$$

u und v sind in $\mathbb{C}\backslash\{0\}$ definiert. Die Überprüfung auf Holomorphie erfolgt durch Nachrechnen der C.-R.-Dgl.:

$$\begin{aligned}
u_x &= \frac{x^2 + y^2 - x \cdot 2x}{(x^2 + y^2)^2} = \frac{y^2 - x^2}{(x^2 + y^2)^2} \\
v_y &= \frac{-(x^2 + y^2) + y \cdot 2y}{(x^2 + y^2)^2} = \frac{y^2 - x^2}{(x^2 + y^2)^2} = u_x \\
u_y &= \frac{-2xy}{(x^2 + y^2)^2} \\
-v_x &= \frac{(-y) \cdot 2x}{(x^2 + y^2)^2} = \frac{-2xy}{(x^2 + y^2)^2} = u_y
\end{aligned}$$

Die C.-R.-Dgl. sind also in $\mathbb{C}\backslash\{0\}$ erfüllt, und f ist dort holomorph.

3. Möglichkeit: Beim Nachrechnen von $\overline{\partial}f = 0$ werden die C.-R.-Dgl. zusammengefaßt:

$$\begin{aligned}
\overline{\partial}f &= \overline{\partial}\frac{x - iy}{x^2 + y^2} = \frac{1}{2}\left(\frac{\partial}{\partial x} + i\frac{\partial}{\partial y}\right)\frac{x - iy}{x^2 + y^2} \\
&= \frac{1}{2}\left\{\frac{x^2 + y^2 - (x - iy) \cdot 2x}{(x^2 + y^2)^2} + i\frac{-i(x^2 + y^2) - (x - iy) \cdot 2y}{(x^2 + y^2)^2}\right\} \\
&= \frac{1}{2}\frac{y^2 - x^2 + 2ixy + x^2 - y^2 - 2ixy}{(x^2 + y^2)^2} = 0.
\end{aligned}$$

7.2 Elementare Funktionen in $\mathbb{C}$

1. + 2. Definitionen und Berechnung

1. Die Exponentialfunktion

Die (komplexe) Exponentialfunktion wird als e^z oder $\exp(z)$ geschrieben. Für komplexe z gilt die Eulerformel:

$$e^z = e^{x+iy} = e^x(\cos y + i \sin y).$$

Insbesondere ist

$$e^{k\pi i} = (-1)^k \quad \text{und} \quad e^{2k\pi i} = 1, \quad k \in \mathbb{Z}.$$

Die Exponenten $k\pi i$ bzw. $2k\pi i$ sind gleichzeitig die einzigen komplexen Zahlen, für die die Exponentialfunktion die Werte ± 1 bzw. 1 annimmt.

Genau wie im Reellen ist

$$e^z e^w = e^{z+w}, \quad \frac{1}{e^z} = e^{-z} \quad \text{und} \quad e^z \neq 0.$$

2. Der Logarithmus

Zur Unterscheidung mit dem natürlichen Logarithmus einer reellen Zahl wird die Schreibweise $\log z$ verwendet. Alternativen: $\ln z$ oder $\text{Log } z$.

Hat die komplexe Zahl $z \neq 0$ die Darstellung $z = re^{i\phi}$ mit $\phi \in]-\pi, \pi]$ und $r \in \mathbb{R}^+$, so ist

$$\log_k z = \ln r + i\phi + 2k\pi i, \quad k \in \mathbb{Z} \quad \text{(k-ter Zweig des Logarithmus)}$$

Für $k = 0$ ergibt sich der Hauptzweig des Logarithmus $\log z := \log_0 z$, der für positive reelle Zahlen mit dem natürlichen Logarithmus übereinstimmt.

Merkregel: Man schreibt $z = re^{i\varphi}$ und logarithmiert einfach nach den üblichen Regeln:

$$\log z = \log(re^{i\varphi}) = \log r + \log e^{i\varphi} = \log r + i\varphi.$$

Zusammenhang mit der Exponentialfunktion

Da die Exponentialfunktion auf $\mathbb{C}$ nicht mehr injektiv ist, gilt

$$e^z = w \quad \Leftrightarrow \quad z = \log w + 2k\pi i, \quad k \in \mathbb{Z}.$$

$$\log \exp(z) = z + 2k\pi i, \ k \in \mathbb{Z} \qquad \exp(\log z) = z.$$

3. Allgemeine Potenz

allgemeine Potenz w^z

Für $z, w \in \mathbb{C}$ ist
$$w^z = e^{z \log w}.$$

Unter dem Hauptzweig dieser Funktion versteht man denjenigen, in dem beim Logarithmus der Hauptzweig genommen wird.

4. Trigonometrische und Hyperbelfunktionen

Die trigonometrischen und Hyperbelfunktionen lassen sich über die Exponentialfunktion definieren. Die Potenzreihendarstellungen im Formelteil in Teil 1 dieses Buches gelten auch in $\mathbb{C}$.

$\sin z, \cos z,$
$\sinh z, \cosh z$

$$\sin z = \frac{1}{2i}(e^{iz} - e^{-iz}) \qquad \cos z = \frac{1}{2}(e^{iz} + e^{-iz})$$
$$\sinh z = \frac{1}{2}(e^z - e^{-z}) \qquad \cosh z = \frac{1}{2}(e^z + e^{-z})$$

Zusammenhang zwischen trigonometrischen und hyperbolischen Funktionen:

$$\sin iz = i \sinh z \qquad \sinh iz = i \sin z$$
$$\cos iz = \cosh z \qquad \cosh iz = \cos z$$

Die Additionstheoreme von sin und cos gelten auch für komplexe Argumente:

$$\sin(x + iy) = \sin x \cos iy + \cos x \sin iy = \sin x \cosh y + i \cos x \sinh y$$
$$\cos(x + iy) = \cos x \cos iy - \sin x \sin iy = \cos x \cosh y - i \sin x \sinh y$$

Beispiel 1: Alle komplexen Nullstellen von $\sin z$

Beide folgenden Rechnungen gehen von der Definition aus:

$$\sin z = 0 \ \Leftrightarrow \ \frac{1}{2i}(e^{iz} - e^{-iz}) = 0 \ \Leftrightarrow \ e^{iz} - e^{-iz} = 0 \ \Leftrightarrow \ e^{2iz} = 1.$$

7.2. ELEMENTARE FUNKTIONEN IN $\mathbb{C}$

1. Möglichkeit: Benutzung des komplexen Logarithmus.

Auf beiden Seiten wird der Logarithmus genommen. Dabei muß $2k\pi i$, $k \in \mathbb{Z}$ addiert werden, s.o.

$$\Leftrightarrow \quad 2iz = 0 + 2k\pi i \quad \Leftrightarrow \quad z = k\pi.$$

Der Sinus hat also auch in $\mathbb{C}$ nur die reellen Nullstellen $z = k\pi$, $k \in \mathbb{Z}$.

2. Möglichkeit: Benutzung der Eulerformel.

Diesmal werden die Eigenschaften der reellen Sinus- und Cosinusfunktionen benutzt. Mit $z = a + ib$ geht es weiter:

$$\Leftrightarrow \quad e^{2i(a+ib)} = 1 \quad \Leftrightarrow \quad e^{-2b+2ia} = 1 \quad \Leftrightarrow \quad e^{-2b}(\cos 2a + i\sin 2a) = 1.$$

Vergleich der Real- und Imaginärteile gibt die beiden Gleichungen

$$e^{-2b}\cos 2a = 1 \quad \text{und} \quad e^{-2b}\sin 2a = 0.$$

Da a und b <u>reelle</u> Zahlen sind, lassen sich die bekannten Informationen über die <u>reellen</u> Sinus- und Cosinusfunktionen benutzen.

Die zweite Gleichung ergibt $\sin 2a = 0 \Leftrightarrow a = k\frac{\pi}{2}$ mit $k \in \mathbb{Z}$. Für diese Werte von a hat der Cosinus die Werte ± 1. Der Wert -1 ist in der ersten Gleichung unmöglich, da dann die linke Seite wegen $e^x > 0$ negativ und die rechte positiv ist. Damit kommen nur die Werte von a in Frage, in denen $\cos 2a = 1$ ist, also $2a = 2k\pi \Leftrightarrow a = k\pi$. Den Wert von b erhält man schließlich durch Einsetzen der Werte für a aus $e^{-2b} \cdot 1 = 1$ als $b = 0$.

Wie oben sind damit $a + ib = k\pi + 0i = k\pi$, $k \in \mathbb{Z}$, die komplexen Nullstellen des Sinus.

3. Beispiele

Beispiel 2: Man zerlege e^{2+3i} und $e^{(4-i)x}$ in Real- und Imaginärteil.

$$e^{2+3i} = e^2(\cos 3 + i\sin 3),$$

$$\operatorname{Re} e^{2+3i} = e^2 \cos 3$$

$$\operatorname{Im} e^{2+3i} = e^2 \sin 3$$

$$e^{(4-i)x} = e^{4x-ix} = e^{4x}(\cos(-x) + i\sin(-x)) = e^{4x}(\cos x - i\sin x).$$

$$\operatorname{Re} e^{(4-i)x} = e^{4x} \cos x$$

$$\operatorname{Im} e^{(4-i)x} = -e^{4x} \sin x.$$

Beispiel 3: $\sin(\pi + i)$

$\sin(\pi + i) = \sin\pi \cos i + \cos\pi \sin i = \sin\pi \cosh 1 + \cos\pi \cdot i \sinh 1 = -i\sinh 1$.

Beispiel 4: Berechnen Sie $\log i$ und $\log(1 + i)$

i und $1+i$ werden in Polarkoordinaten geschrieben:
$$i = 1e^{i\pi/2}, \quad 1+i = \sqrt{2}e^{i\pi/4}.$$

Damit ist
$$\log i = i\pi/2 + 2k\pi i = (2k + 1/2)\pi i,$$
und $\log(1+i) = \ln\sqrt{2} + i\pi/4 + 2k\pi i = \ln\sqrt{2} + (2k + 1/4)\pi i, \quad k \in \mathbb{Z}$.

Beispiel 5: Berechnen Sie i^i und $(i+1)^{i-1}$.

Mit Beispiel 2 ist
$$i^i = \exp(i\log i) = \exp(ii(2k+1/2)\pi) = e^{-(2k+1/2)\pi},$$

der Wert im Hauptzweig ist $e^{-\pi/2}$.

$$\begin{aligned}(i+1)^{i-1} &= \exp((i-1)\log(i+1)) = \exp((i-1)(\ln\sqrt{2} + (2k+1/4)\pi i)) \\ &= \exp(-\ln\sqrt{2} - (2k+1/4)\pi + i(\ln\sqrt{2} - (2k+1/4)\pi)) \\ &= e^{-\ln\sqrt{2}-(2k+1/4)\pi} \times \\ &\quad \times (\cos(\ln\sqrt{2} - (2k+1/4)\pi) + i\sin(\ln\sqrt{2} - (2k+1/4)\pi)) \\ &= \frac{1}{\sqrt{2}}e^{-(2k+1/4)\pi}(\cos(\ln\sqrt{2} - \pi/4) + i\sin(\ln\sqrt{2} - \pi/4)).\end{aligned}$$

Der Wert im Hauptzweig ist $\frac{1}{\sqrt{2}}e^{-\pi/4}(\cos(\ln\sqrt{2} - \pi/4) + i\sin(\ln\sqrt{2} - \pi/4))$.

Beispiel 6: Die komplexen Nullstellen von $\sinh z$

Wegen Beispiel 2 und $\sinh z = \sin iz$ gilt $\sinh z = 0 \Leftrightarrow \sin iz = 0 \Leftrightarrow iz = k\pi \Leftrightarrow z = -k\pi i$. Die Nullstellen des Sinus hyperbolicus liegen also auf der imaginären Achse und sind die ganzzahligen Vielfachen von $i\pi$.

7.3 Möbiustransformationen

1. Definitionen

Die Riemannsche Zahlenkugel stellt die Punkte der abgeschlossenen komplexen Ebene $\widehat{\mathbb{C}} = \mathbb{C} \cup \{\infty\}$ da.

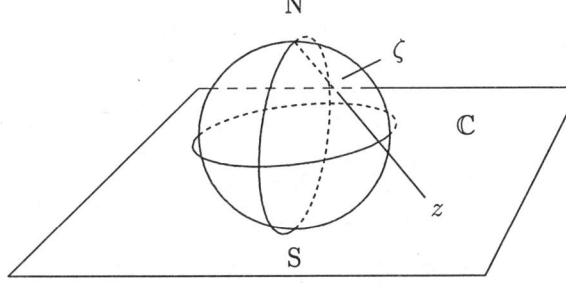

Die Riemannsche Zahlenkugel steht auf der komplexen Ebene $\mathbb{C}$. Der Südpol S liegt im Nullpunkt.
Einem Punkt $z \in \mathbb{C}$ wird der Durchstoßpunkt ζ der Verbindungsstrecke vom Nordpol N mit z auf der Kugeloberfläche zugeordnet. Dem Nordpol N entspricht der Punkt ∞.

Dann entsprechen den Kreisen in $\mathbb{C}$ Kreise auf der Zahlenkugel, die nicht durch den Nordpol N gehen. Den Geraden in $\mathbb{C}$ entsprechen die Kreise durch N.

Eine Möbiustransformation (oder lineare Transformation) ist eine Abbildung von $\widehat{\mathbb{C}}$ in sich der Form

$$w = f(z) = \frac{az+b}{cz+d}, \quad a,b,c,d \in \mathbb{C} \text{ mit } ad-bc \neq 0.$$

Ab jetzt wird statt Möbiustransformation MT benutzt. Es gilt:

- Jede MT läßt sich aus den drei Grundtypen zusammensetzen:
  - $z \mapsto z+a$ Verschiebung um $a \in \mathbb{C}$.
  - $z \mapsto az$ Drehstreckung mit dem Winkel $\arg a$ und dem Faktor $|a|$.
  - $z \mapsto \dfrac{1}{z}$ Inversion, Kehrwertbildung.

- Eine MT ist eine bijektive Abbildung von $\widehat{\mathbb{C}}$ nach $\widehat{\mathbb{C}}$.
- Eine MT führt Geraden und Kreise in Geraden und Kreise über.
- Einer MT entspricht eine Drehung der Riemannschen Zahlenkugel.
- Die Hintereinanderausführung von MT ist eine MT.
- Die Inverse einer MT ist eine MT.

a, b, c und d sind durch die MT nur bis auf einen gemeinsamen Faktor bestimmt. $z \mapsto \dfrac{az+b}{cz+d}$ heißt normiert, wenn $ad-bc = 1$ ist. Dann liegen die vier Zahlen bis auf einen (gemeinsamen) Faktor ± 1 fest.

2. Berechnung

Normierung

1. Normierung von $z \mapsto \dfrac{az+b}{cz+d}$

① Berechne $e = ad - bc$ und bestimme eine komplexe Wurzel f von e, d.h eine Zahl f mit $f^2 = e$.

② Mit $a' := \dfrac{a}{f}$, $b' := \dfrac{b}{f}$, $c' := \dfrac{c}{f}$ und $d' := \dfrac{d}{f}$ ist $\dfrac{az+b}{cz+d} = \dfrac{a'z+b'}{c'z+d'}$ mit $a'd' - b'c' = 1$. Das bedeutet, daß man in der Ausgangsform durch f kürzt.

Beispiel 1: Normierung von $z \mapsto \dfrac{z+(1-i)}{z+(1-3i)}$

① Es ist $e = ad - bc = 1 \cdot (1-3i) - 1 \cdot (1-i) = -2i$. Wähle $f = 1-i$.

② Eine normierte Form ist $\dfrac{\frac{1}{1-i}z + \frac{1-i}{1-i}}{\frac{1}{1-i}z + \frac{1-3i}{1-i}} = \dfrac{\frac{1+i}{2}z + 1}{\frac{1+i}{2}z + (2-i)}$.

Probe: $\dfrac{1+i}{2} \cdot (2-i) - \dfrac{1+i}{2} \cdot 1 = \dfrac{1+i}{2}(1-i) = 1$.

Konstruktion

2. Konstruktion von MT

Zu je drei vorgegebenen Urbildern z_1, z_2, z_3 und drei Bildern w_1, w_2, w_3 gibt es genau eine MT f mit $f(z_i) = w_i$.

Diese Tatsache benutzt man bei der Abbildung von gegebenen Kreisen oder Geraden auf vorgegebene Bildkreise oder Geraden, da drei Punkte einen Kreis oder eine Gerade festlegen.

Die MT erhält man als $w = f(z)$ durch Auflösen nach w von

$$\frac{z-z_1}{z-z_3} \cdot \frac{z_2-z_3}{z_2-z_1} = \frac{w-w_1}{w-w_3} \cdot \frac{w_2-w_3}{w_2-w_1}$$

Will man einen gegebenen Kreis auf einen anderen Kreis abbilden, wählt man auf dem Urbildkreis drei Punkte z_1 bis z_3 und auf dem Bildkreis drei Punkte w_1 bis w_3. Die Formel oben liefert dann das gewünschte.
Das Verfahren ist genauso, wenn einer oder beide Kreise durch Geraden ersetzt werden.

7.3. MÖBIUSTRANSFORMATIONEN

Beispiel 2: Abbildung des Einheitskreises $\{z \mid |z| = 1\}$ auf die reelle Gerade.

Man wählt auf dem Einheitskreis die Punkte $z_1 = 1$, $z_2 = i$ und $z_3 = -1$ und auf der reellen Geraden die Bildpunkte $w_1 = 1$, $w_2 = 0$ und $w_3 = -1$. Die Formel liefert dann

$$\frac{z-1}{z+1} \cdot \frac{i+1}{i-1} = \frac{w-1}{w+1} \cdot \frac{0+1}{0-1}.$$

Es ist $\frac{i+1}{i-1} = -i$. Nun wird mit dem Nenner multipliziert und alles mit w auf der linken Seite gesammelt:

$$
\begin{aligned}
-i(z-1)(w+1) &= -(w-1)(z+1) \\
\Leftrightarrow \quad iwz + iz - iw - i &= wz - z + w - 1 \\
\Leftrightarrow \quad w(iz - z - i - 1) &= z(-1-i) - 1 + i \\
\Leftrightarrow \quad w &= \frac{-z(1+i) - (1-i)}{-z(1-i) - (1+i)}
\end{aligned}
$$

Wenn man mit $1+i$ erweitert und durch -2 kürzt, erhält man die Form

$$w = \frac{iz+1}{z+i}.$$

3. Abbildung von Gebieten

Abbildung von Gebieten

Sucht man eine MT, die das Innere oder Äußere eines Kreises auf das Innere oder Äußere eines anderen Kreises abbildet, geht man wie nachfolgend vor. Zum Beispiel sucht man eine MT, die das Innere eines ersten Kreises auf das Äußere eines zweiten abbildet.

① Wähle aus der Urbildkreislinie drei Punkte z_1 bis z_3, so daß beim Durchlauf z_1-z_2-z_3 das Urbildgebiet (im Beispiel das Innere des ersten Kreises) stets links liegt.

② Wähle aus der Bildkreislinie drei Punkte w_1 bis w_3, so daß beim Durchlauf w_1-w_2-w_3 das Bildgebiet (im Beispiel das Äußere des zweiten Kreises) stets links liegt.

③ Nimm die Formel oben.

Das Verfahren ist genauso, wenn das Innere/Äußere eines oder beider Kreise durch eine von einer Geraden begrenzten Halbebene ersetzt wird.

Alternative

① Wähle wie in Punkt 2 oben drei Punkte auf den Randkreisen oder -geraden und konstruiere eine Abbildung.

② Teste an einem Punkt aus dem Gebiet, ob das Bild im Zielgebiet liegt.

Falls ja, ist man fertig. Falls nicht, vertausche in der Konstruktion zwei der Punkte w_1 bis w_3. Die dazu gehörende Abbildung hat die gewünschte Eigenschaft.

Beispiel 3: Abbildung des Inneren des Einheitskreises auf die untere Halbebene $\{z \in \mathbb{C} | \operatorname{Im} z < 0\}$

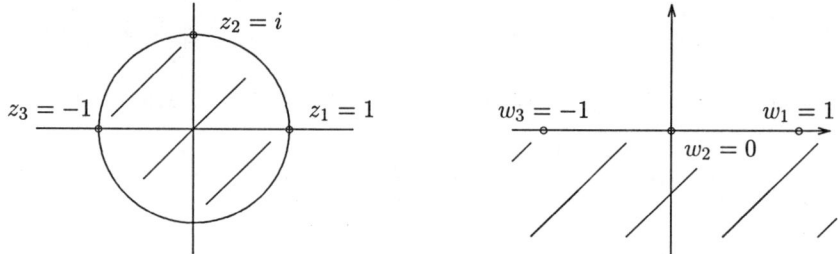

Wenn man die Punkte wie in Beispiel 2 wählt, liegt das Innere des Einheitskreises links bei Durchlauf z_1-z_2-z_3 und die untere Halbebene links beim Durchlauf w_1-w_2-w_3. Daher wird das Innere des Einheitskreises auf die untere Halbebene abgebildet.

Alternativ kann man das auch an $f(0) = \dfrac{0i + 1}{0 + i} = -i$ erkennen.

4. Inversion von MT

Inversion

Eine Inverse von $z \mapsto \dfrac{az + b}{cz + d}$ ist $z \mapsto \dfrac{dz - b}{-cz + a}$.

Beispiel 4: Abbildung der unteren Halbebene auf das Innere des Einheitskreises

Das ist natürlich die Umkehrabbildung der MT aus Beispiel 3. Nach der Regel oben hat sie die Form
$$z \mapsto \frac{iz - 1}{-z + i}.$$

7.3. MÖBIUSTRANSFORMATIONEN

3. Beispiele

Beispiel 5: Das Bild der Geraden $x = 1$ unter der Abbildung $z \mapsto \frac{1}{z}$.

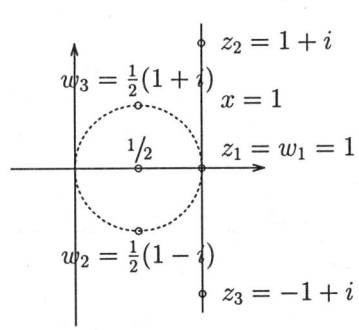

Das Bild von $z_1 = 1$ ist $w_1 = 1$, das Bild von $z_{2,3} = 1 \pm i$ ist $w_{2,3} = \dfrac{1}{1 \pm i} = \dfrac{1 \mp i}{2}$.

Da diese drei Punkte nicht auf einer Geraden liegen, muß das Bild der Geraden ein Kreis sein. Anhand einer Skizze überzeugt man sich, daß es sich um den Kreis

$$\left|z - \frac{1}{2}\right| = \frac{1}{2}$$

handelt.

Alternativ kann man statt z_3 auch das Bild von $\tilde{z}_3 = \infty$ betrachten: $\tilde{w}_3 = \frac{1}{\infty} = 0$. Damit erhält man natürlich denselben Kreis.

Beispiel 6: Abbildung der oberen Halbebene $\{z \in \mathbb{C} |\, \mathrm{Im}\, z > 0\}$ auf das Innere des Einheitskreises

Für die untere Halbebene ist nach Beispiel 4 eine Abbildung bekannt. Was man nun tun kann, ist zunächst die Abbildung $z \mapsto -z$ zu nehmen, die die obere auf die untere Halbebene abbildet, und dann die bekannte MT auszuführen. Man erhält die Abbildung

$$z \mapsto \frac{i(-z) - 1}{-(-z) + i} = \frac{-iz - 1}{z + i}.$$

Beispiel 7: Abbildung des Kreises $|z - \frac{1}{2}| = \frac{1}{2}$ auf den Einheitskreis $|z| = 1$.

Man wählt die Punkte $z_1 = 0$, $z_2 = \frac{1}{2}(1 + i)$ und $z_3 = 1$ (vgl. die Skizze oben) und im Bildbereich die Punkte $w_1 = -1$, $w_2 = i$ und $w_3 = 1$. Dann bestimmt man die Abbildung aus

$$\begin{aligned}
\frac{z - 0}{z - 1} \cdot \frac{\frac{1}{2}(1+i) - 1}{\frac{1}{2}(1+i) - 0} &= \frac{w + 1}{w - 1} \cdot \frac{i - 1}{i + 1} \\
\Leftrightarrow \quad \frac{z}{z - 1} \cdot \frac{i - 1}{i + 1} &= \frac{w + 1}{w - 1} \cdot \frac{i - 1}{i + 1} \\
\Leftrightarrow \quad wz - z &= wz + z - w - 1 \\
\Leftrightarrow \quad w &= 2z - 1
\end{aligned}$$

Das kann man natürlich in der Form $w = \dfrac{2z - 1}{0z + 1}$ schreiben.

7.4 Isolierte Singularitäten und Laurentreihen

1. Definitionen und Eigenschaften

Isolierte Singularität

Sei $G \subset \mathbb{C}$ ein Gebiet, $z_0 \in G$ und f eine in $G\setminus\{z_0\}$ definierte und holomorphe Funktion, d.h. f ist überall in G bis auf den inneren Punkt z_0 holomorph. Dann nennt man z_0 isolierte Singularität von f.

Es gibt drei mögliche Fälle:

hebbare Singularität

Fall 1: $\lim_{z \to z_0} f(z)$ existiert. "hebbare Singularität"

Setzt man $f(z_0) := \lim_{z \to z_0} f(z)$, so ist f dann auch in z_0 holomorph, die Singularität ist verschwunden, ist also "be-hebbar".

Typisches Beispiel: $f(z) = \dfrac{\sin z}{z}$ in $z_0 = 0$. Nach der l'Hospitalschen Regel kann man den Grenzwert in 0 als $\lim_{z \to z_0} \dfrac{\cos z}{1} = 1$ bestimmen.

Pol

Fall 2: $\lim_{z \to z_0} |f(z)| = \infty$. "Polstelle"

Polordnung

In einer Polstelle wird die Polordnung von f so definiert:
f hat in z_0 einen Pol k-ter Ordnung, wenn $1/f$ eine Nullstelle k-ter Ordnung hat. Hat also f die Form $f(z) = g(z)/h(z)$ mit $g(z_0) \neq 0$ und einer k-fachen Nullstelle von h in z_0, so hat f dort einen Pol k-ter Ordnung.

Andere Möglichkeit:
f hat Pol k-ter Ordnung in $z_0 \Leftrightarrow \lim_{z \to z_0}(z - z_0)^k f(z) = a \neq 0, a \in \mathbb{C}$.

Typisches Beispiel: $f(z) = \dfrac{1}{z} + \dfrac{1}{z^2}$ hat in 0 einen Pol zweiter Ordnung.

wesentliche Singularität

Fall 3: $\lim_{z \to z_0} |f(z)|$ existiert weder eigentlich noch uneigentlich. "wesentliche Singularität"

Eine wesentliche Singularität liegt also immer dann vor, wenn es sich weder um einen Pol noch um eine hebbare Singularität handelt.

Man kann beweisen, daß $f(z)$ in der Nähe von z_0 jeder komplexen Zahl beliebig nahe kommt.

Typisches Beispiel: $f(z) = e^{1/z}$ in $z_0 = 0$.

Dieses Verhalten kann man schon an den reellen Funktionen erkennen:

7.4. ISOLIERTE SINGULARITÄTEN UND LAURENTREIHEN

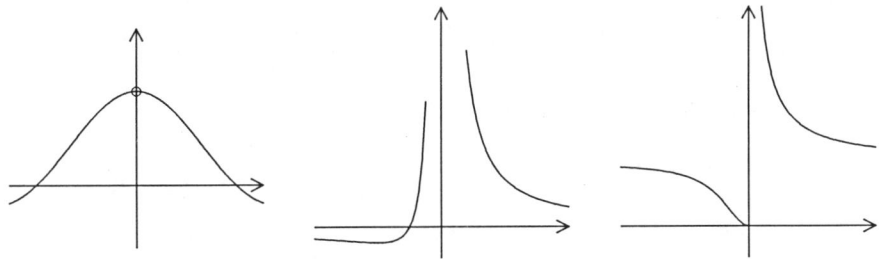

Fall 1	Fall 2	Fall 3
hebbare Singularität	Polstelle	wesentliche Singularität
$f(z) = \dfrac{\sin z}{z}$	$f(z) = 1/z + 1/z^2$	$f(z) = e^{1/z}$

Warnung: Das reelle Bild kann höchstens einen Anhaltspunkt für den Typ der Singularität dienen. Z.B. hat e^{1/z^2} im Reellen bei null den Limes null, es liegt aber trotzdem eine wesentliche Singularität vor.

Ist f in einem Ringgebiet $G = \{\, z \mid 0 \leq r_1 < |z - z_0| < r_2 \,\}$ holomorph, so hat f dort eine Darstellung als <u>Laurentreihe</u>:

$$f(z) = \sum_{n=-\infty}^{\infty} c_n (z-z_0)^n = \underbrace{\sum_{n=-\infty}^{-1} c_n(z-z_0)^n}_{\text{Hauptteil}} + \underbrace{\sum_{n=0}^{\infty} c_n(z-z_0)^n}_{\text{Nebenteil}}$$

Laurentreihe, Hauptteil, Nebenteil

Dies ist besonders im Fall $r_1 = 0$ interessant. G besteht dann aus einer Kreisscheibe mit Radius r_2 um z_0 ohne den Mittelpunkt (<u>punktierter Kreis</u>) und f hat in z_0 eine isolierte Singularität. Der Typ der Singularität bestimmt die Form der Laurentreihe:

punktierter Kreis

Fall 1: Für $n < 0$ sind alle $c_n = 0$. Das bedeutet, daß der Hauptteil nicht vorhanden ist. Die Laurentreihe ist eine Potenzreihe.

hebbare Singularität

Fall 2: Der Hauptteil besteht aus endlich vielen Summanden. Das kleinste vorkommende n mit $c_n \neq 0$ bestimmt die Polordnung von f in z_0: Falls z.B. die Laurentreihe mit $c_{-3}(z-z_0)^{-3}$ beginnt, hat f in z_0 einen Pol dritter Ordnung.

Pol

Fall 3: Der Hauptteil hat unendlich viele Summanden.

wesentliche Singularität

2. Berechnung

Im allgemeinen ist es nicht möglich, die Laurentreihe einer gegebenen Funktion direkt zu bestimmen. Hat f in z_0 eine isolierte Singularität, so gilt für die Koeffizienten c_n die Formel

$$\boxed{c_n = \frac{1}{2\pi i} \oint_C (z-z_0)^{-(n+1)} f(z)\, dz = \frac{1}{2\pi i} \oint_C \frac{f(z)}{(z-z_0)^{n+1}}\, dz \qquad \text{für} \quad n \in \mathbb{Z}}$$

Mehr über komplexe Kurvenintegrale in Abschnitt 6.

C ist dabei eine Kurve, die z_0 einmal im Gegenuhrzeigersinn umläuft und in deren Inneren f keine weitere Singularität hat, etwa ein genügend kleiner Kreis mit Mittelpunkt z_0. Das ist aber in der Praxis kaum durchführbar, im Gegenteil: mit Hilfe dieser Beziehung werden aus den Koeffizienten der Laurentreihe die Integrale bestimmt.

Zwei Möglichkeiten sind praktikabel, um Laurentreihen zu bestimmen:

Einsetzen in Reihen

1. Möglichkeit: Einsetzen in bekannte Reihen.

Im Beispiel $e^{1/z}$ setzt man $1/z$ in die bekannte e-Reihe ein:

$$e^{1/z} = \sum_{n=0}^{\infty} \frac{1}{n!} \left(\frac{1}{z}\right)^n = \sum_{n=-\infty}^{0} \frac{1}{|n|!} z^n = 1 + \frac{1}{z} + \frac{1}{2!}\left(\frac{1}{z}\right)^2 + \frac{1}{3!}\left(\frac{1}{z}\right)^3 + \cdots.$$

rationale Funktionen

2. Möglichkeit: Aufstellen der Reihe für gebrochen rationale Funktionen.

① vollständige (komplexe) Partialbruchzerlegung der Funktion f.

f wird also so zerlegt, daß in den Nennern alle komplexen Nullstellen auftreten. Im Gegensatz etwa zum Vorgehen bei der Integration, wo Nenner des Typs $(z+a)^2 + b^2$ stehenbleiben, wird hier in die Faktoren $(z+a+ib)$ und $(z+a-ib)$ weiterzerlegt.

② Umschreiben der einzelnen Summanden in Reihen.

Gesucht ist eine Darstellung von f als Reihe mit allgemeinem Glied $(z-z_0)^n$, wobei n eine ganze Zahl ist.

a) Der ganzrationale Teil von f wird (etwa mit Hilfe der Taylorformel) in ein Polynom in $(z-z_0)$ umgeschrieben.

b) Für die Terme der Form $\dfrac{1}{z-w}$ mit $w \neq z_0$ gibt es jeweils zwei Möglichkeiten zur Reihenentwicklung um den Entwicklungspunkt z_0:

7.4. ISOLIERTE SINGULARITÄTEN UND LAURENTREIHEN

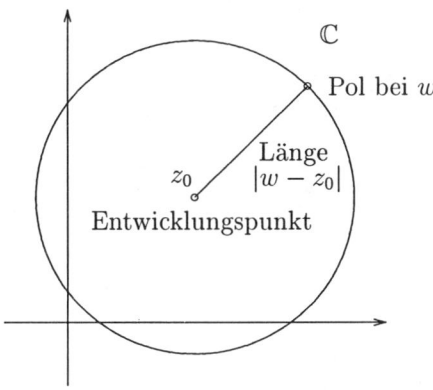

- die Reihe wird zur Taylorreihe, d.h. sie besteht nur aus dem Nebenteil und konvergiert <u>innerhalb</u> des Kreises $|z - z_0| = |w - z_0|$.

  Das ist der Kreis um den Entwicklungspunkt z_0, der durch die Polstelle w geht.

- die Reihe konvergiert <u>außerhalb</u> dieses Kreises und besteht nur aus dem Hauptteil.

③ Die Reihe ergibt sich schließlich durch Addition der einzeln entwickelten Teile und konvergiert da, wo alle Teile konvergieren.

$\boxed{\text{zu② Umschreiben der einzelnen Summanden in Reihen}}$

$\boxed{\text{innere Entwicklung}}$

Im Inneren des Kreises, also für $|z - z_0| < |w - z_0|$ gilt

innere Entwicklung

$$\boxed{\frac{1}{z-w} = -\sum_{n=0}^{\infty} \frac{(z-z_0)^n}{(w-z_0)^{n+1}}}$$

$\boxed{\text{äußere Entwicklung}}$

Im Äußeren des Kreises, also für $|z - z_0| > |w - z_0|$ gilt

äußere Entwicklung

$$\boxed{\frac{1}{z-w} = \sum_{n=-\infty}^{-1} \frac{(z-z_0)^n}{(w-z_0)^{n+1}}}$$

Die innere Entwicklung ist also eine Entwicklung in eine <u>Taylorreihe</u>, die äußere eine in eine Laurentreihe, die nur aus dem <u>Hauptteil</u> besteht.

Beispiel: wird $f(z) = \dfrac{1}{z-i}$ um $z_0 = 3$ entwickelt, so hat man die im Inneren des Kreises $|z - 3| < |i - 3| = \sqrt{10}$ konvergente **innere** Entwicklung

$$\frac{1}{z-i} = -\sum_{n=0}^{\infty} \frac{(z-3)^n}{(i-3)^{n+1}}$$

und die außerhalb ($|z - 3| > \sqrt{10}$) konvergente **äußere** Entwicklung

$$\frac{1}{z-i} = \sum_{n=-\infty}^{-1} \frac{(z-3)^n}{(i-3)^{n+1}}.$$

Pole höherer Ordnung

Pole höherer Ordnung

Um Terme der Form $\dfrac{1}{(z-w)^k}$ in Reihen zu entwickeln, bestimmt man zunächst die Reihe zu $\dfrac{1}{(z-w)}$ (innere oder äußere Entwicklung, je nachdem) und leitet beide Seiten sooft ab, bis das gewünschte Ergebnis erreicht ist.

3. Beispiele

Beispiel 1: Die Singularitäten von $f(z) = \dfrac{1}{\sin 1/z}$ sollen klassifiziert werden.

f hat dort Singularitäten, wo ein Nenner zu Null wird, also in $1/z = k\pi$, $k \in \mathbb{Z}$, und in $z = 0$. Für $z = 1/k\pi$ liegen einfache Pole vor, da der Sinus einfache Nullstellen hat. Die Singularität in Null läßt sich nicht weiter bearbeiten, da es sich nicht um eine isolierte Singularität handelt: beliebig nahe bei Null liegen ja stets noch die Pole in $1/k\pi$.

Beispiel 2: $f(z) = \dfrac{z^3 + 3}{z - i}$ soll in eine Laurentreihe um $z_0 = i$ entwickelt werden.

① Zunächst wird eine Polynomdivision durchgeführt:
$(z^3 + 3) : (z - i) = z^2 + iz - 1 + \dfrac{3 - i}{z - i}$. Der ganzrationale Anteil $G(z) = z^2 + iz - 1$ wird in ein Polynom in $z - i$ umgeschrieben: mit $G'(z) = 2z + i$, $G''(z) = 2$, und mit $G(i) = -3$, $G'(i) = 3i$ wird nach der Taylorformel

$$G(z) = \frac{1}{2}G''(i)(z-i)^2 + G'(i)(z-i) + G(i) = (z-i)^2 + 3i(z-i) - 3.$$

② Der echt gebrochen rationale Teil $\dfrac{3-i}{z-i}$ ist ja bereits eine (nur aus einem einzigen Glied bestehende) Reihe in $z - i$.

③ Damit ist die gesuchte Darstellung

$$\frac{z^3 + 3}{z - i} = (z-i)^2 + 3i(z-i) - 3 + (3-i)(z-i)^{-1}.$$

Da es eine endliche Reihe ist, konvergiert diese Darstellung überall, wo sie definiert ist, d.h. in $\mathbb{C}\setminus\{i\}$.

7.4. ISOLIERTE SINGULARITÄTEN UND LAURENTREIHEN

Beispiel 3: $f(z) = \dfrac{z+1}{z^2 - 2z + 2}$ soll in eine im Gebiet $1 < |z - i| < \sqrt{5}$ konvergente Laurentreihe entwickelt werden.

① Partialbruchzerlegung:
$$z^2 - 2z + 2 = (z - (1+i))(z - (1-i))$$

Ansatz ist also $\dfrac{z+1}{z^2 - 2z + 2} = \dfrac{A}{z - (1+i)} + \dfrac{B}{z - (1-i)}$.

Multiplikation mit dem Hauptnenner ergibt
$$z + 1 = A(z - (1-i)) + B(z - (1+i)).$$

Wird jetzt $z = 1 + i$ bzw. $z = 1 - i$ eingesetzt, so ergibt sich
$2 + i = A(2i)$, also $A = 1/2 - i$ bzw.
$2 - i = B(-2i)$, also $B = 1/2 + i$
Man hat also $f(z) = \dfrac{1/2 - i}{z - (1+i)} + \dfrac{1/2 + i}{z - (1-i)}$.

② Es ist $z_0 = i$, und bei der Entwicklung von Termen $\dfrac{1}{z-w}$ ist $w = 1 + i$ beim ersten und $w = 1 - i$ beim zweiten Summanden.

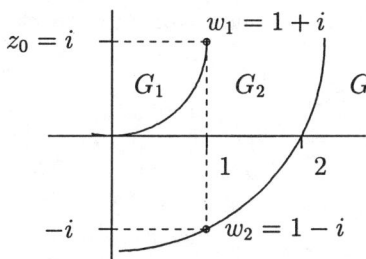

Im Gebiet G_1 ist $|z - i| < |1 + i - i|$, also $|z - i| < 1$.
In G_2 ist
$|(1+i) - i| < |z - i| < |(1-i) - i|$,
also $1 < |z - i| < \sqrt{5}$.
In G_3 ist $|z - i| > \sqrt{5}$
Beide Terme müssen so entwickelt werden, daß die Reihen in G_2 konvergieren.

Für $\dfrac{1}{z - (1+i)}$ muß die Entwicklung mit <u>Konvergenz im Äußeren</u> des Kreises $|z - i| = |w - z_0| = 1$ gewählt werden (konvergent in G_2 und G_3):

$$\frac{1}{z - (1+i)} = \sum_{n=-\infty}^{-1} \frac{(z-i)^n}{(1+i-i)^{n+1}} = \sum_{n=-\infty}^{-1} (z-i)^n.$$

Für $\dfrac{1}{z - (1-i)}$ muß die Entwicklung mit <u>Konvergenz im Inneren</u> des Kreises $|z - i| = |w - z_0| = \sqrt{5}$ gewählt werden (konvergent in G_1 und G_2):

$$\frac{1}{z - (1-i)} = -\sum_{n=0}^{\infty} \frac{(z-i)^n}{(1-2i)^{n+1}} = -\sum_{n=0}^{\infty} \left(\frac{1+2i}{5}\right)^{n+1} (z-i)^n.$$

③ Damit hat man

$$f(z) = (\frac{1}{2} - i) \sum_{n=-\infty}^{-1} (z-i)^n - (\frac{1}{2} + i) \sum_{n=0}^{\infty} \left(\frac{1+2i}{5}\right)^{n+1} (z-i)^n, \quad \text{also}$$

$$f(z) = \sum_{n=-\infty}^{\infty} c_n(z-i)^n \quad \text{mit} \quad c_n = \begin{cases} (\frac{1}{2} - i) & n \leq -1 \\ -(\frac{1}{2} + i) \left(\frac{1+2i}{5}\right)^{n+1} & n \geq 0 \end{cases}$$

und diese Reihe konvergiert wie gefordert in G_2.

Beispiel 4: $f(z) = \dfrac{1}{(z-i)^3}$ soll um $z_0 = 1+i$ in eine in $|z - (1+i)| > 1$ konvergente Reihe entwickelt werden.

---

① Die Partialbruchentwicklung entfällt, da f schon die gesuchte Form hat.

② Reihenentwicklung

Zunächst wird $\dfrac{1}{z-i}$ in eine im gewünschten Gebiet konvergente Reihe entwickelt: Es ist $z_0 = 1+i$, $w = i$ und es muß eine <u>äußere Entwicklung</u> vorgenommen werden.

$$\frac{1}{z-i} = \sum_{n=-\infty}^{-1} \frac{(z-(1+i))^n}{(i-(1+i))^{n+1}} = \sum_{n=-\infty}^{-1} (-1)^{n+1}(z-(1+i))^n$$

Jetzt wird benutzt, daß $\dfrac{1}{(z-i)^3} = \dfrac{1}{2}\left(\dfrac{1}{z-i}\right)''$ ist. Daher ist

$$\frac{1}{(z-i)^3} = \frac{1}{2}\left(\sum_{n=-\infty}^{-1} (-1)^{n+1}(z-(1+i))^n\right)''$$

$$= \frac{1}{2} \sum_{n=-\infty}^{-1} (-1)^{n+1} n(n-1)(z-(1+i))^{n-2}$$

Nimmt man nun die Ersetzung $m = n-2$, $n = m+2$ vor, so ist

$$\frac{1}{(z-i)^3} = \frac{1}{2} \sum_{m=-\infty}^{-3} (-1)^{m+1}(m+2)(m+1)(z-(1+i))^m.$$

7.5 Residuen

1. Definitionen und Eigenschaften

Ist f im punktierten Kreis $0 < |z - z_0| < r$ holomorph und
$f(z) = \sum_{n=-\infty}^{\infty} a_n(z-z_0)^n$ die Laurentreihe von f in z_0, so ist das Residuum von f in z_0 definiert als

$$\boxed{\text{Res}(f, z_0) = a_{-1}.}$$

Residuum

Schreibweisen: $\text{Res}(f, z_0)$ oder $(\text{Res} f)(z_0)$ oder $\text{Res} f(z_0)$.

2. Berechnung

Der Typ der Singularität bestimmt die Art der Berechnung des Residuums:

Fall 1: Ist f holomorph in z_0 bzw. hat f in z_0 eine hebbare Singularität, so gilt $\text{Res}(f, z_0) = 0$. In einer Laurententwicklung um z_0 gibt es ja dann keinen Hauptteil, und damit ist $a_{-1} = 0$.

hebbare Singularität

Fall 2: Wenn f in z_0 einen Pol n-ter Ordnung hat, so berechnet sich

$$\boxed{\text{Res}(f, z_0) = \lim_{z \to z_0} \frac{1}{(n-1)!} \frac{d^{n-1}}{dz^{n-1}}[(z-z_0)^n f(z)]}$$

Pol

Für $\underline{n=1}$ ist damit

$$\boxed{\text{Res}(f, z_0) = \lim_{z \to z_0} (z-z_0) f(z)}$$

Pol 1. Ordnung

Oft hat f die Form $\frac{g(z)}{h(z)}$, wobei $g(z_0) \neq 0$ ist und h eine einfache Nullstelle in z_0 hat. Dann berechnet sich das Residuum leichter als

$$\boxed{\text{Res}(f, z_0) = \frac{g(z_0)}{h'(z_0)}.} \quad (*)$$

wichtiger Trick

Falls f die Form $\frac{a}{z-z_0}$ hat, so ist a natürlich das Residuum von f in z_0. Hat man also eine gebrochen rationale Funktion schon in Partialbrüche zerlegt, kann man die Residuen in den Polen z_k direkt als Koeffizienten von $(z-z_k)^{-1}$ ablesen.

Tip: In einem Pol erster Ordnung kann das Residuum nicht null sein!

Tip

Fall 3: In einer wesentlichen Singularität entwickelt man f in eine Laurentreihe und liest daraus a_{-1} ab. Natürlich braucht man nicht die gesamte Entwicklung zu bestimmen, sondern nur so viel, bis der Wert von a_{-1} feststeht.
Bei wesentlichen Singularitäten ist dies oft das einzig mögliche Verfahren.

wesentliche Singularität

3. Beispiele

Beispiel 1: $f(z) = ze^{1/z}$.

Wesentliche Singularität ist $z_0 = 0$. Um das Residuum zu bestimmen, setzt man wie in Abschnitt 4 $1/z$ in die bekannte e-Reihe ein:

$$ze^{1/z} = z\left(1 + \frac{1}{z} + \frac{1}{2!}\left(\frac{1}{z}\right)^2 + \frac{1}{3!}\left(\frac{1}{z}\right)^3 + \cdots\right) = z + 1 + \frac{1}{2!}z^{-1} + \frac{1}{3!}z^{-2} + \cdots.$$

Daraus liest man das Residuum von f in 0 als Koeffizient von z^{-1} ab:

$$\operatorname{Res}(ze^{1/z}, 0) = 1/2.$$

Beispiel 2: $f(z) = \dfrac{e^z}{(z-1)^3}$.

f hat in 1 als Singularität einen Pol dritter Ordnung, da der Nenner eine dreifache Nullstelle hat. Mit der angegebenen Formel hat man

$$\operatorname{Res}\left(\frac{e^z}{(z-1)^3}, 1\right) = \lim_{z \to 1} \frac{1}{2!} \frac{d^2}{dz^2}\left[(z-1)^3 \frac{e^z}{(z-1)^3}\right] = \lim_{z \to 1} \frac{1}{2} \frac{d^2}{dz^2} e^z = \lim_{z \to 1} \frac{1}{2} e^z = \frac{e}{2}.$$

Beispiel 3: $f(z) = \dfrac{z^4 - 3}{z - 2}$.

Pol erster Ordnung ist $z_0 = 2$. Damit ist

$$\operatorname{Res}\left(\frac{z^4 - 3}{z - 2}, 2\right) = \lim_{z \to 2}\left((z-2)\frac{z^4 - 3}{z - 2}\right) = \lim_{z \to 2}(z^4 - 3) = 13.$$

Beispiel 4: $\operatorname{Res}\left(\dfrac{1}{z^8 - 1}, 1\right)$

Die Funktion hat einfache Pole in den achten Einheitswurzeln. Damit wird nach der Formel (∗) oben

$$\operatorname{Res}\left(\frac{1}{z^8 - 1}, 1\right) = \left.\frac{1}{(z^8 - 1)'}\right|_{z=1} = \left.\frac{1}{8z^7}\right|_{z=1} = \frac{1}{8}.$$

7.6 Komplexe Kurvenintegrale

Stets ist C eine (eventuell aus mehreren Teilen bestehende) Kurve in $\mathbb{C}$ und f eine stetige Funktion.

1. Definitionen

Ist $g : [a,b] \to \mathbb{C}$ eine stetige Funktion mit $g(t) = g_1(t) + ig_2(t)$, so ist

$$\int_a^b g(t)\,dt = \int_a^b g_1(t)\,dt + i\int_a^b g_2(t)\,dt.$$

Ist $\phi : [a,b] \to \mathbb{C}$ eine Parametrisierung der Kurve C, so ist

$$\int_C f(z)\,dz = \int_a^b f(\phi(t))\phi'(t)\,dt.$$

Ist C eine geschlossene Kurve, so wird statt $\int$ auch $\oint$ benutzt.

Integral einer komplexwertigen Funktion

2. Berechnung

Rechenregeln

$$\int_C (\alpha f(z) + \beta g(z))\,dz = \alpha \int_C f(z)\,dz + \beta \int_C g(z)\,dz$$

$$\int_{-C} f(z)\,dz = -\int_C f(z)\,dz \qquad \int_{C_1+C_2} f(z)\,dz = \int_{C_1} f(z)\,dz + \int_{C_2} f(z)\,dz$$

$-C$ ist dabei die im umgekehrten Sinn durchlaufene Kurve, C_1+C_2 ist die Summe der beiden Kurven (erst wird C_1 durchlaufen, dann C_2).

Übersicht über die Verfahren

Verfahren	Anwendungsbereich
allgemeines Verfahren	nur wenn es gar nicht anders geht, z.B. bei nicht holomorphen Integranden.
Stammfunktion	nicht geschlossene Kurven und holomorphe Integranden
Residuensatz	geschlossene Kurven und Integranden mit Singularitäten
Cauchyscher Integralsatz	geschlossene Kurven und Integranden, die im Inneren **überall** holomorph sind
Cauchysche Integralformeln	geschlossene Kurven und Integranden, die einen einzigen Pol haben (nur für $f(z) = \dfrac{g(z)}{(z-z_0)^n}$ zu empfehlen)

Übersicht über die Verfahren

Allgemeines Verfahren

allgemeines Verfahren

① Parametrisierung der Kurve C durch $\phi : [a,b] \to \mathbb{C}$.

Dabei ist der Durchlaufsinn von C zu beachten: $\phi(a)$ muß der Anfangs- und $\phi(b)$ der Endpunkt der Kurve sein.
Häufig gebraucht:

Kreis um z_0 mit Radius R: $\phi(t) = z_0 + Re^{it}$, $0 \leq t \leq 2\pi$. Wird der Kreis im Uhrzeigersinn durchlaufen (mathematisch negativ), so nimmt man $\phi(t) = z_0 + Re^{-it}$, $0 \leq t \leq 2\pi$.

Strecke von z_0 nach z_1: $\phi(t) = z_0 + t(z_1 - z_0)$, $0 \leq t \leq 1$.

② Einsetzen von $z = \phi(t)$ und $\int_C f(z)\,dz = \int_a^b f(\phi(t))\phi'(t)\,dt$ berechnen. Dabei wird "i" wie eine Konstante behandelt.

Stammfunktion

Stammfunktion

Ist C eine Kurve mit Anfangspunkt z_1 und Endpunkt z_2, f holomorph und F eine Stammfunktion zu f ($F' = f$), so ist

$$\int_C f(z)\,dz = F(z_2) - F(z_1)$$

Residuensatz

Residuensatz

Ist C eine geschlossene Kurve, die im mathematisch positiven Sinn (Gegenuhrzeigersinn) einfach durchlaufen wird, und f eine Funktion, die im von C umschlossenen Gebiet G höchstens endlich viele isolierte Singularitäten $z_1, \cdots, z_n$ hat, so gilt:

$$\oint_C f(z)\,dz = 2\pi i \sum_{k=1}^n \mathrm{Res}(f, z_k).$$

Wenn die gegebene Kurve "falsch herum", d.h. im Uhrzeigersinn durchlaufen wird, ändert sich das Vorzeichen des Ergebnisses. Wird die Kurve mehrfach durchlaufen, kommt ein entsprechendes Vielfaches heraus.

Cauchyscher Integralsatz

Cauchyscher Integralsatz

Ist C eine geschlossene Kurve und f holomorph im Inneren von C, so ist $\int_C f(z)\,dz = 0$.

7.6. KOMPLEXE KURVENINTEGRALE

Cauchysche Integralformel

Ist f holomorph, C eine geschlossene Kurve, die einmal mathematisch positiv durchlaufen wird, so gelten für $n \in \mathbb{N}$ die Cauchyschen Integralformeln:

$$\int_C \frac{f(z)}{z - z_0}\, dz = 2\pi i f(z_0), \qquad \int_C \frac{f(z)}{(z - z_0)^n}\, dz = \frac{2\pi i}{(n - 1)!} f^{(n-1)}(z_0)$$

Cauchysche Integralformel

Für andersherum und mehrfach durchlaufene Kurven gelten die Bemerkungen beim Residuensatz analog.

3. Beispiele

Beispiel 1: C sei der Kreis mit Radius 4 um 0. Berechnen Sie $\int_C \bar{z}\, dz$.

Der Integrand ist nicht holomorph. Daher wird das allgemeine Verfahren verwendet.

① Parametrisierung von C: $\phi(t) = 4e^{it}$, $0 \leq t \leq 2\pi$, $\phi'(t) = 4ie^{it}$.

② Ist $z(t) = 4e^{it} = 4(\cos t + i \sin t)$, so ist $\bar{z} = 4(\cos t - i \sin t) = 4e^{-it}$. Damit wird

$$\int_C \bar{z}\, dz = \int_0^{2\pi} 4e^{-it} \cdot 4e^{it} i\, dt = \int_0^{2\pi} 16i\, dt = 32\pi i.$$

Beispiel 2: Sei C der Rand des Gebiets $1 < |z| < 2$. Berechnen Sie $\int_C x\, dz$.

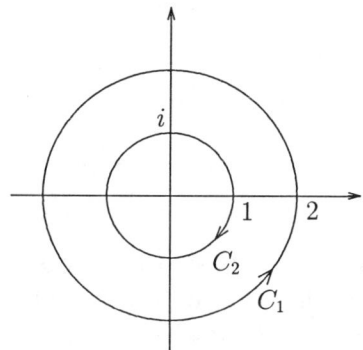

Auch hier ist der Integrand nicht holomorph.

Das Gebiet besteht aus einem Kreisring, die Randkurve C zwei Teilen C_1 und C_2. Die Kurven müssen dabei so durchlaufen werden, daß das Gebiet links liegt, also C_2 im Uhrzeigersinn, C_1 im Gegenuhrzeigersinn.

① Parametrisierung der Kurven:

$$C_1: \quad \phi_1(t) = 2e^{it} = 2(\cos t + i \sin t), 0 \leq t \leq 2\pi,$$

$$C_2: \quad \begin{aligned} \phi_1'(t) &= 2(-\sin t + i\cos t) \\ \phi_2(t) &= e^{-it} = (\cos t - i\sin t), 0 \le t \le 2\pi \\ \phi_2'(t) &= -\sin t - i\cos t \end{aligned}$$

② Einsetzen ins Integral mit $f(z) = \operatorname{Re} z = x$:

$$\int_C x\,dz = \int_{C_1} x\,dz + \int_{C_2} x\,dz$$
$$= \int_0^{2\pi} 2\cos t \cdot 2(-\sin t + i\cos t)dt + \int_0^{2\pi} \cos t \cdot (-\sin t - i\cos t)dt$$
$$= \int_0^{2\pi}(-5\sin t\cos t + 3i\cos^2 t)dt$$
$$= \left(-\frac{5}{2}\sin^2 t + 3i\left(\frac{t}{2} + \frac{1}{2}\sin t\cos t\right)\right)\bigg|_0^{2\pi} = 3\pi i.$$

Beispiel 3: Sei C die durch $\phi(t) = t + i\pi t^2$, $0 \le t \le 2$, gegebene Kurve von 0 nach $2 + 4\pi i$. Berechnen Sie $\int_C e^{2z}\,dz$.

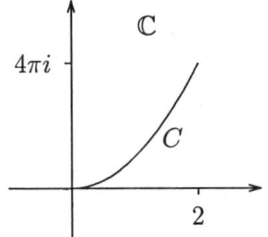

Da der Integrand in ganz $\mathbb{C}$ holomorph ist und $\frac{1}{2}e^{2z}$ als Stammfunktion hat, ist

$$\int_C e^{2z}\,dz = \frac{1}{2}e^{2z}\bigg|_0^{2+4\pi i} = \frac{1}{2}(e^{4+8\pi i} - 1)$$
$$= \frac{1}{2}(e^4(\cos 8\pi + i\sin 8\pi) - 1) = \frac{1}{2}(e^4 - 1).$$

Beispiel 4: $\int_{|z|=2} \frac{1}{z^2+1}dz$

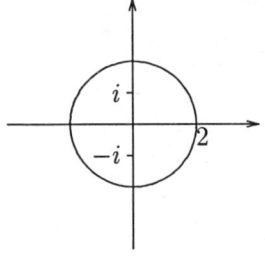

Der Integrand f hat dort Singularitäten, wo der Nenner Nullstellen hat, also bei $\pm i$. Die Funktion hat dort einfache Pole. Zur Bestimmung der Residuen nimmt man Formel (*) auf S. 143:

$$\operatorname{Res}(f, i) = \frac{1}{(z^2+1)'}\bigg|_{z=i} = \frac{1}{2i}, \quad \operatorname{Res}(f, -i) = \frac{1}{(z^2+1)'}\bigg|_{z=-i} = -\frac{1}{2i}$$

7.6. KOMPLEXE KURVENINTEGRALE

Beide Pole liegen innerhalb des von der Kurve umschlossenen Gebiets. Damit wird

$$\int_{|z|=2} \frac{1}{z^2+1} dz = 2\pi i \left\{ \text{Res}(f,i) + \text{Res}(f,-i) \right\} = 2\pi i \left\{ -\frac{1}{2}i + \frac{1}{2}i \right\} = 0.$$

Beispiel 5: $\int_{|z|=1} \frac{1}{z(z+2)} dz$

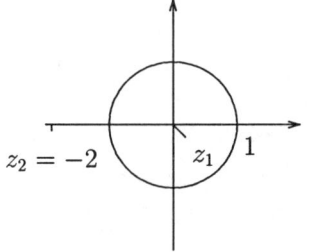

$\frac{1}{z(z+2)}$ hat einfache Pole bei $z_1 = 0$ und $z_2 = -2$. Da z_2 nicht im Inneren der Kurve (Kreis mit Radius 1 um 0) liegt, braucht nur das Residuum bei z_1 bestimmt zu werden. Das geschieht nach Formel (∗) auf S. 143 :

$$\text{Res}\left(\frac{1}{z(z+2)}, 0\right) = \frac{1}{(z(z+2))'}\bigg|_{z=0} = \frac{1}{2}.$$

$$\int_{|z|=1} \frac{1}{z(z+2)} dz = 2\pi i \text{Res}(f,0) = 2\pi i \frac{1}{2} = \pi i.$$

Alternativ läßt sich die Cauchysche Integralformel mit $z_0 = 0$ verwenden. Dazu beachtet man, daß $\frac{1}{z+2}$ nur bei $z = -2$ nicht holomorph ist, wohl aber im Inneren der Kurve $|z| = 1$:

$$\int_{|z|=1} \frac{1}{z(z+2)} dz = \int_{|z|=1} \frac{1/(z+2)}{z} dz = 2\pi i \frac{1}{z+2}\bigg|_{z=0} = 2\pi i \frac{1}{2} = \pi i.$$

Beispiel 6: $\int_C \frac{1}{e^z-1} dz$, wobei C der Streckenzug von $-1-i$ über $-1+i$ und -3 nach $-1-i$ zurück ist.

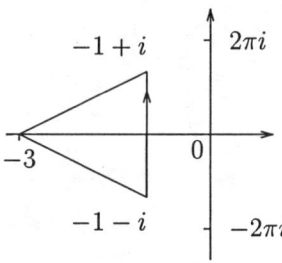

Der Nenner hat Nullstellen $e^z = 1$, also $z = 2k\pi i$, $k \in \mathbb{Z}$. Da von diesen Punkten keiner im Inneren der Kurve C liegt, folgt aus dem Cauchyschen Integralsatz

$$\int_{|z+2|=1} \frac{1}{e^z-1} dz = 0.$$

7.7 Berechnung reeller Integrale.

1. + 2. Definitionen und Berechnung

Typ 1: $\int_0^{2\pi} R(\cos t, \sin t)\, dt.$

Typ 1

R ist dabei eine (gebrochen) rationale Funktion in den Variablen sin und cos, die keine Polstellen hat. Mit der Substitution $z = e^{it}$ und $dz = iz\, dt$ wird

$$\cos t = \frac{1}{2}\left(e^{it} + e^{-it}\right) = \frac{1}{2}\left(z + \frac{1}{z}\right) = \frac{z^2 + 1}{2z},$$

$$\sin t = \frac{1}{2i}\left(e^{it} - e^{-it}\right) = \frac{1}{2i}\left(z - \frac{1}{z}\right) = \frac{z^2 - 1}{2iz},$$

läßt sich das Integral auf Typ 2 aus 7.6 zurückführen:

$$\int_0^{2\pi} R(\cos t, \sin t)\, dt = \int_{|z|=1} R\left(\frac{z^2+1}{2z}, \frac{z^2-1}{2iz}\right) \frac{1}{iz}\, dz \quad \text{(Typ 2 aus 7.6)}$$

$$= 2\pi \sum_{|z_k|<1} \operatorname{Res}\left(\frac{1}{z} R\left(\frac{z^2+1}{2z}, \frac{z^2-1}{2iz}\right), z_k\right) \quad (**)$$

Summiert wird dabei also über alle Residuen von Punkten, die innerhalb des Einheitskreises liegen, d.h. für die $|z_k| < 1$ gilt.

Kontrolle

Kontrolle: Sicher hat man einen Fehler gemacht, wenn es entweder einen Pol mit Betrag eins gibt oder wenn das Ergebnis nicht reell ist.

Beispiel 1: $\int_0^{2\pi} \frac{1}{3 + \cos t}\, dt.$

In diesem Integral vom Typ 1 ist $R(\cos t, \sin t) = \frac{1}{3 + \cos t}$. Da die Werte des Cosinus zwischen 1 und -1 liegen, hat der Nenner keine Nullstellen. Nach Formel $(**)$ oben ist dann

$$\int_0^{2\pi} \frac{1}{3+\cos t}\, dt = 2\pi \sum_{|z_k|<1} \operatorname{Res}\left(\frac{1}{z} \frac{1}{3 + \frac{z^2+1}{2z}}, z_k\right)$$

Jetzt wird umgeformt:

$$\frac{1}{z} \frac{1}{3 + \frac{z^2+1}{2z}} = \frac{2}{z^2 + 6z + 1}$$

7.7. BERECHNUNG REELLER INTEGRALE.

Mit der p-q-Formel bestimmt man die Nullstellen des Nenners als $-3\pm\sqrt{8}$. Da nur die Residuen von Polen innerhalb des Einheitskreises interessieren und $-3-\sqrt{8}$ außerhalb liegt, bestimmt man nur das Residuum in $-3+\sqrt{8}$:

$$\operatorname{Res}\left(\frac{2}{z^2+6z+1}, -3+\sqrt{8}\right) = \left.\frac{2}{(z^2+6z+1)'}\right|_{z=-3+\sqrt{8}}$$
$$= \left.\frac{2}{(2z+6)}\right|_{z=-3+\sqrt{8}} = \frac{2}{2\sqrt{8}} = \frac{1}{\sqrt{8}}$$

Also ist
$$\int_0^{2\pi} \frac{1}{3+\cos t}\,dt = 2\pi\frac{1}{\sqrt{8}} = \frac{\pi}{\sqrt{2}}.$$

Typ 2: $\displaystyle\int_{-\infty}^{\infty} \frac{P(x)}{Q(x)}\,dx$, P und Q reelle Polynome mit Grad $Q \geq$ Grad $P+2$

Dabei darf das Nennerpolynom Q keine reellen Nullstellen haben. Die Bedingung an den Grad von P und Q sichert dann nicht nur die Existenz dieses uneigentlichen Integrals, sondern ermöglicht auch die Berechnung mit Hilfe des Residuensatzes:

Für $f(z) = \dfrac{P(z)}{Q(z)}$ ist $\displaystyle\int_{-\infty}^{\infty} \frac{P(x)}{Q(x)}\,dx = 2\pi i \sum_{\operatorname{Im} z_k > 0} \operatorname{Res}(f(z), z_k)$

Summiert werden also die Residuen in der oberen Halbebene.

Variante: sind P und Q beide gerade, so ist $\displaystyle\int_0^{\infty} \frac{P(x)}{Q(x)}\,dx = \frac{1}{2}\int_{-\infty}^{\infty} \frac{P(x)}{Q(x)}\,dx$.

Kontrolle: Natürlich muß das Ergebnis reell sein.

Beispiel 2: $\displaystyle\int_{-\infty}^{\infty} \frac{x}{x^4+5x^2+4}\,dx$

Das Typ-2-Integral hat den Nenner $x^4+5x^2+4 = (x^2+4)(x^2+1)$. Daher sind die Singularitäten in der oberen Halbebene bei $z_1 = i$ und $z_2 = 2i$ einfache Pole. Mit Formel $(*)$ erhält man

$$\operatorname{Res}(f,i) = \left.\frac{z}{4z^3+10z}\right|_{z=i} = \frac{i}{-4i+10i} = \frac{1}{6}$$

und

$$\operatorname{Res}(f,2i) = \left.\frac{z}{4z^3+10z}\right|_{z=2i} = \frac{2i}{-32i+20i} = -\frac{1}{6}.$$

Damit ist $\int_{-\infty}^{\infty} \dfrac{x}{x^4+5x^2+4}\,dx = 2\pi i\bigl(\operatorname{Res}(f,i)+\operatorname{Res}(f,2i)\bigr) = 0$.

Natürlich hätte man das schon vorher wissen können: ersten existiert das zu berechnende Integral, da der Grad des Nennerpolynoms um mindestens zwei (hier drei) größer ist als der Grad des Zählers, zweitens ist der Integrand ungerade und das Integrationsintervall symmetrisch zu null. Daher muß auf alle Fälle der Wert des Integrals null sein.

Typ 3

Typ 3: $\displaystyle\int_{-\infty}^{\infty} \sin x\,\dfrac{P(x)}{Q(x)}\,dx$ oder $\displaystyle\int_{-\infty}^{\infty} \cos x\,\dfrac{P(x)}{Q(x)}\,dx$, P und Q reelle Polynome mit $Q(x) \neq 0$ für $x \in \mathbb{R}$, $\operatorname{Grad}Q \geq \operatorname{Grad}P + 1$.

Mit der Eulerformel werden die sin- oder cos-Terme auf die komplexe Exponentialfunktion zurückgeführt:

$$\sin z = \operatorname{Im} e^{iz}, \qquad \cos z = \operatorname{Re} e^{iz}$$

Setzt man also

$$f(z) := e^{iz}\dfrac{P(z)}{Q(z)},$$

so wird

$$\int_{-\infty}^{\infty} \sin x\,\dfrac{P(x)}{Q(x)}\,dx = \operatorname{Im}\left[2\pi i \sum_{\operatorname{Im} z_k > 0} \operatorname{Res}(f(z),z_k)\right] = 2\pi \operatorname{Re} \sum_{\operatorname{Im} z_k > 0} \operatorname{Res}(f(z),z_k)$$

$$\int_{-\infty}^{\infty} \cos x\,\dfrac{P(x)}{Q(x)}\,dx = \operatorname{Re}\left[2\pi i \sum_{\operatorname{Im} z_k > 0} \operatorname{Res}(f(z),z_k)\right] = -2\pi \operatorname{Im} \sum_{\operatorname{Im} z_k > 0} \operatorname{Res}(f(z),z_k)$$

3. Beispiele

Beispiel 3: $\displaystyle\int_{-\infty}^{\infty} \dfrac{x\sin x}{x^2+1}\,dx$

Das Integral ist vom Typ 3. Es müssen also die Residuen von $f(z) = \dfrac{ze^{iz}}{z^2+1}$ in der oberen Halbebene bestimmt werden. Da der Nenner bei $\pm i$ einfache Nullstellen hat, erhält man nach $(*)$

$$\operatorname{Res}(f,i) = \left.\dfrac{ze^{iz}}{2z}\right|_{z=i} = \dfrac{1}{2i}ie^{i^2} = \dfrac{1}{2}e^{-1}$$

7.7. BERECHNUNG REELLER INTEGRALE.

und damit $\int_{-\infty}^{\infty} \frac{x\sin x}{x^2+1}dx = 2\pi\text{Re}\left(\frac{1}{2}e^{-1}\right) = \frac{\pi}{e}.$

Beispiel 4: $\int_0^\infty \frac{x^2+1}{x^4+4}dx$

Bei diesem Typ-2-Integral ist

$$\int_0^\infty \frac{x^2+1}{x^4+4}dx = \frac{1}{2}\int_{-\infty}^\infty \frac{x^2+1}{x^4+4}dx = \frac{1}{2}2\pi i \sum_{\text{Im } z_k > 0} \text{Res}\left(\frac{z^2+1}{z^4+4}, z_k\right).$$

Berechnung der Nullstellen des Nenners:

$$z^4 + 4 = 0 \Leftrightarrow z^2 = 2i \vee z^2 = -2i$$

$$\Leftrightarrow z = 1+i \vee z = -1-i \vee z = 1-i \vee z = -1+i$$

Es gibt also vier einfache Pole, von denen $1+i$ und $-1+i$ in der oberen Halbebene liegen.

Berechnung der zugehörigen Residuen:

$$\text{Res}\left(\frac{z^2+1}{z^4+4}, 1+i\right) = \frac{(1+i)^2+1}{4(1+i)^3} = \frac{2i+1}{4(-2+2i)} = \frac{1}{16}(1-3i)$$

Analog wird $\text{Res}(f, -1+i) = \frac{1}{16}(-1-3i)$. Also ist

$$\int_0^\infty \frac{x^2+1}{x^4+4}dx = \pi i \left(\text{Res}(f, 1+i) + \text{Res}(f, -1+i)\right)$$

$$= \pi i \left(\frac{1}{16}(-1-3i) + \frac{1}{16}(1-3i)\right) = \pi i \frac{-6i}{16} = \frac{3}{8}\pi.$$

Beispiel 5: $\int_0^{2\pi} \frac{1}{3+\sin t - 2\cos t}dt$

Dieses Typ-1-Integral wird mit der oben angegebenen Formel berechnet:

$$\int_0^{2\pi} \frac{1}{3+\sin t - 2\cos t}dt = 2\pi \sum_{|z_k|<1} \text{Res}\left(\frac{1}{z}\frac{1}{3+\frac{z^2-1}{2iz}-2\frac{z^2+1}{2z}}, z_k\right)$$

$$= 2\pi \sum_{|z_k|<1} \text{Res}\left(\frac{2}{6z-iz^2+i-2z^2-2}, z_k\right)$$

Die Singularitäten sind die Nullstellen des Nenners. Mit der Formel zur Lösung quadratischer Gleichungen

$$az^2 + bz + c = 0 \iff z_{1,2} = \frac{-b \pm \sqrt{b^2 - 4ac}}{2a}$$

erhält man

$$z_{1,2} = \frac{-6 \pm \sqrt{36 - 4(-2-i)(-2+i)}}{2(-2-i)} = \frac{6 \pm \sqrt{36 - 20}}{2(2+i)} = \frac{6 \pm 4}{2(2+i)}.$$

Damit ist

$$z_1 = \frac{5}{2+i} = 2-i \quad \text{und} \quad z_2 = \frac{1}{2+i} = \frac{2-i}{5}$$

Nur z_2 liegt innerhalb des Einheitskreises. Mit der Formel (*) auf Seite 143 erhält man

$$\begin{aligned}
\int_0^{2\pi} \frac{1}{3 + \sin t - 2\cos t} dt &= 2\pi \text{Res}\left(\frac{2}{6z - iz^2 + i - 2z^2 - 2}, \frac{2-i}{5}\right) \\
&= \left.\frac{4\pi}{6 - 2iz - 4z}\right|_{z = \frac{2-i}{5}} \\
&= \frac{4\pi}{6 - \frac{2i}{5}(2-i) - \frac{4}{5}(2-i)} \\
&= \frac{20\pi}{30 - 4i - 2 - 8 + 4i} \\
&= \pi
\end{aligned}$$

Beispiel 6: $\int_{-\infty}^{\infty} \frac{\cos x}{x^2 + 4} dx$

In diesem Typ-3-Integral setzt man $f(z) = \frac{e^{iz}}{z^2 + 4}$. Die Singularitäten sind einfache Pole in $\pm 2i$. In $z = 2i$ ist das Residuum

$$\text{Res } f(2i) = \left.\frac{e^{iz}}{2z}\right|_{z=2i} = \frac{e^{-2}}{4i} = -\frac{i}{4}e^{-2}.$$

Damit ist

$$\int_{-\infty}^{\infty} \frac{\cos x}{x^2 + 4} dx = -2\pi \text{ Im Res }(f, 2i) = -2\pi \frac{-1}{4} e^{-2} = \frac{\pi}{2} e^{-2}.$$

Kapitel 8

Integraltransformationen

8.1 Fourierreihen

1. Definitionen

Eine Funktion f heißt periodisch von der Periode L, wenn stets $f(x+L) = f(x)$ ist. Die kleinste solche Zahl $L > 0$ heißt primitive Periode. Eine L-periodische Funktion ist auch periodisch mit den Perioden $2L, 3L$, usw.

periodisch, Periode

f heißt stückweise stetig differenzierbar auf I, wenn es eine Zerlegung des Intervalls in endlich viele Teilintervalle gibt, so daß f auf jedem dieser Teilintervalle im Inneren stetig differenzierbar ist und auf die Ränder stetig fortgesetzt werden kann.

stückweise stetig differenzierbar

Aufgabe ist es, für eine gegebene 2π-periodische Funktion f eine Darstellung als Fourierreihe zu finden. Voraussetzung ist, daß f über $[0, 2\pi]$ integrierbar ist.

Fourierreihe

$$\boxed{f(x) \sim \frac{a_0}{2} + \sum_{n=1}^{\infty} (a_n \cos nx + b_n \sin nx)}$$

Die rechte Seite heißt die f zugeordnete Fourierreihe.

Eine endliche Reihe der Form

$$\frac{a_0}{2} + \sum_{n=1}^{N} (a_n \cos nx + b_n \sin nx)$$

heißt trigonometrisches Polynom N-ten Grades.

In diesem Abschnitt werden die gegebenen Funktionen und ihre periodischen Fortsetzungen mit demselben Symbol (meist f) bezeichnet. Das ist nicht ganz korrekt, erspart aber zusätzliche Bezeichnungen. Man beachte, daß aus Stetigkeit oder Differenzierbarkeit von f auf einem Intervall nicht die entsprechende Eigenschaft der periodischen Fortsetzung folgt, vgl. Beispiel 1.

2. Berechnung

Fourierkoeffizienten

Die Fourierkoeffizienten a_n und b_n berechnen sich nach den Formeln

$$a_n = \frac{1}{\pi} \int_{-\pi}^{\pi} f(x) \cos nx \, dx \quad \text{und} \quad b_n = \frac{1}{\pi} \int_{-\pi}^{\pi} f(x) \sin nx \, dx.$$

Statt von $-\pi$ bis π darf auch über jedes andere Intervall der Länge 2π integriert werden, etwa von 0 bis 2π.

gerade und ungerade Funktionen

Ist f gerade (d.h. $f(x) = f(-x)$, der Graph ist achsensymmetrisch zur y-Achse) oder ungerade (d.h. $f(x) = -f(-x)$, Punktsymmetrie zum Ursprung), so vereinfachen sich die Formeln zur Berechnung der Koeffizienten:

$$f \text{ gerade:} \quad a_n = \frac{2}{\pi} \int_0^{\pi} f(x) \cos nx \, dx \quad \text{und} \quad b_n = 0$$

$$f \text{ ungerade:} \quad a_n = 0 \quad \text{und} \quad b_n = \frac{2}{\pi} \int_0^{\pi} f(x) \sin nx \, dx.$$

Der Teil $\frac{a_0}{2} + \sum_{n=1}^{\infty} a_n \cos nx$ der Fourierreihe entspricht dem geraden Anteil f_g von f, der Teil $\sum_{n=1}^{\infty} b_n \sin nx$ dem ungeraden Teil f_u, vgl. S. 174 in Abschnitt 3.
Bei der Berechnung treten oft auf:

$$\sin n\pi = 0, \quad \cos n\pi = (-1)^n, \quad n \in \mathbb{Z}.$$

Fourierreihen von Funktionen anderer Perioden

Ist f eine L-periodische Funktion, so entspricht f eine Reihe der Form

$$f(x) \sim \frac{a_0}{2} + \sum_{n=1}^{\infty} \left(a_n \cos(n\frac{2\pi}{L}x) + b_n \sin(n\frac{2\pi}{L}x) \right).$$

Die Koeffizienten berechnen sich als

$$a_n = \frac{2}{L} \int_{-L/2}^{L/2} f(x) \cos(n\frac{2\pi}{L}x) \, dx \quad \text{und} \quad b_n = \frac{2}{L} \int_{-L/2}^{L/2} f(x) \sin(n\frac{2\pi}{L}x) \, dx.$$

Die Vereinfachungen bei geraden und ungeraden Funktionen werden wie oben vorgenommen. Genauso darf über ein beliebiges Intervall der Länge L integriert werden.

8.1. FOURIERREIHEN

Komplexe Form der Fourierreihe

Für eine 2π-periodische Funktion f lautet die komplexe Form der Fourierreihe

$$f \sim \sum_{n=-\infty}^{\infty} c_n e^{inx} \quad \text{mit} \quad c_n = \frac{1}{2\pi} \int_{-\pi}^{\pi} f(x) e^{-inx} \, dx \quad f \; 2\pi\text{-periodisch}$$

$$f \sim \sum_{n=-\infty}^{\infty} c_n e^{in\frac{2\pi}{L}x} \quad \text{mit} \quad c_n = \frac{1}{L} \int_{-L/2}^{L/2} f(x) e^{-in\frac{2\pi}{L}x} \, dx \quad f \; L\text{-periodisch}$$

Zusammenhang mit der reellen Form:

$$c_0 = \frac{a_0}{2}, \quad c_n = \frac{1}{2}(a_n - ib_n), \quad c_{-n} = \frac{1}{2}(a_n + ib_n),$$

$$a_0 = 2c_0, \quad a_n = c_n + c_{-n}, \quad b_n = i(c_n - c_{-n}).$$

Ist f eine reelle Funktion, so ist $c_{-n} = \overline{c_n}$

Konvergenzverhalten

- Ist f stetig differenzierbar, so konvergiert die Fourierreihe überall gegen f, statt $\sim$ darf man also $=$ schreiben.

- Ist f stückweise stetig differenzierbar, so konvergiert die Fourierreihe an jeder Stelle x_0 gegen den Mittelwert aus rechts- und linksseitigen Grenzwert von f bei x_0, also gegen $\frac{1}{2}(\lim_{x \to x_0+} f(x) + \lim_{x \to x_0-} f(x))$. Das bedeutet, daß an den Stetigkeitspunkten die Reihe gegen f konvergiert und an Sprungstellen gegen den Mittelwert des Sprungs.

- Ist insbesondere f stetig und aus stetig differenzierbaren Stücken zusammengesetzt, so konvergiert die Fourierreihe überall gegen f.

- Konvergiert die Fourierreihe gegen die Funktion, kann man durch Einsetzen von speziellen Werten von x die Summen gewisser unendlicher Reihen berechnen, vgl. Beispiel 3.   spezielle Werte

- Für jede über das Periodenintervall integrierbare (z.B. stückweise stetige und beschränkte) Funktion gehen die (reellen und komplexen) Fourierkoeffizienten gegen null.

- Ist f k-mal stetig differenzierbar und die k-te Ableitung stückweise stetig differenzierbar, so gehen die Fourierkoeffizienten mindestens wie $n^{-(k+2)}$ gegen null. Diese Eigenschaft läßt sich als Plausibilitätskontrolle benutzen.   Kontrolle

Warnung. Der Begriff "Stetigkeit" bezieht sich auf die Stetigkeit von f als periodische Funktion. Z.B. ist die 2-periodische Fortsetzung von $f(x) = x$, $-1 < x < 1$ **nicht** stetig, vgl. Beispiel 2.   Warnung

Parsevalsche Gleichung, Approximation im quadratischen Mittel

Ist f eine reelle 2π-periodische Funktion mit Fourierkoeffizienten a_n und b_n, so gilt die Parsevalsche Gleichung:

$$\boxed{\frac{1}{\pi}\int_{-\pi}^{\pi} f(x)^2\, dx = \frac{a_0^2}{2} + \sum_{n=1}^{\infty}(a_n^2 + b_n^2)}$$

Das trigonometrische Polynom N-ten Grades, das den Approximationsfehler in der $\|\cdot\|_2$-Norm d.h. im quadratischen Mittel minimiert, ist der entsprechende Abschnitt der Fourierreihe zu f. Der Fehler ist

$$\int_{-\pi}^{\pi}\Big(f(x)-\frac{a_0}{2}-\sum_{n=1}^{N}(a_n\cos nx + b_n\sin nx)\Big)^2 dx = \int_{-\pi}^{\pi} f(x)^2\, dx - \pi\Big(\frac{a_0^2}{2}+\sum_{n=1}^{N}(a_n^2+b_n^2)\Big)$$

3. Beispiele

Beispiel 1: $f(x) := \begin{cases} 0 & -\pi \leq x \leq 0 \\ \sin x & 0 \leq x \leq \pi \end{cases}$ soll in eine Fourierreihe entwickelt werden.
Welche Summenformeln ergeben sich für $x = \pi$ und $x = \pi/2$?

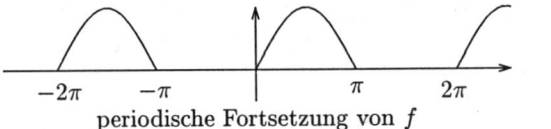

Halbweggleichgerichteter Wechselstrom

periodische Fortsetzung von f

f ist weder gerade noch ungerade. Daher müssen sowohl die a_n wie auch die b_n berechnet werden. Dabei werden die Stammfunktionen

$$\int \sin ax \sin bx\, dx = \frac{\sin(a-b)x}{2(a-b)} - \frac{\sin(a+b)x}{2(a+b)} \quad \text{und}$$

$$\int \sin ax \cos bx\, dx = -\frac{\cos(a+b)x}{2(a+b)} - \frac{\cos(a-b)x}{2(a-b)}, \quad \text{jeweils für } |a| \neq |b| \text{ benutzt.}$$

$$a_n = \frac{1}{\pi}\int_0^\pi \sin x \cos nx\, dx = \frac{1}{\pi}\Big(-\frac{\cos(1+n)x}{2(1+n)} - \frac{\cos(1-n)x}{2(1-n)}\Big)\Big|_0^\pi \quad (n \neq 1)$$

$$= \frac{1}{\pi}\Big(-\frac{(-1)^{1+n}}{2(1+n)} - \frac{(-1)^{1-n}}{2(1-n)} + \frac{1}{2(1+n)} + \frac{1}{2(1-n)}\Big)$$

Für ungerades n ist $(-1)^{1\pm n} = 1$ und $a_n = 0$. Für gerades n ist $(-1)^{1\pm n} = -1$:

$$a_n = \frac{1}{2\pi}\Big(\frac{1}{1+n}+\frac{1}{1-n}+\frac{1}{n+1}+\frac{1}{1-n}\Big) = \frac{1}{\pi}\frac{2}{1-n^2} = -\frac{2}{\pi}\frac{1}{n^2-1}.$$

8.1. FOURIERREIHEN

Insbesondere ist $a_0 = \dfrac{2}{\pi}$.

Für $n = 1$ ist $a_1 = \dfrac{1}{\pi}\int_0^\pi \sin x \cos x\, dx = \dfrac{1}{\pi}\dfrac{1}{2}\sin^2 x\,\big|_0^\pi = 0$.

$$b_n = \frac{1}{\pi}\int_0^\pi \sin x \sin nx\, dx = \frac{1}{\pi}\Big(\frac{\sin(1-n)x}{2(1-n)} - \frac{\sin(1+n)x}{2(1+n)}\Big)\Big|_0^\pi = 0 \quad (n \neq 1)$$

$$b_1 = \frac{1}{\pi}\int_0^\pi \sin^2 x\, dx = \frac{1}{\pi}\Big(\frac{1}{2}x - \frac{1}{4}\sin 2x\Big)\Big|_0^\pi = \frac{1}{2}.$$

Da f stetig und stückweise stetig differenzierbar ist, konvergiert die Fourierreihe überall gegen f. Beim Aufschreiben entsteht das Problem, daß nur Glieder mit geradem Index auftreten. Dazu benutzt man, daß $n = 2k$ die geraden Zahlen durchläuft, wenn k die natürlichen Zahlen durchläuft. Danach kann man statt k wieder n schreiben.

$$f(x) = \frac{1}{\pi} + \frac{1}{2}\sin x - \frac{2}{\pi}\sum_{k=1}^\infty \frac{\cos 2kx}{(2k)^2 - 1} = \frac{1}{\pi} + \frac{1}{2}\sin x - \frac{2}{\pi}\sum_{n=1}^\infty \frac{\cos 2nx}{4n^2 - 1}.$$

Für $x = \pi$ ist also $f(\pi) = \dfrac{1}{\pi} + \dfrac{\sin \pi}{2} - \dfrac{2}{\pi}\sum_{n=1}^\infty \dfrac{\cos 2n\pi}{4n^2 - 1}$. **Summen-**

Mit $\sin \pi = 0$, $\cos 2n\pi = 1$ und $f(\pi) = 0$ folgt $\sum_{n=1}^\infty \dfrac{1}{4n^2 - 1} = \dfrac{1}{2}$. **formeln**

Für $x = \pi/2$ ist $\sin x = 1$, $\cos 2nx = (-1)^n$ und $f(x) = 1$. Damit hat man
$1 = \dfrac{1}{\pi} + \dfrac{1}{2} - \dfrac{2}{\pi}\sum_{n=1}^\infty \dfrac{(-1)^n}{4n^2 - 1}$, also $\sum_{n=1}^\infty \dfrac{(-1)^n}{4n^2 - 1} = \dfrac{\pi}{2}\Big(\dfrac{1}{\pi} - \dfrac{1}{2}\Big) = \dfrac{1}{2} - \dfrac{\pi}{4}$.

Beispiel 2: $f(x) = x$, $-1 < x < 1$ soll 2-periodisch fortgesetzt und in eine Fourierreihe entwickelt werden.

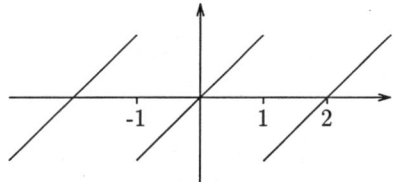

Man beachte, daß f auf $]-1, 1[$ stetig und sogar beliebig oft differenzierbar ist, als periodische Funktion aber nicht. Allerdings ist f stückweise stetig differenzierbar.

f ist ungerade, also sind alle $a_n = 0$. Mit $L = 2$ berechnen sich die b_n als

$$b_n = \int_{-1}^1 x \sin n\pi x\, dx = 2\int_0^1 x \sin n\pi x\, dx = 2\Big(\frac{\sin n\pi x}{\pi^2 n^2} - \frac{x \cos n\pi x}{n\pi}\Big)\Big|_0^1$$
$$= 2\frac{-\cos n\pi}{n\pi} = \frac{2}{n\pi}(-1)^{n+1}.$$

Damit ist auf $]-1, 1[$

$$x = \frac{2}{\pi}\sum_{n=1}^\infty \frac{(-1)^{n+1}}{n}\sin n\pi x.$$

> **Beispiel 3:** $f(x) = e^x$, $0 < x < \pi$ soll gerade und ungerade fortgesetzt und in eine komplexe Fourierreihe entwickelt werden.

Reihenfolge beim Fortsetzen

Die Funktion f muß <u>zunächst</u> gerade bzw. ungerade und <u>danach</u> 2π-periodisch fortgesetzt werden.

Gerade Fortsetzung

Mit $f(x) = f(-x)$ muß man f in $]-\pi, 0[$ durch $f(x) := f(-x) = e^{-x}$ definieren. Praktischerweise definiert man $f(0) := e^0 = 1$ und $f(\pi) := f(-\pi) := e^\pi$, so daß f auf $[-\pi, \pi]$ stetig ist. Der Skizze entnimmt man, daß f auch als Funktion von $\mathbb{R}$ nach $\mathbb{R}$ stetig und stückweise stetig differenzierbar ist. Auf $]-\pi, \pi[$ ist $f(x) = e^{|x|}$.

Ungerade Fortsetzung

Mit $f(x) = -f(-x)$ muß man f in $]-\pi, 0[$ durch $f(x) := -f(-x) = -e^{-x}$ definieren. Als ungerade Funktion muß f $f(0) = 0$ erfüllen. Für $f(\pi)$ muß einerseits $f(\pi) = f(-\pi)$ (2π-Periodizität) und andererseits $f(\pi) = -f(-\pi)$ (ungerade Funktion) gelten. Daher muß man $f(\pi) := 0$ setzen. Auf $]-\pi, \pi[$ ist $f(x) = \operatorname{sgn} x \, e^{|x|}$.

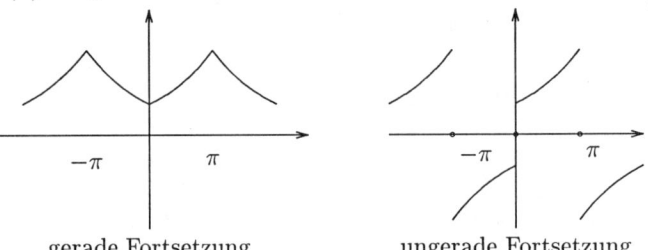

gerade Fortsetzung ungerade Fortsetzung

Die gerade Fortsetzung ist also durch $f(x) = e^{-x}$, die ungerade durch $f(x) = -e^{-x}$ für $x \in]-\pi, 0[$ gegeben. Damit wird

$$\begin{aligned}
c_n &= \frac{1}{2\pi}\Big(\int_0^\pi e^x e^{-inx}\,dx \pm \int_{-\pi}^0 e^{-x}e^{-inx}\,dx\Big) \\
&= \frac{1}{2\pi}\Big(\int_0^\pi e^{(1-in)x}\,dx \pm \int_{-\pi}^0 e^{(-1-in)x}\,dx\Big) \\
&= \frac{1}{2\pi}\Big(\frac{1}{1-in}e^{(1-in)x}\Big|_0^\pi \pm \frac{1}{-1-in}e^{(-1-in)x}\Big|_{-\pi}^0\Big) \\
&= \frac{1}{2\pi}\Big(\frac{1}{1-in}(e^{(1-in)\pi} - 1) \pm \frac{1}{-1-in}(1 - e^{(1+in)\pi})\Big) \\
&= \frac{1}{2\pi}\Big(\frac{1}{1-in}((-1)^n e^\pi - 1) \pm \frac{1}{-1-in}(1 - (-1)^n e^\pi)\Big) \\
&\qquad\qquad\qquad\qquad\qquad (e^{\pm in\pi} = (e^{\pm i\pi})^n = (-1)^n) \\
&= \frac{1}{2\pi}\Big(\frac{1}{1-in} \pm \frac{1}{1+in}\Big)\big((-1)^n e^\pi - 1\big).
\end{aligned}$$

Im Fall der geraden Fortsetzung (oberes Vorzeichen) erhält man

$$c_n = \frac{1}{\pi}\frac{1}{1+n^2}\big((-1)^n e^\pi - 1\big),$$

8.1. FOURIERREIHEN

im Fall der ungeraden Fortsetzung (unteres Vorzeichen)

$$c_n = \frac{1}{\pi} \frac{in}{1+n^2} ((-1)^n e^\pi - 1).$$

Die gerade Fortsetzung ist stetig und stückweise stetig differenzierbar. Daher konvergiert die Fourierreihe in jedem Punkt gegen f.

Die ungerade Fortsetzung ist stückweise stetig differenzierbar (aber nicht stetig). Daher konvergiert die Fourierreihe zunächst nur in den Intervallen $]-\pi, 0[$ und $]0, \pi[$ gegen f und bei den Sprungstellen bei $k\pi$, $k \in \mathbb{Z}$ gegen dem Mittelwert des Sprungs. Da dieser Wert 0 ist und somit mit dem Funktionswert übereinstimmt, konvergiert auch die Fourierreihe der ungeraden Fortsetzung überall gegen f.

Es ist also

$$f(x) = \frac{1}{\pi} \sum_{n=-\infty}^{\infty} \frac{1}{1+n^2} ((-1)^n e^\pi - 1) e^{inx} \quad \text{bzw.}$$

$$f(x) = \frac{1}{\pi} \sum_{n=-\infty}^{\infty} \frac{in}{1+n^2} ((-1)^n e^\pi - 1) e^{inx}.$$

Die Stetigkeit der geraden Fortsetzung drückt sich darin aus, daß die entsprechende Fourierreihe **gleichmäßig** konvergiert. (e^{inx} hat ja den Betrag 1 und die Koeffizienten fallen wie $1/n^2$.) Die Konvergenz der Reihe zur ungeraden Fortsetzung ist mit "normalen" Konvergenzkriterien nur sehr schwer nachzuweisen.

Die Koeffizienten der gewöhnlichen (Sinus- und Cosinus-) Reihe lassen sich dann nach den oben angegebenen Formeln bestimmen, z.B. für die gerade Fortsetzung ist

$$\begin{aligned} a_0 &= 2c_0 = 2\frac{1}{\pi}(e^\pi - 1), \quad \frac{a_0}{2} = \frac{1}{\pi}(e^\pi - 1) \\ a_n &= c_n + c_{-n} = 2c_n = \frac{1}{\pi}\frac{2}{1+n^2}((-1)^n e^\pi - 1) \\ b_n &= i(c_n - c_{-n}) = 0 \quad \text{wie bei einer geraden Funktion zu erwarten} \end{aligned}$$

Genauso erhält man für die ungerade Fortsetzung

$$a_n = 0 \quad \text{(klar!)} \quad \text{und} \quad b_n = -\frac{2}{\pi}\frac{n}{1+n^2}((-1)^n e^\pi - 1).$$

Plausibilitätskontrolle: (nach S. 157) Die gerade Fortsetzung ist stückweise stetig differenzierbar und stetig (Skizze!) Daher sollten die Koeffizienten wie n^{-2} gegen null gehen. Stimmt.

Die ungerade Fortsetzung ist nicht stetig. Daher können die Koeffizienten nicht wie n^{-2} gegen null gehen, da sonst die Reihe als gleichmäßiger Grenzwert der Partialsummen eine stetige Funktion wäre (vgl. Kapitel 2.11). Da die Reihe die Funktion darstellt, kann das nicht sein.

> **Beispiel 4:** $f(x) = \sin^3 x$

Wichtiger Trick

Hier verwendet man statt mühseliger Integrationen die Formel

$$\sin^3 x = \frac{1}{4}(3\sin x - \sin 3x)$$

Da die rechte Seite die Form einer Fourierreihe hat, nämlich $a_n = 0$ für alle n, $b_1 = \frac{3}{4}$, $b_3 = -\frac{1}{4}$ und $b_n = 0$ sonst, ist das die gesuchte Reihe, da Fourierreihen eindeutig bestimmt sind.

> **Beispiel 5:** $f(x) := \begin{cases} x & 0 \leq x \leq \pi/2 \\ \pi - x & \pi/2 \leq x \leq \pi \end{cases}$ soll in eine Sinusreihe entwickelt werden.

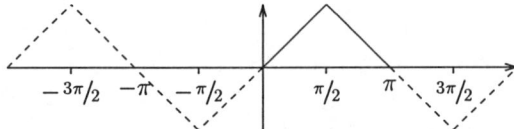

f (durchgezogen) und die ungerade 2π-periodische Fortsetzung (gestrichelt)

Die gesuchte Fourierreihe kann berechnet werden, ohne daß f explizit ungerade fortgesetzt werden muß, da die vereinfachten Formeln ohnehin nur die Werte von f im Intervall $[0,\pi]$ benutzen. Eine Skizze der fortgesetzten Funktion ist allerdings bei der Konvergenzfrage sehr hilfreich: es ist zu erkennen, daß die Fortsetzung von f stetig und stückweise stetig differenzierbar ist und somit die Reihe in allen Punkten gegen die Funktion konvergiert.

Da eine <u>ungerade</u> Funktion entwickelt wird, ist für alle n $a_n = 0$.

$$\begin{aligned}
b_n &= \frac{2}{\pi}\Big(\int_0^{\pi/2} x\sin nx\,dx + \int_{\pi/2}^{\pi}(\pi-x)\sin nx\,dx\Big) \\
&= \frac{2}{\pi}\Big(\big(\frac{\sin nx}{n^2} - \frac{x\cos nx}{n}\big)\Big|_0^{\frac{\pi}{2}} - \frac{\pi}{n}\cos nx\Big|_{\frac{\pi}{2}}^{\pi} + \big(-\frac{\sin nx}{n^2} + \frac{x\cos nx}{n}\big)\Big|_{\frac{\pi}{2}}^{\pi}\Big) \\
&= \frac{2}{\pi}\Big(\frac{1}{n^2}\sin\frac{n\pi}{2} - \frac{\pi}{2n}\cos\frac{n\pi}{2} - \frac{\pi}{n}\cos n\pi + \frac{\pi}{n}\cos\frac{n\pi}{2} + \frac{1}{n^2}\sin\frac{n\pi}{2} \\
&\quad + \frac{\pi}{n}\cos n\pi - \frac{\pi}{2n}\cos\frac{n\pi}{2}\Big) \\
&= \frac{2}{\pi}\frac{2}{n^2}\sin\frac{n\pi}{2} \\
&= \frac{4}{\pi n^2}\sin\frac{n\pi}{2}.
\end{aligned}$$

$\sin\frac{n\pi}{2}$ hat für $n = 1, 5, 9, \ldots$ den Wert 1, für $n = 3, 7, 11, \ldots$ den Wert -1 und sonst den Wert 0, also für $n = 2k+1$ den Wert $(-1)^k$ (vgl. Bsp. 1). Da die Reihe zu f die Funktion darstellt, gilt

$$f(x) = \frac{4}{\pi}\Big(\frac{\sin x}{1^2} - \frac{\sin 3x}{3^2} + \frac{\sin 5x}{5^2} - \cdots\Big) = \frac{4}{\pi}\sum_{n=0}^{\infty}\frac{(-1)^n}{(2n+1)^2}\sin(2n+1)x.$$

8.2 Laplacetransformation

1. Definitionen

f sei eine komplexwertige Funktion, die über jedem endlichen Intervall integrierbar ist (z.B. f stetig oder stückweise stetig). Falls das Integral konvergiert, heißt die Funktion

$$\mathbb{L}[f(t)](s) = \int_0^\infty f(t)\, e^{-st}\, dt$$

Laplacetransformierte von f.

Bezeichnungen:
f heißt Ober– oder Originalfunktion, $\mathbb{L}[f]$ Unter– oder Bildfunktion.

f heißt zulässig, falls es Zahlen α und M gibt mit $|f(t)| \leq Me^{\alpha t}$, beispielsweise Exponentialfunktionen, Sinus, Cosinus, Polynome und beschränkte Funktionen. e^{t^2} z.B. ist nicht zulässig. Ist f wie oben abschätzbar, so existiert die Laplacetransformation für $\operatorname{Re} z > \alpha$ und ist holomorph.

Laplacetransformierte

zulässig

2. Berechnung

1. Rechenregeln für die Laplace-Transformation

Alle Funktionen seien zulässig. Für $t < 0$ wird $f(t) = 0$ gesetzt, $c > 0$.

- $\mathbb{L}[\alpha f(t) + \beta g(t)](s) = \alpha \mathbb{L}[f(t)](s) + \beta \mathbb{L}[g(t)](s)$ — Linearität

- $\mathbb{L}[f(ct)](s) = \dfrac{1}{c}\mathbb{L}[f(t)]\left(\dfrac{s}{c}\right)$ — Ähnlichkeitssatz

- $\mathbb{L}\left[e^{-ct}f(t)\right](s) = \mathbb{L}[f(t)](s+c)$ — Dämpfungssatz

- $\mathbb{L}[f(t-c)](s) = e^{-cs}\mathbb{L}[f(t)](s)$ — Verschiebesatz

- $\mathbb{L}\left[\int_0^t f(u)\, du\right](s) = \dfrac{1}{s}\mathbb{L}[f(t)](s)$ — Integrationssätze

- $\mathbb{L}\left[\dfrac{f(t)}{t}\right] = \int_s^\infty \mathbb{L}[f](u)\, du$

- $\mathbb{L}[t^n f(t)](s) = (-1)^n \dfrac{d^n}{ds^n}\mathbb{L}[f(t)](s)$ — Differentiationssätze

- $\mathbb{L}[f'(t)](s) = s\mathbb{L}[f(t)](s) - f(0)$

- $\mathbb{L}[f''(t)](s) = s^2\mathbb{L}[f(t)](s) - sf(0) - f'(0)$

- $\mathbb{L}\left[f^{(n)}(t)\right](s) = s^n\mathbb{L}[f(t)](s) - s^{n-1}f(0) - \cdots - sf^{(n-2)}(0) - f^{(n-1)}(0)$

Wenn keine Verwechslungsgefahr besteht, werden die Argumente s und t auch weggelassen.

f periodisch   Ist f periodisch mit der Periode T (also $f(t) = f(t+T)$) und $f_0(t) = f(t)$ für $0 \leq t \leq T$ und 0 sonst (vgl. Beispiel 6), so gilt:

$$\boxed{\mathbb{L}[f(t)](s) = \frac{\mathbb{L}[f_0(t)](s)}{1 - e^{-Ts}}}$$

2. Rechenregeln für die Faltung

Faltung, $f * g$ Die Faltung zweier zulässiger Funktionen f und g ist definiert durch

$$\boxed{(f * g)(t) := \int_0^t f(t-u)g(u)\,du.}$$

i) $f * g = g * f$	Kommutativität
ii) $f * (\alpha g + \beta h) = \alpha f * g + \beta f * h$	Linearität
iii) $f * (g * h) = (f * g) * h$	Assoziativität
iv) $\mathbb{L}[f * g] = \mathbb{L}[f]\,\mathbb{L}[g]$	Faltungssatz

3. Einige wichtige Beispiele

In der Regel wird man die Laplacetransformation und die Rücktransformation mit Hilfe von Tabellen vornehmen, z.B. in [**Br**]

f	$\mathbb{L}[f]$	f	$\mathbb{L}[f]$	f	$\mathbb{L}[f]$
$e^{\alpha t}$	$\dfrac{1}{s-\alpha}$	$\sin(\omega t)$	$\dfrac{\omega}{s^2+\omega^2}$	$\cos(\omega t)$	$\dfrac{s}{s^2+\omega^2}$
1	$\dfrac{1}{s}$	t	$\dfrac{1}{s^2}$	$\dfrac{t^n}{n!}$	$\dfrac{1}{s^{n+1}}$

Die Laplacetransformierte der δ-Distribution ist die Funktion 1.

Viele weitere Transformierte lassen sich daraus mit Hilfe der Rechenregeln herleiten. z.B. ist

$$\mathbb{L}\left[e^{\alpha t} \sin \omega t\right] = \frac{\omega}{(s-\alpha)^2 + \omega^2} \quad \text{(Dämpfungssatz)} \quad \text{oder}$$

$$\frac{1}{(s-\alpha)^2} = -\frac{d}{ds}\frac{1}{s-\alpha} = -\frac{d}{ds}\mathbb{L}\left[e^{\alpha t}\right] = \mathbb{L}\left[te^{\alpha t}\right].$$

Alternativ läßt sich das auch aus $\mathbb{L}[t] = \dfrac{1}{s^2}$ und dem Dämpfungssatz ablesen.

8.2. LAPLACETRANSFORMATION

4. Lösung von Anfangswertproblemen

Die Laplacetransformation eignet sich zur Lösung von Anfangswertproblemen bei gewöhnlichen Dgl. und von Differentialgleichungssystemem unter folgenden Voraussetzungen:

Anwendung der Laplacetransformation

- Es handelt sich um eine lineare Dgl mit konstanten Koeffizienten
- Die Anfangswerte sind bei 0 gegeben.
- Die rechte Seite der Dgl. hat eine bekannte Laplacetransformierte.

Dann ist das Vorgehen so:

Rechenschema

① Transformation der Gleichung oder des Gleichungssystems.

② Auflösen nach $\mathbb{L}[y]$ bzw. $\mathbb{L}[y_1]$ bis $\mathbb{L}[y_n]$ (eventuell mit Cramerscher Regel).

③ Partialbruchzerlegung von $\mathbb{L}[y]$ bzw. $\mathbb{L}[y_i]$.

④ Rücktransformation der einzelnen Teile.

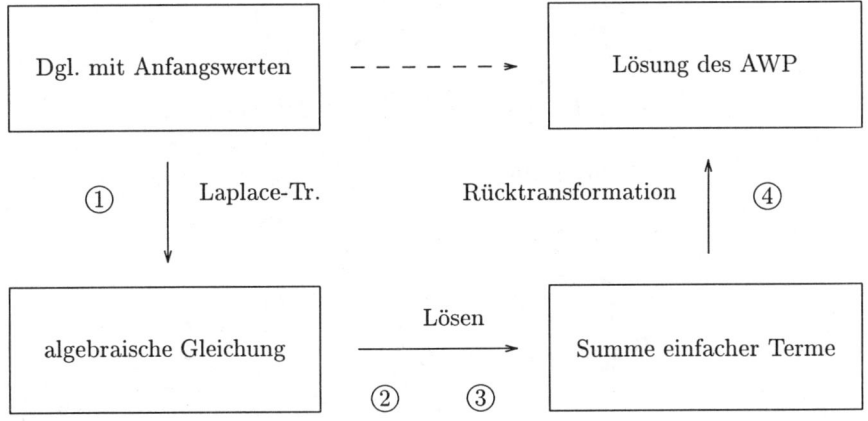

3. Beispiele

Beispiel 1: Gesucht ist die Rücktransformierte von $\dfrac{1}{(s^2+1)^2}$.

1. Möglichkeit: Anwendung der Rechenregeln.

Idee: Den Ausdruck so umformen, daß sich die Rechenregeln anwenden lassen.

$$\begin{aligned}
\frac{1}{(s^2+1)^2} &= -\frac{1}{2}\frac{1}{s}\frac{-2s}{(s^2+1)^2} \\
&= -\frac{1}{2}\frac{1}{s}\frac{d}{ds}\frac{1}{s^2+1} \\
&= -\frac{1}{2}\frac{1}{s}\frac{d}{ds}\mathbb{L}[\sin t] \qquad \text{Tabelle} \\
&= \frac{1}{2}\frac{1}{s}\mathbb{L}[t\sin t] \qquad \text{Differentiationssatz, } n=1 \\
&= \frac{1}{2}\mathbb{L}[\int_0^t u\sin u\, du] \qquad \text{Integrationssatz} \\
&= \frac{1}{2}\mathbb{L}[(-u\cos u+\sin u)|_0^t] \\
&= \mathbb{L}[\frac{1}{2}(-t\cos t+\sin t)].
\end{aligned}$$

2. Möglichkeit: Anwendung des Faltungssatzes.

Mit $\mathbb{L}[f] = \dfrac{1}{(s^2+1)^2} = \dfrac{1}{s^2+1}\dfrac{1}{s^2+1} = \mathbb{L}[\sin t]\mathbb{L}[\sin t]$ ist

$$\begin{aligned}
f(t) &= \sin t * \sin t = \int_0^t \sin(t-u)\sin u\, du \\
&= \int_0^t (\sin t\cos u - \cos t\sin u)\sin u\, du \\
&= \sin t\int_0^t \cos u\sin u\, du - \cos t\int_0^t \sin^2 u\, du \\
&= \sin t\,\frac{1}{2}\sin^2 u|_0^t - \cos t\,\frac{1}{2}(u-\sin u\cos u)|_0^t \\
&= \frac{1}{2}(\sin^3 t - t\cos t + \sin t\cos^2 t) \\
&= \frac{1}{2}(\sin t(\sin^2 t + \cos^2 t) - t\cos t) \\
&= \frac{1}{2}(-t\cos t + \sin t).
\end{aligned}$$

Beispiel 2: $y'' - 2y' + 2y = \cos t + 2\sin t, \quad y(0) = 2,\ y'(0) = 4.$

① Mit $\mathbb{L}[y''] = s^2\mathbb{L}[y] - sy(0) - y'(0) = s^2\mathbb{L}[y] - 2s - 4$, $\mathbb{L}[y'] = s\mathbb{L}[y] - y(0) = s\mathbb{L}[y] - 2$, $\mathbb{L}[\cos t] = \dfrac{s}{s^2+1}$ und $\mathbb{L}[\sin t] = \dfrac{1}{s^2+1}$ transformiert sich die Dgl. mit den gegebenen Anfangswerten zu

$$s^2\mathbb{L}[y] - 2s - 4 - 2s\mathbb{L}[y] + 4 + 2\mathbb{L}[y] = \frac{s}{s^2+1} + \frac{2}{s^2+1}.$$

8.2. LAPLACETRANSFORMATION

② Auflösen nach $\mathbb{L}[y]$:

$$\mathbb{L}[y](s^2 - 2s + 2) = \frac{s}{s^2+1} + \frac{2}{s^2+1} + 2s = \frac{s+2+2s(s^2+1)}{s^2+1}$$

$$\Leftrightarrow \mathbb{L}[y] = \frac{2s^3 + 3s + 2}{(s^2+1)(s^2-2s+2)}.$$

Der im vorletzten Schritt bei $\mathbb{L}[y]$ stehende Faktor ist immer das charakteristische Polynom der Dgl.   Kontrolle

③ Die Partialbruchzerlegung ist in Kapitel 1, Beispiel 3, bereits berechnet worden:

$$\mathbb{L}[y] = \frac{s}{s^2+1} + \frac{s+2}{s^2-2s+2}.$$

④ Der erste Summand ist die Transformierte von $\cos t$. Der zweite Summand schreibt sich als

$$\frac{s+2}{(s-1)^2+1} = \frac{(s-1)}{(s-1)^2+1} + \frac{3}{(s-1)^2+1} = \mathbb{L}\left[e^t \cos t\right] + 3\mathbb{L}\left[e^t \sin t\right].$$

Damit ist

$$y = \cos t + e^t \cos t + 3e^t \sin t.$$

Beispiel 3: $y^{(4)} - y = 4e^t$, $y(0) = 9$, $y'(0) = 5$, $y''(0) = 3$, $y'''(0) = -3$.

① Mit $\mathbb{L}\left[y^{(4)}\right] = s^4 \mathbb{L}[y] - s^3 y(0) - s^2 y'(0) - sy''(0) - y'''(0)$
$= s^4 \mathbb{L}[y] - 9s^3 - 5s^2 - 3s + 3$ und $\mathbb{L}\left[e^t\right] = \frac{1}{s-1}$ wird aus der Dgl.

$$s^4 \mathbb{L}[y] - 9s^3 - 5s^2 - 3s + 3 - \mathbb{L}[y] = \frac{4}{s-1}.$$

② Auflösen nach $\mathbb{L}[y]$:

$$\mathbb{L}[y](s^4 - 1) = \frac{4}{s-1} + 9s^3 + 5s^2 + 3s - 3$$

$$\Leftrightarrow \mathbb{L}[y] = \frac{1}{s^4-1} \cdot \frac{4 + (9s^3 + 5s^2 + 3s - 3)(s-1)}{s-1}$$

$$= \frac{4 + 9s^4 + 5s^3 + 3s^2 - 3s - 9s^3 - 5s^2 - 3s + 3}{(s-1)(s^4-1)}$$

$$= \frac{9s^4 - 4s^3 - 2s^2 - 6s + 7}{(s-1)(s+1)(s-1)(s^2+1)}.$$

③ An diesem Bruch sind im ersten Kapitel die Verfahren zur Partialbruchzerlegung erklärt worden:

$$\frac{9s^4 - 4s^3 - 2s^2 - 6s + 7}{(s-1)(s+1)(s-1)(s^2+1)} = \frac{1}{(s-1)^2} + \frac{2}{s-1} + \frac{3}{s+1} + \frac{4s}{s^2+1} + \frac{5}{s^2+1}.$$

④ Die Lösung des AWP ist daher

$$y = xe^x + 2e^x + 3e^{-x} + 4\cos x + 5\sin x.$$

Beispiel 4: $\vec{y}' = \begin{pmatrix} -5 & 3 \\ -6 & 4 \end{pmatrix} \vec{y} + \begin{pmatrix} -4 \\ -6 \end{pmatrix}, \quad \vec{y}(0) = \begin{pmatrix} 4 \\ 7 \end{pmatrix}.$

① Man setzt $\vec{y}(t) = \begin{pmatrix} x(t) \\ z(t) \end{pmatrix}$. Dann transformiert man das Dgl.-System zeilenweise:

$$s\mathbb{L}[x] - 4 = -5\mathbb{L}[x] + 3\mathbb{L}[z] - \frac{4}{s}$$
$$s\mathbb{L}[z] - 7 = -6\mathbb{L}[x] + 4\mathbb{L}[z] - \frac{6}{s}$$

② Zunächst werden links die Terme mit den Laplacetransformierten zusammengefaßt, der Rest kommt nach rechts:

$$(s+5)\mathbb{L}[x] - 3\mathbb{L}[z] = \frac{4s-4}{s}$$
$$6\mathbb{L}[x] + (s-4)\mathbb{L}[z] = \frac{7s-6}{s}$$

Dieses lineare Gleichungssystem für $\mathbb{L}[x]$ und $\mathbb{L}[z]$ wird mit der Cramerschen Regel gelöst. Als Hauptdeterminante D ergibt sich stets das charakteristische Polynom der Matrix:

$$D = (s+5)(s-4) + 18 = s^2 + s - 20 + 18 = s^2 + s - 2 = (s-1)(s+2).$$

Für $D_{\mathbb{L}[x]}$ hat man

$$D_{\mathbb{L}[x]} = \begin{vmatrix} \frac{4s-4}{s} & -3 \\ \frac{7s-6}{s} & s-4 \end{vmatrix} = \frac{1}{s}((4s-4)(s-4) + 3(7s-6))$$

$$= \frac{1}{s}(4s^2 - 20s + 16 + 21s - 18) = \frac{1}{s}(4s^2 + s - 2).$$

Also ist $\mathbb{L}[x] = \dfrac{4s^2 + s - 2}{s(s-1)(s+2)}$.

8.2. LAPLACETRANSFORMATION

Dasselbe für $\mathbb{L}[z]$:

$$D_{\mathbb{L}[z]} = \begin{vmatrix} (s+5) & \dfrac{4s-4}{s} \\ 6 & \dfrac{7s-6}{s} \end{vmatrix} = \frac{1}{s}((s+5)(7s-6) - 6(4s-4))$$

$$= \frac{1}{s}(7s^2 + 29s - 30 - 24s + 24) = \frac{1}{s}(7s^2 + 5s - 6).$$

Also ist $\mathbb{L}[z] = \dfrac{7s^2 + 5s - 6}{s(s-1)(s+2)}$.

③ Die (einfache) Partialbruchzerlegung für $\mathbb{L}[x]$ wird mit der **Zuhaltemethode** vorgenommen:

$$\mathbb{L}[x] = \frac{4s^2 + s - 2}{s(s-1)(s+2)} = \frac{A}{s} + \frac{B}{s-1} + \frac{C}{s+2} = \frac{1}{s} + \frac{1}{s-1} + \frac{2}{s+2}.$$

Dasselbe für $\mathbb{L}[z]$:

$$\mathbb{L}[z] = \frac{7s^2 + 5s - 6}{s(s-1)(s+2)} = \frac{A}{s} + \frac{B}{s-1} + \frac{C}{s+2} = \frac{3}{s} + \frac{2}{s-1} + \frac{2}{s+2}.$$

④ Rücktransformation:

$$x(t) = 1 + e^t + 2e^{-2t}, \quad z(t) = 3 + 2e^t + 2e^{-2t}, \quad \text{also}$$

$$\vec{y}(t) = \begin{pmatrix} x(t) \\ z(t) \end{pmatrix} = \begin{pmatrix} 1 + e^t + 2e^{-2t} \\ 3 + 2e^t + 2e^{-2t} \end{pmatrix} = \begin{pmatrix} 1 \\ 3 \end{pmatrix} + e^t \begin{pmatrix} 1 \\ 2 \end{pmatrix} + e^{-2t} \begin{pmatrix} 2 \\ 2 \end{pmatrix}$$

Plausibilitätskontrolle: Aus Kapitel 6 ist bekannt, daß die Lösung der Dgl. sich aus zwei Exponentialtermen mit den Exponenten 1 und -2 (den Nullstellen des charakteristischen Polynoms, vgl. Schritt 2) und einer partikulären Lösung zusammensetzt. Diese Lösungsstruktur findet man hier wieder.

Plausibilitätskontrolle

Beispiel 5: Lösen Sie die Integralgleichung $\displaystyle\int_0^x \sin(x-t) f(t)\, dt = x \sin x$.

Diese Faltungsgleichung wird mit Hilfe der Laplacetransformation gelöst: gesucht ist eine Funktion f mit $(f * \sin)(x) = x \sin x$.

Faltungsgleichung

Laplacetransformation ergibt: $\mathbb{L}[f(t)] \, \mathbb{L}[\sin t] = \mathbb{L}[t \sin t]$.

Mit $\mathbb{L}[\sin t] = \dfrac{1}{s^2 + 1}$ und $\mathbb{L}[t \sin t] = \dfrac{2s}{(s^2 + 1)^2}$ (Tabelle oder Differentiationssatz) ergibt sich

$$\mathbb{L}[f] = (s^2 + 1) \frac{2s}{(s^2 + 1)^2} = \frac{2s}{s^2 + 1}$$

und damit $f(t) = 2\cos t$ bzw. $f(x) = 2\cos x$.

Beispiel 6: Berechnen Sie die Laplacetransformierte von $f: \mathbb{R}_+ \to \mathbb{R}$,
$$f(t) = \begin{cases} 1 & n \leq t < n + 1/2 \\ 0 & n + 1/2 \leq t < n+1 \end{cases}, n \in \mathbb{N}_0.$$

Hilfsmittel ist die Formel für die Transformation periodischer Funktionen auf Seite 164.

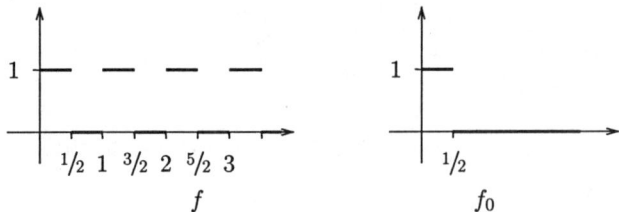

f ist periodisch mit der Periode $T = 1$. Zunächst wird die Transformierte von f_0 bestimmt:

$$\mathbb{L}[f_0(t)](s) = \int_0^\infty e^{-st} f_0(t)\, dt = \int_0^{1/2} e^{-st}\, dt = -\frac{1}{s} e^{-st} \Big|_{t=0}^{t=1/2} = \frac{1}{s}(1 - e^{-s/2}).$$

Damit gilt für die Laplacetransformierte von f

$$\mathbb{L}[f](s) = \frac{1}{1 - e^{-s}} \cdot \frac{1 - e^{-s/2}}{s}.$$

Nach der dritten binomischen Formel ist $1 - e^{-s} = (1 - e^{-s/2})(1 + e^{-s/2})$. Daher läßt sich der Ausdruck noch vereinfachen zu

$$\mathbb{L}[f](s) = \frac{1}{s(1 + e^{-s/2})}.$$

8.3 Fouriertransformation

1. Definitionen

Fouriertransformation

f sei eine komplexwertige auf $\mathbb{R}$ definierte Funktion, die über jedes endliche Teilintervall von $\mathbb{R}$ integrierbar ist. Die <u>Fouriertransformierte</u> von f ist das Integral

$$\mathcal{F}(f)(t) := \hat{f}(t) := \frac{1}{\sqrt{2\pi}} \int_{-\infty}^{\infty} f(x)\, e^{-itx}\, dx,$$

Fouriertransformierte

falls es für alle $t \in \mathbb{R}$ existiert. Ist f <u>absolut integrierbar</u>, d.h. existiert das Integral $\int_{-\infty}^{\infty} |f(x)|\, dx$, so existiert $\hat{f}$. Die Fouriertransformierte läßt sich auch für andere Funktionen- und Distributionenklassen definieren. Dann muß man eventuell auch $\hat{f}$ als Distribution auffassen.

absolut integrierbar

Die Definition der Fouriertransformation ist uneinheitlich: manchmal fehlt der Vorfaktor $\dfrac{1}{\sqrt{2\pi}}$, manchmal ist er $\dfrac{1}{2\pi}$. Es kommt auch vor, daß e^{itx} statt e^{-itx} in Integral steht (z.B. in [**Br**]).

andere Definitionen

Sinus- und Cosinustransformation

Unter Voraussetzungen, die den für die Fouriertransformation gemachten entsprechen, definiert man für eine Funktion $f : [0, \infty[\to \mathbb{C}$

Sinus-, Cosinustransformation

$$\mathcal{F}_c(t) := \sqrt{\frac{2}{\pi}} \int_0^{\infty} f(x) \cos tx\, dx \quad \text{Cosinustransformierte von } f$$

$$\mathcal{F}_s(t) := \sqrt{\frac{2}{\pi}} \int_0^{\infty} f(x) \sin tx\, dx \quad \text{Sinustransformierte von } f$$

Umkehrformel

Umkehrformel

f sei absolut integrierbar und jedes beschränkte Intervall sei in endlich viele Teilintervalle zerlegbar, in denen f stetig differenzierbar ist und an deren Enden die Grenzwerte von f und f' existieren. Dann gilt für alle $x \in \mathbb{R}$

$$\frac{f(x+) + f(x-)}{2} = \frac{1}{\sqrt{2\pi}} \int_{-\infty}^{\infty} \hat{f}(t)\, e^{itx}\, dt.$$

Ist f in x stetig, so ist die linke Seite natürlich $f(x)$, sonst der Mittelwert des Sprungs.

Faltung

Faltung

Sind f und g absolut integrierbar, so ist die Faltung $f * g$ definiert durch

$$(f * g)(x) := \int_{-\infty}^{\infty} f(x - t)\, g(t)\, dt.$$

2. Berechnung

1. Rechenregeln für die Fouriertransformation

i) $(\mathcal{F}(\alpha f(x) + \beta g(x)))(t) = \alpha(\mathcal{F}f(x))(t) + \beta(\mathcal{F}(g(x))(t)$ Linearität

ii) $(\mathcal{F}f(ax))(t) = \dfrac{1}{a}(\mathcal{F}f(x))\left(\dfrac{t}{a}\right)$

iii) $(\mathcal{F}f(x-a))(t) = e^{-iat}(\mathcal{F}f(x))(t)$

iv) Ist f differenzierbar und f' absolut integrierbar über $\mathbb{R}$, so ist
$(\mathcal{F}f'(x))(t) = it(\mathcal{F}f(x))(t)$

v) Ist $g(x) = \int_{-\infty}^{x} f(s)\,ds$ absolut integrierbar über $\mathbb{R}$, so ist
$(\mathcal{F}g(x))(t) = \dfrac{1}{it}(\mathcal{F}f(x))(t), t \neq 0.$

vi) $(f * g)(x) = (g * f)(x)$

vii) $(\mathcal{F}(f * g)(x))(t) = (\mathcal{F}f(x))(t)\,(\mathcal{F}g(x))(t)$ Faltungssatz

2. Weitere Eigenschaften

i) Ist f absolut integrierbar, so sind $\mathcal{F}f$, $\mathcal{F}_c f$ und $\mathcal{F}_s f$ stetig und $\lim\limits_{t \to \pm\infty} \mathcal{F}f(t) = 0$.

ii) Ist $\mathcal{F}f = \mathcal{F}g$, so ist in allen gemeinsamen Stetigkeitspunkten von f und g $f(x) = g(x)$.

iii) Ist f gerade ($f(x) = f(-x)$), so ist $\mathcal{F}f(t) = \mathcal{F}_c f$ (Cosinustransformation).

iv) Ist f ungerade ($f(x) = -f(-x)$), so ist $\mathcal{F}f(t) = -i\mathcal{F}_s f$ (Sinustransformation).

v) Ist $f(x) = f_g(x) + f_u(x)$ die Zerlegung von f in seinen geraden und ungeraden Anteil, so ist
$$\mathcal{F}f(t) = \mathcal{F}_c f_g - i\mathcal{F}_s f_u.$$

Die Bedeutung dieser Formel besteht darin, daß in einigen Formelsammlungen nicht die Fouriertransformation, sondern die Sinus- und Cosinustransformierten angegeben sind, z.B. [Br].

8.3. FOURIERTRANSFORMATION

3. Berechnung von Fouriertransformierten

1. Tabellen

In der Regel liest man die Fourier- und Rücktransformierten aus Tabellen ab. Dabei muß man gelegentlich eine gegebene Funktion f in ihren geraden Anteil f_g und ungeraden Anteil f_u zerlegen. Das geschieht mit Hilfe der Formeln

$$f_g = \frac{1}{2}(f(x) + f(-x)), \quad f_u = \frac{1}{2}(f(x) - f(-x))$$

2. direkte Rechnung

Das Integral wird direkt ausgewertet. Dabei prüft man zunächst nach, ob die Funktion gerade oder ungerade ist, da sich in diesem Fall eventuell die Formeln für die Sinus- oder Cosinustransformation anbieten. Wichtige Formel dabei:

$$\int_{-\infty}^{\infty} e^{-a^2 x^2}\, dx = \frac{\sqrt{\pi}}{a}, \quad a > 0$$

3. Verwendung des Residuensatzes

Ist f eine gebrochen rationale Funktion ohne reelle Nullstellen, bei der der Grad des Nennerpolynoms um mindestens zwei größer als der des Zählerpolynoms ist, läßt sich die Fouriertransformierte recht einfach mit Hilfe des Residuensatzes berechnen:

$$\mathcal{F}(f)(t) = \begin{cases} -\sqrt{2\pi}\, i \sum\limits_{\operatorname{Im} z_k < 0} \operatorname{Res}(e^{-itz} f(z), z_k) & t \geq 0 \\ \sqrt{2\pi}\, i \sum\limits_{\operatorname{Im} z_k > 0} \operatorname{Res}(e^{-itz} f(z), z_k) & t \leq 0 \end{cases}$$

Summiert wird also über die (komplexen) Nullstellen des Nenners von f mit **negativem** bzw. **positivem** Imaginärteil.

4. Rücktransformation

Rücktransformation

Den Zusammenhang zwischen Transformation und Rücktransformation ist gegeben durch

$$\mathcal{F}^{-1}(f(t))(x) = \mathcal{F}(f(-t))(x) \quad \mathcal{F}(f(x))(t) = \mathcal{F}^{-1}(f(-x))(t)$$

Das bedeutet, daß die Rücktransformierte einer Funktion berechnet wird, indem t durch $-t$ ersetzt wird und dann mit einer der oben angegebenen Methoden die Fouriertransformation vorgenommen wird. Dabei kann man bei Bedarf die Variablenbezeichnungen x und t vertauschen.

4. Formeln bei der alternativen Definition der Fouriertransformation

Formeln bei alternativer Definition

In diesem Unterabschnitt werden lediglich die Formeln zusammengestellt, die bei der Definition

$$\mathcal{F}f(t) = \frac{1}{\sqrt{2\pi}} \int_{-\infty}^{\infty} f(x) e^{itx}\, dx$$

von den bisherigen abweichen.

-
$$\frac{f(x+) + f(x-)}{2} = \frac{1}{\sqrt{2\pi}} \int_{-\infty}^{\infty} \hat{f}(t)\, e^{-itx}\, dt. \quad \text{(Umkehrformel)}$$

- Ist f differenzierbar und f' absolut integrierbar über $\mathbb{R}$, so ist
  $(\mathcal{F}f'(x))(t) = -it\,(\mathcal{F}f(x))(t)$ (Rechenregel iv))

- Ist $g(x) = \int_{-\infty}^{x} f(s)\, ds$ absolut integrierbar über $\mathbb{R}$, so ist
  $(\mathcal{F}g(x))(t) = -\dfrac{1}{it}(\mathcal{F}f(x))(t),\ t \neq 0.$ (Rechenregel v))

- Ist f ungerade ($f(x) = -f(-x)$), so ist $\mathcal{F}f(t) = i\mathcal{F}_s f$ (Sinustransformation). (weitere Eigenschaft iv))

- Ist $f(x) = f_g(x) + f_u(x)$ die Zerlegung von f in seinen geraden und ungeraden Anteil, so ist

$$\mathcal{F}f(t) = \mathcal{F}_c f_g + i\mathcal{F}_s f_u. \quad \text{(weitere Eigenschaft v))}$$

-
$$\mathcal{F}(f)(t) = \begin{cases} \sqrt{2\pi}\,i \sum\limits_{\mathrm{Im}z_k>0} \mathrm{Res}(e^{itz}f(z), z_k) & t \geq 0 \\ -\sqrt{2\pi}\,i \sum\limits_{\mathrm{Im}z_k<0} \mathrm{Res}(e^{itz}f(z), z_k) & t \leq 0 \end{cases}$$

(Berechnung mit Residuensatz)

3. Beispiele

Beispiel 1: $\mathcal{F}_c$, $\mathcal{F}_s$ und $\mathcal{F}$ für $f(x) = \begin{cases} x+1 & -1 \leq x \leq 1 \\ 2 & 1 \leq x \leq 2 \\ 0 & \text{sonst} \end{cases}$

In diesem Beispiel soll soweit wie möglich auf Tabellen zurückgegriffen werden, z.B. [Br].

Zerlegung in geraden und ungeraden Anteil

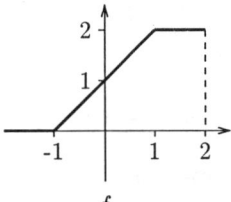

f

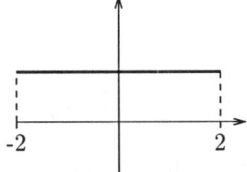

f_g (gerader Anteil von f)

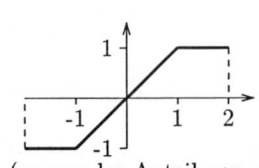

f_u (ungerader Anteil von f)

① f wird in den geraden und ungeraden Anteil f_g und f_u zerlegt. Dazu muß zunächst $f(-x)$ bestimmt werden. Beim Übergang zu $-x$ statt x werden die Definitionsintervalle am Ursprung gespiegelt, also

8.3. FOURIERTRANSFORMATION

$$f(-x) = \begin{cases} 2 & -2 \leq x \leq -1 \\ -x+1 & -1 \leq x \leq 1 \\ 0 & \text{sonst} \end{cases}$$

$$f_g(x) = \frac{f(x)+f(-x)}{2} = \frac{1}{2}\begin{cases} 2 & -2 \leq x \leq -1 \\ (x+1)+(-x+1) & -1 \leq x \leq 1 \\ 2 & 1 \leq x \leq 2 \\ 0 & \text{sonst} \end{cases}$$

$$= \begin{cases} 1 & -2 \leq x \leq -1 \\ 1 & -1 \leq x \leq 1 \\ 1 & 1 \leq x \leq 2 \\ 0 & \text{sonst} \end{cases} = \begin{cases} 1 & -2 \leq x \leq 2 \\ 0 & \text{sonst} \end{cases}$$

$$f_u(x) = \frac{f(x)-f(-x)}{2} = \frac{1}{2}\begin{cases} -2 & -2 \leq x \leq -1 \\ (x+1)-(-x+1) & -1 \leq x \leq 1 \\ 2 & 1 \leq x \leq 2 \\ 0 & \text{sonst} \end{cases}$$

$$= \begin{cases} -1 & -2 \leq x \leq -1 \\ x & -1 \leq x \leq 1 \\ 1 & 1 \leq x \leq 2 \\ 0 & \text{sonst} \end{cases}$$

Für die Benutzung der Tabellen ist jeweils nur der Anteil mit $x \geq 0$ interessant, der Rest ist der Vollständigkeit halber aufgeführt.

② Einer Tabelle entnimmt man $\mathcal{F}_c f_g(t) = \sqrt{\frac{2}{\pi}}\frac{\sin 2t}{t}$. f_u wird für $x \geq 0$ zur Transformation zerlegt in bekannte Teile: Transformation der Anteile

$$f_u = f_{u1} + f_{u2} = f_{u1} + f_{u3} - f_{u4}$$

Jetzt liest man die Transformierten von f_{u3} und f_{u4} aus einer Tabelle ab:

$$\mathcal{F}_s f_{u3}(t) = \sqrt{\frac{2}{\pi}}\frac{1-\cos 2t}{t}, \quad \mathcal{F}_s f_{u4}(t) = \sqrt{\frac{2}{\pi}}\frac{1-\cos t}{t}.$$

Die Transformierte von f_{u1} wird in Beispiel 3 berechnet:

$$\mathcal{F}_s f_{u1}(t) = \sqrt{\frac{2}{\pi}}\frac{1}{t^2}(\sin t - t\cos t).$$

Damit ist

$$\mathcal{F}_s f_u(t) = \sqrt{\frac{2}{\pi}}\frac{1}{t^2}(\sin t - t\cos t + t - t\cos 2t - t + t\cos t) = \sqrt{\frac{2}{\pi}}\frac{1}{t^2}(\sin t - t\cos 2t).$$

$$\mathcal{F}f(t) = \mathcal{F}_c f_g - i\mathcal{F}_s f_u = \sqrt{\frac{2}{\pi}}\frac{1}{t^2}(t\sin 2t - i(\sin t - t\cos 2t)).$$

Beispiel 2: Gesucht ist die Fouriertransformierte von $f(x) = \dfrac{1}{x^2+4}$.

Die Funktion f erfüllt die Bedingungen, um die Berechnung mit dem Residuensatz vornehmen zu können. Der Nenner von f hat einfache Nullstellen in den Punkten $\pm 2i$, $\dfrac{e^{-itz}}{z^2+4}$ hat dort also einfache Pole. Die Residuen berechnet man mit dem Trick aus Kapitel 7.5:

$$\mathrm{Res}\left(\frac{e^{-izt}}{z^2+4}, \pm 2i\right) = \frac{e^{-itz}}{2z}\bigg|_{z=\pm 2i} = \frac{e^{\pm 2t}}{\pm 4i}.$$

Jetzt hat man

$$\mathcal{F}f(t) = \begin{cases} -\sqrt{2\pi}\, i\,\dfrac{e^{-2t}}{-4i} & t \geq 0 \\ \sqrt{2\pi}\, i\,\dfrac{e^{2t}}{4i} & t \leq 0 \end{cases} = \begin{cases} \sqrt{2\pi}\,\dfrac{e^{-2t}}{4} & t \geq 0 \\ \sqrt{2\pi}\,\dfrac{e^{2t}}{4} & t \leq 0 \end{cases} = \frac{\sqrt{2\pi}}{4}e^{-2|t|}.$$

Beispiel 3: Bestimmung von $\mathcal{F}_c$, $\mathcal{F}_s$ und $\mathcal{F}$ für $f(x) = \begin{cases} x & 0 \leq x \leq a \\ 0 & \text{sonst} \end{cases}$

$$\begin{aligned}
\mathcal{F}_c(t) &= \sqrt{\frac{2}{\pi}}\int_0^a x\cos tx\, dx \\
&= \sqrt{\frac{2}{\pi}}\left(\frac{\cos xt}{t^2} + \frac{x\sin xt}{t}\right)\bigg|_{x=0}^{x=a} \\
&= \sqrt{\frac{2}{\pi}}\left(\frac{\cos at}{t^2} + \frac{a\sin at}{t} - \frac{1}{t^2}\right) \\
&= \sqrt{\frac{2}{\pi}}\frac{1}{t^2}(\cos at - 1 + at\sin at).
\end{aligned}$$

$$\mathcal{F}_s(t) = \sqrt{\frac{2}{\pi}}\int_0^a x\sin tx\, dx$$

8.3. FOURIERTRANSFORMATION

$$
\begin{aligned}
&= \sqrt{\frac{2}{\pi}} \left(\frac{\sin xt}{t^2} - \frac{x \cos xt}{t} \right) \Big|_{x=0}^{x=a} \\
&= \sqrt{\frac{2}{\pi}} \left(\frac{\sin at}{t^2} - \frac{a \cos at}{t} \right) \\
&= \sqrt{\frac{2}{\pi}} \frac{1}{t^2} (\sin at - at \cos at).
\end{aligned}
$$

Um die Fouriertransformierte $\mathcal{F}f$ zu berechnen hat man zwei Möglichkeiten:

i) f wird in seine geraden und ungeraden Anteile f_g und f_u zerlegt. Dabei reicht es natürlich aus, dies für $x \geq 0$ zu tun, da die Werte auf der negativen Halbachse dann ja festliegen.

Bestimmung aus Sinus- und Cosinustransformation

Da $f(x) = 0$ für $x \leq 0$ ist, geht es sehr einfach: für $x \geq 0$ ist

$$
f_g(x) = f_u(x) = \frac{f(x) \pm f(-x)}{2} = \left\{ \begin{array}{ll} \frac{x}{2} & \text{für } 0 \leq x \leq a \\ 0 & \text{für } x > a \end{array} \right\} = \frac{1}{2} f(x).
$$

Nach den Rechnungen oben ist

$$
\begin{aligned}
\mathcal{F}f(t) &= \mathcal{F}_c f_g - i\mathcal{F}_s f_u \\
&= \frac{1}{2} \sqrt{\frac{2}{\pi}} \frac{1}{t^2} (\cos at - 1 + at \sin at + i(at \cos at - \sin at)).
\end{aligned}
$$

ii) Man kann natürlich auch direkt rechnen:

direkte Rechnung

$$
\begin{aligned}
\mathcal{F}f(t) &= \frac{1}{\sqrt{2\pi}} \int_0^a x e^{-itx} \, dx \\
&= \frac{1}{\sqrt{2\pi}} \left(\frac{e^{-itx}}{(-it)^2} (-itx - 1) \right) \Big|_{x=0}^{x=a} \\
&= \frac{1}{\sqrt{2\pi}} \left(\frac{e^{-ita}}{-t^2} (-ita - 1) + \frac{1}{-t^2} \right) \\
&= \frac{1}{\sqrt{2\pi} \, t^2} (e^{-ita}(ita + 1) - 1) \\
&= \frac{1}{\sqrt{2\pi} t^2} ((\cos at - i \sin at)(iat + 1) - 1) \\
&= \frac{1}{\sqrt{2\pi} \, t^2} (\cos at - 1 + at \sin at + i(at \cos at - \sin at)).
\end{aligned}
$$

In jedem Fall fehlt noch der Wert für $t = 0$. Wegen der Stetigkeit der Fouriertransformation (Weitere Eigenschaften i)) läßt sich der gesuchte Wert als Grenzwert für $t \to 0$ berechnen, z.B. mit der Regel von l'Hospital.

Hier ist es aber einfacher, für $t = 0$ eine Extrarechnung durchzuführen:

$$
\mathcal{F}_s f(0) = 0, \quad \mathcal{F}_c f(0) = \sqrt{\frac{2}{\pi}} \int_0^a x \, dx = \frac{a^2}{\sqrt{2\pi}}.
$$

Für $\mathcal{F}f(0)$ erhält man $\dfrac{a^2}{2\sqrt{2\pi}}$.

Beispiel 4: Gesucht sind die Fouriertransformierte von $f(x) = e^{-2|x|}$ und die Rücktransformierte von $f(t) = \dfrac{1}{t^2 + 4}$

Hier verwendet man natürlich die Rechnungen aus Beispiel 2. Es ist

$$\begin{aligned}\mathcal{F}(e^{-2|x|}) &= \mathcal{F}^{-1}(e^{-2|-x|}) \\ &= \mathcal{F}^{-1}(e^{-2|x|}) \\ &= \frac{4}{\sqrt{2\pi}} \frac{1}{t^2 + 4} \quad \text{nach Beispiel 2}\end{aligned}$$

Genauso erhält man

$$\begin{aligned}\mathcal{F}^{-1}(\frac{1}{t^2+4}) &= \mathcal{F}(\frac{1}{(-t)^2+4}) \\ &= \mathcal{F}(\frac{1}{t^2+4}) \\ &= \frac{\sqrt{2\pi}}{4} e^{-2|x|} \quad \text{nach Beispiel 2}\end{aligned}$$

Kapitel 9

Partielle Differentialgleichungen

Eine partielle Differentialgleichung ist eine Bestimmungsgleichung für eine Funktion $u(x, y, \ldots)$, in der außer u auch die Ableitungen von u nach den Variablen x, y usw. vorkommen.

Im gesamten Kapitel wird die Abkürzung boxed{Pdgl.} für partielle Differentialgleichung benutzt. Ausführlich behandelt werden lediglich lineare Pdgl. 2. Ordnung, insbesondere die drei "Grundtypen" Wellen-, Diffusions- oder Wärmeleitungs- und Laplace- oder Potentialgleichung in den Abschnitten zwei bis vier. — Pdgl.

In diesem Kapitel geht es nur um lineare Pdgl. zweiter Ordnung. Für zwei Variable hat man die Form

$$a_{11}u_{xx} + a_{12}u_{xy} + a_{22}u_{yy} + b_1 u_x + b_2 u_y + cu = b(x,y).$$

Die a_{ij}, b_i und c sind dabei von x und y abhängende Funktionen. Bei mehreren Variablen kommen entsprechende Terme für die Ableitungen nach diesen Variablen dazu.

Ist $b(x,y) = 0$, so spricht man von einer homogenen, sonst von einer inhomogenen Pdgl.

Da es sich um eine lineare Gleichung handelt, gilt:

- Mit jeder Lösung u der homogenen Gleichung sind auch alle Vielfache Lösung.

- Die Summe zweier Lösungen der homogenen Gleichung ist eine Lösung.

- Die allgemeine Lösung ist Summe einer speziellen Lösung der inhomogenen Gleichung und der allgemeinen Lösung der homogenen Gleichung.

- Wie in 6.6 und 6.7 gilt für die Bestimmung einer partikulären Lösung wieder das Überlagerungsprinzip (S. 41).

Im Gegensatz zu gewöhnlichen Differentialgleichungen kann es jetzt unendlich viele linear unabhängige Lösungen (oder auch gar keine) geben.

Bei einigen Pdgl. hat man die Variablen x und t. Dabei ist x die Orts- und t die Zeitvariable. Sucht man eine Lösung der Pdgl., deren Werte für einen festen Zeitpunkt t_0 (oft $t_0 = 0$) durch eine Funktion $f(x)$ vorgegeben sind, spricht man von einem Cauchy-Problem oder Anfangswertproblem.

Anfangswertproblem
Cauchyproblem
ARWP
Anfangsrandwertproblem

Sind die Werte der Lösung und/oder ihrer Ableitung einerseits für ein Intervall $a \leq x \leq b$ und $t = t_0$ (Anfangswerte) und andererseits für $x = a$ und $t \geq t_0$ bzw. $x = b$ und $t \geq t_0$ (Randwerte) vorgegeben, spricht man von einem Anfangsrandwertproblem ARWP. Hier ist stets $t_0 = 0$, $a = 0$ und $b = L > 0$.

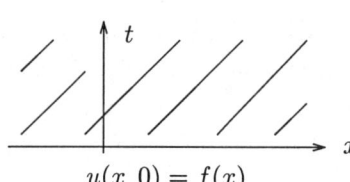
$u(x, 0) = f(x)$

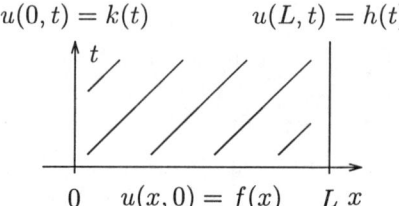
$u(0,t) = k(t)$ \qquad $u(L,t) = h(t)$
$0 \quad u(x,0) = f(x) \quad L\ x$

Vorgegebene Werte bei Cauchy-Problem und Anfangsrandwertproblem. Beim Cauchy-Problem der Wellengleichung kann man auch die Werte der Lösung für $t < 0$ bestimmen, bei der Diffusionsgleichung geht das i.allg. nicht.

Darüberhinaus gibt es noch gemischte Probleme. Die Begriffe Dirichlet-Problem und Neumann-Problem kommen bei der Laplacegleichung (9.4) vor.

Ein Problem aus einer Pdgl. mit gewissen Anfangs- oder Randwerten heißt korrekt gestellt, falls drei Bedingungen erfüllt sind:

korrekt gestellt

i) Die Lösung existiert.

ii) Die Lösung ist eindeutig.

iii) Die Lösung hängt stetig von den Anfangs- und Randwerten ab, d.h. bei kleiner Änderung dieser Werte ändert sich auch die Lösung nur wenig.

9.1 Allgemeiner Fall

1. + 2. Definitionen und Berechnung

1. Produktansatz

Eine Grundmethode zur Konstruktion von Lösungen linearer partieller Differentialgleichungen ist der <u>Bernoullische Produktansatz</u> oder <u>Separationsansatz</u>. Das Verfahren wird am Beispiel erklärt.

Produktansatz
Separations-
ansatz

Beispiel 1: $u_{xx} + \dfrac{2}{x}u_x + \dfrac{1}{x^2}u_y + \dfrac{1}{x^2}u_{yy} + 2zu_z - u_{zz} = 0.$

Kommen in einer Pdgl. Ableitungen nach x, y und z vor, und gibt es keine Terme mit gemischten Ableitungen, so erhält man oft Lösungen mit dem Ansatz

$$u(x,y,z) = X(x)Y(y)Z(z).$$

① Einsetzen des Ansatzes $u(x,y,z) = X(x)Y(y)Z(z)$ in die Gleichung.

② Division durch u und Zusammenfassen ergibt eine Summe von Termen.

③ Wenn in einer Summe mit Wert null eine Variable nur an einer Stelle auftritt, muß der zugehörige Term konstant sein. Das gibt lineare (gewöhnliche) Dgl. für X, Y und Z. Dieses Verfahren heißt gelegentlich **Trennung der Variablen**. (Nicht mit den Differentialgleichungen aus 6.2 verwechseln!)

④ Allgemeinere Lösungen lassen sich als Summen (allgemeiner: Integrale) von solchen Lösungen konstruieren.

① Der Ansatz ist $u(x,y,z) = X(x)Y(y)Z(z)$. Im Folgenden werden die Variablen einfach weggelassen, was zu keinen Mißverständnissen führen kann, da jede Funktion nur von einer Variablen abhängt. Der Strich bedeutet die Ableitung nach der zugehörigen Variablen. Es ist

$$u_x = X'YZ,\ u_{xx} = X''YZ,\ u_y = XY'Z,$$
$$u_{yy} = XY''Z,\ u_z = XYZ',\ u_{zz} = XYZ''.$$

Die Gleichung wird zu

$$X''YZ + 2\frac{X'YZ}{x} + \frac{XY'Z}{x^2} + \frac{XY''Z}{x^2} + 2zXYZ' - XYZ'' = 0$$

② Division durch $u = XYZ$ ergibt

$$\frac{X''}{X} + 2\frac{X'}{xX} + \frac{Y'}{x^2 Y} + \frac{Y''}{x^2 Y} + 2\frac{zZ'}{Z} - \frac{Z''}{Z} = 0.$$

③ Die Terme mit Z und z können auf die andere Seite gebracht werden:

$$\frac{X''}{X} + 2\frac{X'}{xX} + \frac{Y'}{x^2 Y} + \frac{Y''}{x^2 Y} = -2\frac{zZ'}{Z} + \frac{Z''}{Z}.$$

<u>Standardargumentation</u>: Die rechte Seite hängt nur von z ab, die linke Seite nur von x und y. Daher müssen beide Seiten konstant sein, etwa gleich λ. Für Z hat man also die gewöhnliche Dgl.

$$-2\frac{zZ'}{Z} + \frac{Z''}{Z} = \lambda \quad \Leftrightarrow \quad Z'' - 2zZ' - \lambda Z = 0.$$

Das ist eine <u>Hermite-Dgl.</u>; vgl. Kapitel 6.10.

Nach Ersatz der rechten Seite durch λ wird die Gleichung mit x^2 multipliziert. Danach lassen sich die Terme mit Y auf die rechte Seite bringen.

$$x^2 \frac{X''}{X} + 2x\frac{X'}{X} - x^2 \lambda = -\frac{Y''}{Y} - \frac{Y'}{Y}.$$

Wieder <u>Standardargumentation:</u> da die rechte Seite nur von y abhängt, und die linke nur von x, müssen beide Seiten konstant sein, etwa gleich μ. Das gibt für X und Y jeweils nach Multiplikation mit X bzw. Y eine lineare Dgl.:

$$x^2 X'' + 2xX' - (\mu + \lambda x^2)X = 0$$

$Y'' + Y' + \mu Y = 0$ \quad (lineare Dgl. mit konst. Koeffizienten, vgl. 6.7)

④ Sind $Z_\lambda(z)$, $Y_\mu(y)$ und $X_{\lambda,\mu}(x)$ Lösungen des entstandenen Systems S

$$\begin{aligned} Z'' - 2zZ' - \lambda Z &= 0 \\ Y'' + Y' + \mu Y &= 0 \\ x^2 X'' + 2xX' - (\mu + \lambda x^2)X &= 0 \end{aligned} \qquad (S)$$

so erhält man Lösungen der Ausgangsgleichung als

$$X(x)Y(y)Z(z) = X_{\lambda,\mu}(x)\, Y_\mu(y)\, Z_\lambda(z)$$

oder allgemeiner als

$$X(x)Y(y)Z(z) = \sum_{\lambda,\mu} X_{\lambda,\mu}(x)\, Y_\mu(y)\, Z_\lambda(z), \qquad (*)$$

wobei die Summe eine endliche oder (konvergente) unendliche Reihe ist oder als Integral gedeutet werden kann.

9.1. ALLGEMEINER FALL

2. Randbedingungen

Im ersten Teil wurden möglichst allgemeine Lösungen von Pdgl. ermittelt. In vielen Anwendungen werden Lösungen gesucht, die bezüglich einer Variablen Randbedingungen genügen. Das führt dazu, daß in der oben angegeben Lösung (∗) nicht mehr alle Werte der Parameter vorkommen können, sondern z.B. nur noch die Eigenwerte eines Randeigenwertproblems für die entsprechende Gleichung des Systems S.

Randbedingungen

Gelegentlich treten auch allgemeine Randbedingungen auf, z.B. werden vorgeschrieben

- Funktionswerte wie $u(x_0, t) = 0$.

- Ableitungen oder Linearkombinationen von Funktionswerten und Ableitungen wie $u_x(x_0, t) = 0$ oder $\alpha u(x_0, t) + \beta u_x(x_0, t) = 0$.

- Limiten $\lim_{x \to \infty} u(x, t) = 0$ für alle t.

- Stetigkeits- oder Differenzierbarkeitsbedingungen.

- Integrabilitätsbedingungen, d.h. $\int_a^b u(w, t)\, dw$ oder $\int_a^b |u(w, t)|^2\, dw$ soll existieren.

- Bedingungen an den Typ der Lösung, z.B. u soll Polynom in x sein.

Das Vorgehen wird wieder an einem Beispiel erklärt. Das Verfahren beginnt nach dem dritten Schritt des Rechenschemas für den Produktansatz.

Beispiel 2: $u_{tt} - u_{xx} = 0$, $u_x(0, t) = u_x(\pi, t) = 0$.   (Wellengleichung)

Der Ansatz $u(x, t) = X(x)T(t)$ und analoges Vorgehen zu Beispiel 1 ergibt für die Funktionen X und T das System

$$X'' = \lambda X \quad \text{und} \quad T'' = \lambda T.$$

④ Die Randbedingungen sollen für alle t erfüllt sein und stellen daher eine Bedingung an die Funktion X. Man sucht eine Lösung des Randeigenwertproblems

$$X'' = \lambda X, \quad X'(0) = 0, \; X'(\pi) = 0.$$

Dieses Problem ist in Beispiel 2 in Kapitel 6.9 gelöst worden (mit $-\lambda - 1$ statt λ). Eigenwerte und -funktionen sind $\lambda_k = -k^2$, $x_0 = 1$, $x_k = \cos(kx)$ für $k \in \mathbb{N}_0$.

⑤ Die Dgl. für T wird nur noch für die λ_k aus ② gelöst: für $\lambda_0 = 0$ ist $T_0(t) = A_0 + B_0 t$, für $\lambda_k = -k^2$ ist $T_k(t) = A_k \cos(kt) + B_k \sin(kt)$ Lösung.

⑥ Lösungen der Pdgl., die den Randbedingungen genügen, sind

$$u(x,t) = A_0 + B_0 t + \sum_{k=1}^{\infty}(A_k \cos(kt) + B_k \sin(kt))\cos(kx).$$

Bemerkungen:

i) Falls die Summe unendlich viele Glieder enthält, muß geprüft werden, ob die Reihe überhaupt konvergiert, und ob die so gewonnene Funktion tatsächlich die Pdgl. erfüllt.

ii) I.a. erhält man so nicht alle Lösungen des Problems, aber oft hinreichend viele, um zu gegebenen Randbedingungen eine Lösung zu konstruieren.

3. Beispiele

Beispiel 3: Gesucht sind nach x unendlich oft differenzierbare Lösungen von
$$u_t + x u_x = 0.$$

Zunächst wird der Produktansatz verwendet:

① Mit dem Ansatz $u(x,t) = X(x)T(t)$ erhält man
$$XT' + xX'T = 0.$$

② Division durch $u = XT$ und Trennen der Seiten gibt
$$\frac{T'}{T} = -\frac{xX'}{X}.$$

③ Die Standardargumentation gibt die beiden Dgl.
$$T' - \lambda T = 0 \quad \text{und} \quad X' = -\frac{\lambda}{x}X.$$

Nun werden die Lösungen an die Randbedingungen angepaßt.

④ Die Dgl. für X hat nach 6.1, Spezialfall 2, die allgemeine Lösung $X(x) = C_\lambda x^{-\lambda}$. Diese Funktion ist nur dann beliebig oft differenzierbar, falls der Exponent eine nichtnegative ganze Zahl ist. In Frage kommen also nur die Werte $\lambda = -n$, $n \in \mathbb{N}_0$.

⑤ Die Dgl. für T hat stets die Lösung $T(t) = e^{\lambda t}$.

⑥ Ein Ansatz für allgemeinere Lösungen ist also
$$u(x,t) = \sum_{n=0}^{\infty} A_n e^{-nt} x^n.$$

9.2 Wellengleichung

1. Definitionen

Im gesamten Abschnitt ist c eine Konstante mit $c > 0$.

Eindimensionale Wellengleichung
$$\boxed{u_{tt} - c^2 u_{xx} = b(x,t)}$$

n-dimensionale Wellengleichung
$$\boxed{u_{tt} - c^2 \Delta u = b(x,y,\ldots,t)}$$

Δ ist der Laplaceoperator in n Dimensionen.

2. Berechnung

Die allgemeine Lösung der eindimensionalen Wellengleichung ist   *allgemeine Lösung*
$$\boxed{u(x,t) = v(x,t) + f_1(x+ct) + f_2(x-ct)}$$

Diese Lösung heißt auch d'Alembertsche Lösung.   *d'Alembertsche Lösung*

v ist dabei eine partikuläre Lösung der inhomogenen Gleichung, f_1 und f_2 sind zwei beliebige zweimal stetig differenzierbare Funktionen.

In den Beispielen 8 und 9 werden mit Hilfe dieser Formel Lösungen der Wellengleichung konstruiert.

Bei der Konstruktion von Lösungen der homogenen Gleichung kann man folgende "Bausteine" benutzen und versuchen, durch geeignete Linearkombinationen Lösungen zu finden: *Bausteine*

- $f(x+ct),\ f(x-ct)$
- $(A_0 + B_0 x)(C_0 + D_0 t)$
- $\bigl(A_\mu \sin(\mu x) + B_\mu \cos(\mu x)\bigr)\bigl(C_\mu \sin(\mu c t) + D_\mu \cos(\mu c t)\bigr)$
- $\bigl(A_\mu e^{\mu x} + B_\mu e^{-\mu x}\bigr)\bigl(C_\mu e^{\mu c t} + D_\mu e^{-\mu c t}\bigr)$

Von der n-dimensionalen Wellengleichung wird nur ein Anfangsrandwertproblem (mit Nullrandbedingungen) unter Punkt **4** besprochen. Informationen zu Cauchy-Problemen bei zwei- und dreidimensionalen Gleichungen findet man z.B. in [**Tr**].

KAPITEL 9. PARTIELLE DIFFERENTIALGLEICHUNGEN

Inhomogene Gleichung

1. Inhomogene Gleichung

Aufgabe ist die Bestimmung einer partikulären Lösung v der inhomogenen Gleichung $u_{tt} - c^2 u_{xx} = b(x,t)$, $(x,t) \in \mathbb{R} \times \mathbb{R}^+$:

$$\boxed{v(x,t) = \frac{1}{2c} \int_0^t \int_{x+c(s-t)}^{x-c(s-t)} b(w,s)\, dw\, ds}$$

Voraussetzung: $b(x,t)$ und $b_x(x,t)$ sind stetig für $t > 0$ und $x \in \mathbb{R}$.

Bei allen Aufgaben mit der Wellengleichung wird stets zuerst eine partikuläre Lösung bestimmt (im Gegensatz zu den Verfahren bei gewöhnlichen Dgl., wo man oft zur Bestimmung von partikulären Lösungen ein Fundamentalsystem benötigt.)

Die oben angegebene Formel hat die Eigenschaft, daß $v(x,0) = v_t(x,0) = 0$ ist. Das bedeutet, daß gegebene Anfangswerte nicht verändert werden, wohl aber Randwerte.

Probe: $v(x,0) = v_t(x,0) = 0$ läßt sich als erste Probe verwenden.

Beispiel 1: Gesucht ist eine Lösung der Gleichung $u_{tt} - u_{xx} = 3e^{x-2t}$.

Eine Lösung $v(x,t)$ dieser Wellengleichung mit $c=1$ liefert

$$\begin{aligned}
v(x,t) &= \frac{1}{2} \int_0^t \int_{x+s-t}^{x-s+t} 3e^{w-2s}\, dw\, ds = \frac{3}{2} \int_0^t e^{w-2s}\Big|_{w=x+s-t}^{w=x-s+t}\, ds \\
&= \frac{3}{2} \int_0^t e^{x-3s+t} - e^{x-s-t}\, ds \\
&= \frac{3}{2} \left(e^{x+t}(-\frac{1}{3}) e^{-3s}\Big|_{s=0}^t - e^{x-t}(-1)e^{-s}\Big|_{s=0}^t \right) \\
&= -\frac{1}{2} e^{x+t}(e^{-3t} - 1) + \frac{3}{2} e^{x-t}(e^{-t} - 1) \\
&= -\frac{1}{2} e^{x-2t} + \frac{1}{2} e^{x+t} + \frac{3}{2} e^{x-2t} - \frac{3}{2} e^{x-t} \\
&= e^{x-2t} + \frac{1}{2} e^{x+t} - \frac{3}{2} e^{x-t}
\end{aligned}$$

Die erste Probe ($v(x,0) = 0$ und $v_t(x,0) = 0$) geht auf.

Cauchyproblem

2. Cauchyproblem

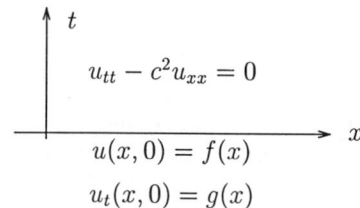

Dieses Problem modelliert eine unendlich lange freischwingende Saite oder die Wellenausbreitung in einem eindimensionalen Gebilde. Gegeben sind die Anfangsauslenkung $f(x)$ und die Geschwindigkeit $g(x)$ zum Zeitpunkt $t = 0$.

9.2. WELLENGLEICHUNG

Gegeben sind

> i) Dgl. $u_{tt} - c^2 u_{xx} = b(x,t)$
>
> ii) Definitionsbereich $-\infty < x < \infty$ und $t \geq 0$
>
> iii) Anfangswert $u(x,0) = f(x)$
>
> iv) Anfangswert $u_t(x,0) = g(x)$

Die eindeutige Lösung bestimmt sich als

$$u(x,t) = \frac{1}{2}(f(x+ct) + f(x-ct)) + \frac{1}{2c}\int_{x-ct}^{x+ct} g(s)\,ds + v(x,t)$$

v ist dabei die nach **1.** berechnete partikuläre Lösung der inhomogenen Gleichung.

> **Beispiel 2:**
> $$u_{tt} - u_{xx} = 3e^{x-2t}$$
> $$u(x,0) = e^x$$
> $$u_t(x,0) = -2e^x$$

Eine partikuläre Lösung $v(x,t)$ der inhomogenen Gleichung ist in Beispiel 1 bereits berechnet worden.

Die Lösung des AWP ist mit $f(x) = e^x$ und $g(x) = -2e^x$

$$\begin{aligned}
u(x,t) &= \frac{1}{2}(e^{x+t} + e^{x-t}) + \frac{1}{2}\int_{x-t}^{x+t} -2e^s\,ds + v(x,t) \\
&= \frac{1}{2}(e^{x+t} + e^{x-t}) - e^s\big|_{s=x-t}^{s=x+t} + v(x,t) \\
&= \frac{1}{2}e^{x+t} + \frac{1}{2}e^{x-t} - e^{x+t} + e^{x-t} + e^{x-2t} + \frac{1}{2}e^{x+t} - \frac{3}{2}e^{x-t} \\
&= e^{x-2t}
\end{aligned}$$

3. ARWP über Intervall

ARWP über Intervall

Dieses Problem modelliert eine schwingende Saite der Länge L. Vorgegeben sind wie beim Cauchyproblem die Anfangsauslenkung $f(x)$ und die Anfangsgeschwindigkeit $g(x)$ für $t = 0$. Daneben sind nun noch Randbedingungen bei $x = 0$ und $x = L$ gegeben, die die Amplitude der Schwingung für diese x-Werte vorschreiben.

> i) Dgl. $u_{tt} - c^2 u_{xx} = b(x,t)$
>
> ii) Definitionsbereich $0 \leq x \leq L$ und $t \geq 0$
>
> iii) Anfangswert $u(x,0) = f(x)$
>
> iv) Anfangswert $u_t(x,0) = g(x)$
>
> v) Randbedingung $u(0,t) = k(t)$ (linker Rand)
>
> vi) Randbedingung $u(L,t) = h(t)$ (rechter Rand)

Anschlußbedingungen

$u(0,t) = k(t)$ $u(L,t) = h(t)$

$u_{tt} - c^2 u_{xx} = b(x,t)$

$0 \quad u(x,0) = f(x) \quad L$
$u_t(x,0) = g(x)$

Anschlußbedingungen für die gegebenen Daten:
$f(0) = k(0)$
$f(L) = h(0)$
$g(0) = k'(0)$
$g(L) = h'(0)$

Fouriersche Methode

Dieses vom Produktansatz stammende Verfahren heißt Fouriersche Methode.

Der Einfachheit halber wird angenommen, daß das Intervall $[0, L]$ ist. Behandelt wird nur der einfache Fall, daß h und k bis auf einen linearen Term periodische Funktionen sind. Das hier beschriebene Verfahren führt in den meisten, aber nicht in allen Fällen zum Ziel. Schwierigkeiten können sich ergeben, wenn eine der Funktionen h oder k ω-periodische Anteile enthält, und die Zahl $\frac{L}{c\omega}$ rational ist (vgl. Beispiel 9). Lassen sich allerdings die Teillösungen u_L und u_R bestimmen, erhält man eine Lösung. Eine weitere **Variante** des Auffindens von Teillösungen u_L und u_R ist in Beispiel 8 beschrieben.

Die Lösung erfolgt in sieben Schritten, von denen die ersten beiden nur bei inhomogenen Gleichungen benötigt werden. Andernfalls wird einfach $v(x,t) = 0$ gesetzt.

① Bestimmung einer partikulären Lösung v nach **1**.

② Neubestimmung der Randwerte: $k(t)$ wird ersetzt durch $k(t) - v(0,t)$ und $h(t)$ durch $h(t) - v(L,t)$.

③ Bestimmung einer Lösung u_L, die der Randbedingung bei $x = 0$ genügt und am rechten Rand 0 ist.

Ansatz u_L Ansatz:

$$u_L(x,t) = (A_0 + B_0 t)(L-x) + \sum_{\mu > 0} (A_\mu \cos(\mu c t) + B_\mu \sin(\mu c t)) \sin(\mu(L-x))$$

9.2. WELLENGLEICHUNG

Die Koeffizienten A_μ und B_μ bestimmen sich aus dem Vergleich von $u_L(0,t)$ mit $k(t)$. Eventuell muß k in eine Fourierreihe entwickelt werden.

Bestimmungsgleichung für die Koeffizienten A_μ und B_μ:

$$k(t) = (A_0 + B_0 t)L + \sum_{\mu>0}(A_\mu \cos(\mu c t) + B_\mu \sin(\mu c t))\sin(\mu L)$$

④ Bestimmung einer Lösung u_R, die der Randbedingung bei $x = L$ genügt und am linken Rand 0 ist.
Ansatz: \hfill Ansatz u_R

$$u_R(x,t) = (A_0 + B_0 t)x + \sum_{\mu>0}(A_\mu \cos(\mu c t) + B_\mu \sin(\mu c t))\sin(\mu x)$$

Die Koeffizienten A_μ und B_μ bestimmen sich aus dem Vergleich von $u_R(L,t)$ mit $h(t)$. Eventuell muß h in eine Fourierreihe entwickelt werden.

Bestimmungsgleichung für die Koeffizienten A_μ und B_μ:

$$h(t) = (A_0 + B_0 t)L + \sum_{\mu>0}(A_\mu \cos(\mu c t) + B_\mu \sin(\mu c t))\sin(\mu L)$$

⑤ Korrektur der Anfangswerte:

$$\tilde{f}(x) = f(x) - u_L(x,0) - u_R(x,0),$$
$$\tilde{g}(x) = g(x) - \frac{du_L}{dt}(x,0) - \frac{du_R}{dt}(x,0)$$

⑥ Bestimmung einer Lösung u_A, die den Anfangsbedingungen mit $\tilde{f}$ und $\tilde{g}$ genügt und am linken und rechten Rand 0 ist. Dazu werden $\tilde{f}$ und $\tilde{g}$ ungerade fortgesetzt und eventuell in eine Fourierreihe entwickelt. Ansatz: \hfill Ansatz u_A

$$u_A(x,t) = \sum_{n=1}^{\infty}\left(A_n \cos\left(\frac{nc\pi}{L}t\right) + B_n \frac{L}{nc\pi}\sin\left(\frac{nc\pi}{L}t\right)\right)\sin\left(\frac{n\pi}{L}x\right)$$

Die Koeffizienten A_n und B_n bestimmen sich aus dem Vergleich von $u_A(x,0)$ mit $\tilde{f}(x)$ und $\frac{d}{dt}u_A(x,0)$ mit $\tilde{g}(x)$:

$$\tilde{f}(x) = \sum_{n=1}^{\infty} A_n \sin\left(\frac{n\pi}{L}x\right) \qquad \tilde{g}(x) = \sum_{n=1}^{\infty} B_n \sin\left(\frac{n\pi}{L}x\right)$$

$$A_n = \frac{2}{L} \int_0^L \tilde{f}(x) \sin\left(\frac{n\pi}{L}x\right) dx \qquad B_n = \frac{2}{L} \int_0^L \tilde{g}(x) \sin\left(\frac{n\pi}{L}x\right) dx$$

⑦ Gesamtlösung:

$$u(x,t) = v(x,t) + u_A(x,t) + u_L(x,t) + u_R(x,t).$$

Beispiel 3:
$$\begin{aligned} u_{tt} - 4u_{xx} &= 0 \\ u(x,0) &= -2\sin x \\ u_t(x,0) &= 6\sin 3x + \cos\frac{x}{2} \\ u(0,t) &= \sin t \\ u(\pi,t) &= 0 \end{aligned}$$

In diesem ARWP ist $c=2$ und $L=\pi$. Da es sich um eine homogene Gleichung handelt, fallen ① und ② weg.

③ Einsetzen von $k(t) = \sin t$ in den Ansatz:

$$\sin t = (A_0 + B_0 t)\pi + \sum_{\mu > 0} (A_\mu \cos(2\mu t) + B_\mu \sin(2\mu t)) \sin(\mu \pi)$$

Hier muß man nur auf der rechten Seite den passenden Term herauszusuchen: für $\mu = 1/2$ vergleicht man

$$\sin t = B_{1/2} \sin t \sin \pi/2$$

und erhält $B_{1/2} = 1$. Die restlichen A_μ und B_μ setzt man null und hat mit $\sin(\frac{\pi}{2} - s) = \cos s$

$$u_L(x,t) = \sin t \sin\left(\frac{1}{2}(\pi - x)\right) = \sin t \sin(\frac{\pi}{2} - \frac{x}{2}) = \sin t \cos\frac{x}{2}.$$

④ Wegen $u(\pi, t) = 0$ wählt man $u_R(x,t) = 0$.

9.2. WELLENGLEICHUNG

⑤
$$\tilde{f} = -2\sin x - \sin 0 \cos \frac{x}{2} - 0 = -2\sin x,$$
$$\tilde{g} = 6\sin 3x + \cos \frac{x}{2} - \cos 0 \cos \frac{x}{2} - 0 = 6\sin 3x.$$

⑥ Auch hier reicht wieder ein einfacher Koeffizientenvergleich, da $\tilde{f}$ und $\tilde{g}$ schon Fourierreihen sind (aus jeweils nur einem einzigen Glied bestehend).

$$-2\sin x = \sum_{n=1}^{\infty} A_n \sin(nx) \quad \Rightarrow \quad A_1 = -2,\ A_n = 0 \text{ sonst}$$

$$6\sin 3x = \sum_{n=1}^{\infty} B_n \sin(nx) \quad \Rightarrow \quad B_3 = 6,\ B_n = 0 \text{ sonst}$$

Damit wird $u_A(x,t)$

$$u_A(x,t) = -2\cos 2t \sin x + 6 \frac{1}{3 \cdot 2} \sin 6t \sin 3x = -2\cos 2t \sin x + \sin 6t \sin 3x.$$

⑦ Die Gesamtlösung ist
$$\begin{aligned} u(x,t) &= u_A(x,t) + u_L(x,t) + u_R(x,t) \\ &= \sin t \cos \frac{x}{2} - 2\cos 2t \sin x + \sin 6t \sin 3x. \end{aligned}$$

4. ARWP bei der zweidimensionalen Wellengleichung

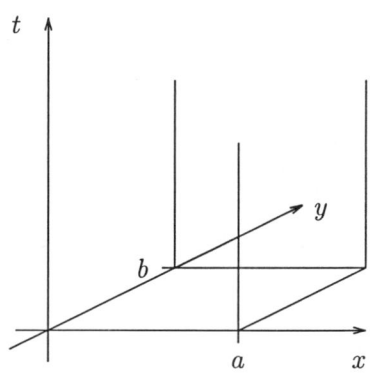

Dieses ARWP wird nur als homogenes Problem mit Nullrandbedingungen vorgestellt. Es modelliert eine schwingende rechteckige Membran, die mit den Rändern fest eingespannt ist. Der Definitionsbereich der Lösung ist ein in t-Richtung unendlich langer Quader im (x,y,t)-Raum. Die Anfangsbedingungen geben Lösung und Ableitung in t-Richtung auf der "Grundplatte" vor. Die Randbedingungen sagen aus, daß die Lösung auf den "Seitenwänden" verschwindet.

zweidimensionale Wellengleichung

Gegeben ist

i) Dgl. $u_{tt} - c^2(u_{xx} + u_{yy}) = 0$

ii) Definitionsbereich $0 \leq x \leq a,\ 0 \leq y \leq b,\ t \geq 0$

iii) Randbedingungen $u(0,y,t) = u(a,y,t) = u(x,0,t) = u(x,b,t) = 0$

iv) Anfangsbedingungen $u(x,y,0) = f(x,y),\quad u_t(x,y,0) = g(x,y)$

Vom Algorithmus des eindimensionalen ARWP bleibt nur Schritt ⑥ übrig:

Mit $\mu_{mn} = \pi\sqrt{\dfrac{m^2}{a^2} + \dfrac{n^2}{b^2}}$ setzt man an

$$u(x,y,t) = \sum_{m,n=1}^{\infty} \left[A_{mn}\cos(\mu_{mn}ct) + \frac{1}{c\mu_{mn}}B_{mn}\sin(\mu_{mn}ct)\right]\sin(\frac{m\pi}{a}x)\sin(\frac{n\pi}{b}y)$$

Die Anfangswerte geben folgende Bestimmungsgleichungen für die Koeffizienten A_{mn} und B_{mn}:

$$f(x,y) = \sum_{m,n=1}^{\infty} A_{mn} \sin\left(\frac{m\pi}{a}x\right)\sin\left(\frac{n\pi}{b}y\right)$$

$$g(x,y) = \sum_{m,n=1}^{\infty} B_{mn} \sin\left(\frac{m\pi}{a}x\right)\sin\left(\frac{n\pi}{b}y\right)$$

zweidimensionale Fourierentwicklung

f und g werden in x und y ungerade fortgesetzt. Die Koeffizienten dieser zweidimensionalen Fourierentwicklung berechnen sich dann als

$$A_{mn} = \frac{4}{ab}\int_0^b\int_0^a f(x,y)\sin\left(\frac{m\pi}{a}x\right)\sin\left(\frac{n\pi}{b}y\right)dx\,dy$$

$$B_{mn} = \frac{4}{ab}\int_0^b\int_0^a g(x,y)\sin\left(\frac{m\pi}{a}x\right)\sin\left(\frac{n\pi}{b}y\right)dx\,dy$$

Beispiel 4:
$$\begin{aligned}u_{tt} - 4(u_{xx} + u_{yy}) &= 0, \\ u(0,y,t) &= u(\pi,y,t) = u(x,0,t) = u(x,\pi,t) = 0, \\ u(x,y,0) &= (x+y)\sin x \sin y \\ u_t(x,y,0) &= 0\end{aligned}$$

In dieser Gleichung ist $a = b = \pi$ und $c = 2$. Wegen $u_t(x,y,0) = g(x,y) = 0$ bleiben nur die A_{mn} zu bestimmen. Es ist

$$A_{mn} = \frac{4}{\pi^2}\int_{y=0}^{\pi}\int_{x=0}^{\pi}(x+y)\sin y \sin x \sin(mx)\sin(ny)\,dx\,dy$$

9.2. WELLENGLEICHUNG

$$= \frac{4}{\pi^2} \int_{y=0}^{\pi} \sin y \sin(ny)\, dy \int_{x=0}^{\pi} x \sin x \sin(mx)\, dx +$$

$$+ \frac{4}{\pi^2} \int_{y=0}^{\pi} y \sin y \sin(ny)\, dy \int_{x=0}^{\pi} \sin x \sin(mx)\, dx$$

$\int_0^{\pi} \sin s \sin(ns)\, ds$ hat für $n = 1$ den Wert $\pi/2$ und 0 sonst. In Beispiel 8 weiter unten ist $c_n := \int_0^{\pi} x \sin x \sin(nx)\, dx$ bestimmt: $c_1 = \pi^2/4$, $c_n = 0$ für alle anderen ungeraden n und $c_n = \dfrac{-4n}{(n^2-1)^2}$ für gerade n. Damit wird

$$A_{mn} = \begin{cases} \pi & \text{für } m = n = 1 \\[4pt] -\dfrac{8n}{(n^2-1)^2 \pi} & \text{für } m = 1 \text{ und } n \text{ gerade} \\[4pt] -\dfrac{8m}{(m^2-1)^2 \pi} & \text{für } n = 1 \text{ und } m \text{ gerade} \\[4pt] 0 & \text{sonst} \end{cases}$$

Wegen $a = b = \pi$ ist $\mu_{mn} = \sqrt{m^2 + n^2}$. Damit ist die Lösung gegeben durch

$$u(x,y,t) = \sum_{m,n=1}^{\infty} A_{mn} \sin(mx) \sin(ny) \cos(2\sqrt{m^2+n^2}\, t)$$

$$= \pi \sin x \sin y$$
$$- \frac{16}{\pi} \sum_{m=1}^{\infty} \frac{m}{(4m^2-1)^2} (\sin x \sin(2my) + \sin(2mx) \sin y) \cos(2\sqrt{4m^2+1}\, t)$$

3. Beispiele

Beispiel 5: $u_{tt} - 25 u_{xx} = 0$, $u(x,0) = \dfrac{1}{1+x^2}$, $u_t(x,0) = 1$

Die Lösung dieses homogenen Cauchyproblems mit $c = 5$ ist

$$u(x,t) = \frac{1}{2}\left(\frac{1}{1+(x+5t)^2} + \frac{1}{1+(x-5t)^2}\right) + \frac{1}{10}\int_{x-5t}^{x+5t} 1\, ds$$

$$= \frac{1}{2}\left(\frac{1}{1+(x+5t)^2} + \frac{1}{1+(x-5t)^2}\right) + t$$

Beispiel 6:

$$u_{tt} - 4u_{xx} = t\sin\frac{x}{2}$$
$$u(x,0) = \cos\frac{x}{2} + \sin 2x - 7\sin 3x$$
$$u_t(x,0) = 12\sin 2x - \sin\frac{x}{2}$$
$$u(0,t) = \cos t$$
$$u(\pi,t) = t - 2\sin t$$

Es handelt sich um ein inhomogenes Anfangsrandwertproblem für die Wellengleichung mit $c = 2$ und $L = \pi$.

① Zunächst wird eine Lösung der inhomogenen Gleichung bestimmt. Mit $b(x,t) = t\sin\frac{x}{2}$ wird

$$\begin{aligned}
v(x,t) &= \frac{1}{2\cdot 2}\int_{s=0}^{t}\int_{w=x+2(s-t)}^{x-2(s-t)} s\sin\frac{w}{2}\,dw\,ds \\
&= \frac{1}{4}\int_0^t -2s[\cos\frac{x-2s+2t}{2} - \cos\frac{x+2s-2t}{2}]\,ds \\
&= \int_0^t s\sin\frac{x}{2}\sin(-s+t)\,ds \\
&= -\sin\frac{x}{2}\int_0^t s\sin(s-t)\,ds \\
&= -\sin\frac{x}{2}[\sin(s-t) - s\cos(s-t)]_{s=0}^t \\
&= \sin\frac{x}{2}(t - \sin t)
\end{aligned}$$

Benutzt wurde dabei $\cos a - \cos b = -2\sin\frac{a+b}{2}\sin\frac{a-b}{2}$ und $\int x\sin x\,dx = \sin x - x\cos x$. Die erste Probe ($v(x,0) = v_t(x,0) = 0$) geht auf.

② Korrektur der Randwerte:

$$\tilde{k}(t) = k(t) - v(0,t) = \cos t - t\sin 0 - \sin t \sin 0 = \cos t$$
$$\tilde{h}(t) = h(t) - v(\pi,t) = t - 2\sin t - (t\sin\frac{\pi}{2} - \sin t \sin\frac{\pi}{2}) = -\sin t.$$

③ Bestimmung von u_L: die Formel zur Bestimmung der Koeffizienten ist

$$(A_0 + B_0 t)\pi + \sum_{\mu>0}(A_\mu \cos(2\mu t) + B_\mu \sin(2\mu t))\sin\mu\pi = \cos t.$$

Diese Gleichung läßt sich erfüllen mit $\mu = 1/2$, $A_{1/2} = 1$ (wegen $\sin \pi/2 = 1$) und die restlichen A_μ und B_μ sind null. Damit ist

$$u_L(x,t) = \sin\frac{\pi - x}{2}\cos t = \cos\frac{x}{2}\cos t.$$

9.2. WELLENGLEICHUNG

④ Bestimmung von u_R: die Formel zur Bestimmung der Koeffizienten ist

$$A_0 + B_0 t + \sum_{\mu>0}(A_\mu \cos(2\mu t) + B_\mu \sin(2\mu t))\sin(\mu\pi) = -\sin t.$$

Auch diese Gleichung läßt sich so lösen, daß man mit einem einzigen Term auskommt: mit $\mu = 1/2$ braucht man nur $B_{1/2} = -1$ und erhält

$$u_R(x,t) = -\sin\frac{x}{2}\sin t.$$

⑤ Korrektur der Anfangswerte:

$$\begin{aligned}\tilde{f}(x) &= f(x) - u_L(x,0) - u_R(x,0) \\ &= \cos\frac{x}{2} + \sin 2x - 7\sin 3x - \cos\frac{x}{2} - 0 = \sin 2x - 7\sin 3x \\ \tilde{g}(x) &= g(x) - \frac{du_L}{dt}(x,0) - \frac{du_R}{dt}(x,0) \\ &= 12\sin 2x - \sin\frac{x}{2} - 0 - (-\sin\frac{x}{2}) = 12\sin 2x\end{aligned}$$

⑥ Bestimmung von u_A: Die Fourierentwicklungen von $\tilde{f}$ und $\tilde{g}$ erhält man durch Koeffizientenvergleich. Aus

$$\tilde{f}(x) = \sum_{n=1}^{\infty} A_n \sin(nx) \quad\text{und}\quad \tilde{g}(x) = \sum_{n=1}^{\infty} B_n \sin(nx)$$

liest man $A_2 = 1$, $A_3 = -7$ und $B_2 = 12$ ab. Damit wird

$$\begin{aligned}u_A(x,t) &= (\cos 4t + 12\frac{1}{2\cdot 2}\sin 4t)\sin 2x - 7\cos 6t \sin 3x \\ &= (\cos 4t + 3\sin 4t)\sin 2x - 7\cos 6t \sin 3x.\end{aligned}$$

⑦ Die Gesamtlösung erhält man durch Addition von v, u_L, u_R und u_A:

$$\begin{aligned}u(x,t) &= t\sin\frac{x}{2} - \sin\frac{x}{2}\sin t + \cos\frac{x}{2}\cos t \\ &\quad - \sin\frac{x}{2}\sin t + \sin 2x(3\sin 4t + \cos 4t) - 7\sin 3x \cos 6t \\ &= t\sin\frac{x}{2} - 2\sin\frac{x}{2}\sin t + \cos\frac{x}{2}\cos t \\ &\quad + \sin 2x(3\sin 4t + \cos 4t) - 7\sin 3x \cos 6t\end{aligned}$$

Beispiel 7: $u_{tt} - 7u_{xx} = 0$, $u(0,t) = u(\pi,t) = u_t(x,0) = 0$, $u(x,0) = x\sin x$

Da diese Wellengleichung mit $c = \sqrt{7}$ und $L = \pi$ homogen ist, fallen ① und ② weg; da die Randwerte null sind, ③ bis ⑤ auch.

⑥ Wegen $g(x) = 0$ sind alle B_n auch null. Es muß also nur noch $f(x) = x \sin x$ in eine Sinusreihe entwickelt werden. Dabei werden die Fälle $n = 1$ und $n \neq 1$ unterschieden.

$$A_1 = \frac{2}{\pi} \int_0^\pi x \sin^2 x \, dx = \frac{2}{\pi} \int_0^\pi \frac{x}{2}(1 - \cos 2x) \, dx$$

$$= \frac{1}{\pi} \left[\frac{x^2}{2} - \frac{\cos 2x}{2} - \frac{x \sin 2x}{4} \right]_0^\pi = \frac{\pi}{2}.$$

$$A_n = \frac{2}{\pi} \int_0^\pi x \sin x \sin(nx) \, dx = \frac{2}{\pi} \int_0^\pi \frac{x}{2}(\cos((n-1)x) - \cos((n+1)x)) \, dx$$

$$= \frac{1}{\pi} \left[\frac{\cos((n-1)x)}{(n-1)^2} + \frac{x \sin((n-1)x)}{n-1} - \frac{\cos((n+1)x)}{(n+1)^2} - \frac{x \sin((n+1)x)}{n+1} \right]_0^\pi$$

$$= \frac{1}{\pi} \left[\frac{(-1)^{n-1}}{(n-1)^2} - \frac{(-1)^{n+1}}{(n+1)^2} - \frac{1}{(n-1)^2} + \frac{1}{(n+1)^2} \right].$$

Daraus liest man $A_n = \frac{1}{\pi} \frac{-8n}{(n^2-1)^2}$ für gerade n und $A_n = 0$ für ungerade n ab. Es ist also

$$f(x) = x \sin x = \frac{\pi}{2} \sin x - \frac{16}{\pi} \sum_{n=1}^\infty \frac{n}{(4n^2-1)^2} \sin(2nx).$$

⑦ Die Lösung der Wellengleichung ist damit

$$u(x,t) = \frac{\pi}{2} \sin x \cos \sqrt{7} t - \frac{16}{\pi} \sum_{n=1}^\infty \frac{n}{(4n^2-1)^2} \sin(2nx) \cos(2\sqrt{7}nt).$$

Beispiel 8:
$$\begin{aligned} u_{tt} - 9 u_{xx} &= 0 \\ u(x,0) &= 0 \\ u_t(x,0) &= 3 \cos x + \frac{3}{2} \sin \frac{x}{2} \\ u(0,t) &= \sin 3t \\ u(\pi,t) &= -\sin 3t + \sin \frac{3}{2} t \end{aligned}$$

Die Schritte ① und ② werden nicht benötigt.

Weder in Schritt ③ noch in ④ kommt man mit dem Standardansatz weiter, da der Term $\pm \sin 3t$ jedesmal stört (ähnlich wie in Beispiel 9). Das vorne beschriebene Verfahren hat die Eigenschaft, daß die Funktionen u_L und u_R unabhängig voneinander bestimmt werden können, da sie auf dem anderen Rand jeweils null sind. Wenn bei der Bestimmung beider Teillösungen für die Ränder Schwierigkeiten auftreten, kann man folgende Variante des Verfahrens versuchen:

9.2. WELLENGLEICHUNG

Variante

---

③ Man bestimmt irgendwie eine Lösung der Dgl, die die Randbedingung auf dem linken Rand (d.h. für $x = 0$) erfüllt. Möglichkeiten sind dabei die Benutzung der "Bausteine" oder der d'Alembertschen Lösung: mit $f_2 = 0$ kann man aus $u(x,t) = f_1(x+ct)$ für $x = 0$ ablesen: $f_1(s) = u(0, s/c)$. Damit erhält man auf alle Fälle eine Lösung $u_L(x,t) = k(x/c + t)$.

③' Jetzt muß der Wert am rechten Rand modifiziert werden:
Ersetze $h(t)$ durch $h(t) - u_L(L,t)$.

④ Weiter wie bisher mit der Bestimmung von u_R.

In diesem Beispiel kommt man gut weiter mit dem "Baustein"
$$(A_\mu \sin(\mu x) + B_\mu \cos(\mu x))(C_\mu \sin(\mu ct) + D_\mu \cos(\mu ct)).$$

③ Für $\mu = 1$ wählt man $A_1 = D_1 = 0$, $B_1 = C_1 = 1$ und erhält eine Lösung
$$u_L(x,t) = \cos x \sin 3t.$$

③' $h(t) = -\sin 3t + \sin \frac{3}{2}t$ wird ersetzt durch $\tilde{h}(t) = h(t) - u_L(\pi, t) = -\sin 3t + \sin \frac{3}{2}t - (\cos \pi \sin 3t) = \sin \frac{3}{2}t$.

④ Jetzt kommt man mit dem Standardansatz weiter: Aus
$$\tilde{h}(t) = \sin \frac{3}{2}t = (A_0 + B_0 t)\pi + \sum_{\mu>0}(A_\mu \cos(3\mu t) + B_\mu \sin(3\mu t))\sin(\mu \pi)$$

wählt man für $\mu = 1/2$ wegen $\sin \frac{\pi}{2} = 1$ $B_{1/2} = 1$ und erhält
$$u_R(x,t) = \sin \frac{x}{2} \sin \frac{3}{2}t.$$

⑤
$$\begin{aligned}\tilde{f}(x) &= f(x) - u_L(x,0) - u_R(x,0) = 0 \\ \tilde{g}(x) &= g(x) - \frac{du_L}{dt}(x,0) - \frac{du_R}{dt}(x,0) \\ &= 3\cos x + \frac{3}{2}\sin \frac{x}{2} - 3\cos x - \frac{3}{2}\sin \frac{x}{2} = 0\end{aligned}$$

⑥ Wegen $\tilde{f}(x) = \tilde{g}(x) = 0$ wird $u_A(x,t) = 0$.

⑦ $u(x,t) = u_L(x,t) + u_R(x,t) + u_A(x,t) = \cos x \sin 3t + \sin \frac{x}{2} \sin \frac{3}{2}t.$

> **Beispiel 9:** Bestimmung von u_R im ARWP
> $$u_{tt} - u_{xx} = 0$$
> $$u(0,t) = 0$$
> $$u(\pi,t) = \sin t$$

Es handelt sich um ein ARWP mit $c = 1$ und $l = \pi$.

Der übliche Ansatz für u_R führt nicht zum Ziel:

$$u_R(\pi, t) = (A_0 + B_0 t)\pi + \sum_{\mu > 0}(A_\mu \cos(\mu t) + B_\mu \sin(\mu t))\sin(\mu \pi) = \sin t$$

ergibt $\mu = 1$. B_1 läßt sich aber aus $B_1 \sin t \sin \pi = \sin t$ wegen $\sin \pi = 0$ nicht bestimmen.

Es werden nun in der allgemeinen Lösung $u(x,t) = f_1(x+t) + f_2(x-t)$ die Funktionen f_1 und f_2 so bestimmt, daß man eine Lösung erhält, die die gegebenen Randbedingungen erfüllt. Zunächst ist für $x = 0$

$$0 = u(0,t) = f_1(0+t) + f_2(0-t).$$

Daraus erhält man

$$f_2(-t) = -f_1(t) \quad \Leftrightarrow \quad f_2(t) = -f_1(-t).$$

Jetzt wird u für $x = \pi$ ausgewertet, und dann $s = t + \pi$ bzw. $t = s - \pi$ gesetzt:

$$\sin t = f_1(\pi + t) + f_2(\pi - t) = f_1(t + \pi) - f_1(t - \pi)$$
$$\Rightarrow \quad f_1(s) - f_1(s - 2\pi) = \sin(s - \pi).$$
$$\Rightarrow \quad f_1(s) = f_1(s - 2\pi) - \sin s.$$

Wenn sich das Argument von f_1 um 2π erhöht, verringert sich der Funktionswert um $\sin s$. Diese Gleichung kann man erfüllen mit

$$f_1(s) = -\frac{s}{2\pi} \sin s$$

Eine Lösung der Pdgl., die die Randbedingungen erfüllt ist also

$$u(x,t) = f_1(x+t) + f_2(x-t) = -\frac{x+t}{2\pi}\sin(x+t) - \frac{x-t}{2\pi}\sin(x-t).$$

Mit Hilfe der Additionstheoreme für Sinus läßt sich das auch schreiben als

$$u(x,t) = -\frac{1}{\pi}(x \cos x \, \sin t + \sin x \, t \, \cos t).$$

9.3 Diffusionsgleichung

1. Definitionen

Anderer Name: Wärmeleitungsgleichung.

Im gesamten Abschnitt ist c eine Konstante mit $c > 0$.

Wärmeleitungsgleichung

1. Eindimensionale Diffusionsgleichung

$$u_t - c^2 u_{xx} = b(x,t)$$

Häufig dient die zeitliche Entwicklung der Wärmeverteilung in einem Stab als Modell. Sind nur Anfangswerte gegeben, so spricht man von einem Cauchyproblem. Ist der Stab nicht unendlich lang, so kommen am Endpunkt bzw. an den Endpunkten Randbedingungen hinzu, die zu Anfangsrandwertproblemem **ARWP** führen.

Cauchyproblem

ARWP

Häufig gebraucht wird bei der Bestimmung von Lösungen:

$$\int_0^\infty e^{-ax^2}\,dx = \frac{\sqrt{\pi}}{2\sqrt{a}}$$

Oft lassen sich Lösungen mit Hilfe der Funktion $E(x) := \int_0^x e^{-t^2}\,dt$ ausdrücken.

Die letzte Formel ergibt dann gerade $\lim_{x\to\infty} E(x) = \frac{\sqrt{\pi}}{2}$.

2. Mehrdimensionale Diffusionsgleichung

$$u_t - c^2 \Delta u = b(x, y, \ldots, t)$$

Δ ist der n-dimensionale Laplaceoperator in den n Variablen x, y, ... Die Rechenverfahren für die mehrdimensionale Diffusionsgleichung ähneln denen für die eindimensionale und werden hier nicht weiter angegeben. Weitere Informationen darüber findet man z.B. in [**Tr**].

2. Berechnung

Modell für die eindimensionale Diffusionsgleichung ist oft die Wärmeleitung in einem endlichen oder unendlichen Stab.

Bausteine Bausteine für die Konstruktion von Lösungen der homogenen Gleichung sind

- $ax + b$
- $\bigl(A_\mu \sin(\mu x) + B_\mu \cos(\mu x)\bigr) e^{-\mu^2 c^2 t}$
- $\bigl(A_\mu \sinh(\mu x) + B_\mu \cosh(\mu x)\bigr) e^{\mu^2 c^2 t}$ (physikalisch oft nicht sinnvoll)
- $\dfrac{d}{\sqrt{4c^2 t + b}} \exp\left(-\dfrac{(x+a)^2}{4c^2 t + b}\right) = \dfrac{\tilde d}{\sqrt{t + t_0}} \exp\left(-\dfrac{(x+a)^2}{4c^2(t + t_0)}\right)$

1. Inhomogene Gleichung

Inhomogene Gleichung Aufgabe ist die Bestimmung einer partikulären Lösung v der inhomogenen Gleichung $u_t - c^2 u_{xx} = b(x,t)$, für $(x,t) \in \mathbb{R} \times \mathbb{R}$:

$$v(x,t) = \frac{1}{2c\sqrt{\pi}} \int_{\tau=-\infty}^{t} \int_{w=-\infty}^{\infty} \frac{1}{\sqrt{t-\tau}} \exp\left(-\frac{(x-w)^2}{4c^2(t-\tau)}\right) b(w,\tau)\, dw\, d\tau$$

Voraussetzung: $b(x,t)$ ist über $\mathbb{R} \times \mathbb{R}$ integrierbar, z.B. für $b(x,t)$ stetig und die Menge der Paare (x,t) mit $b(x,t) \neq 0$ ist beschränkt.

Wenn die Gleichung nicht auf ganz $\mathbb{R} \times \mathbb{R}$ definiert ist, muß b zunächst für diesen Bereich geeignet definiert werden, eventuell durch gerade/ungerade Fortsetzung oder Fortsetzung durch null (meist für $t < 0$). Wendet man die Formel für eine Funktion $b(x,t)$ an, die für $t < 0$ durch null definiert und /oder fortgesetzt ist, geht das τ-Integral über den Bereich von 0 bis t. Die so gewonnene Lösung $v(x,t)$ erfüllt dann $v(x,0) = 0$ und ändert eventuell vorhandene Anfangsbedingungen nicht, wohl aber Randwerte.

Diese Formel läßt sich in den wenigsten Fällen explizit auswerten.

Bei allen Aufgaben mit der Diffusionsgleichung wird stets zuerst eine partikuläre Lösung bestimmt (im Gegensatz zu den Verfahren bei gewöhnlichen Dgl., bei denen man oft zur Bestimmung von partikulären Lösungen ein Fundamentalsystem benötigt).

Wegen der geringen Bedeutung der inhomogenen Gleichung wird im Rest des Abschnitts stets von einer homogenen Gleichung ausgegangen. Andernfalls muß man analog zu Abschnitt 9.2 die Randwerte korrigieren und $v(x,t)$ zur gefundenen Lösung des homogenen Problems addieren.

2. Cauchyproblem

Cauchy-problem Dieses Problem modelliert die Wärmeausbreitung in einem unendlich langen Stab.

9.3. DIFFUSIONSGLEICHUNG

$u_t - c^2 u_{xx} = 0$

$u(x, 0) = f(x)$

i) Dgl. $u_t - c^2 u_{xx} = 0$

ii) Definitionsbereich $-\infty < x < \infty$ und $t > 0$

iii) Anfangswert $u(x, 0) = f(x)$

Die eindeutige Lösung ist

$$u(x,t) = \frac{1}{2c\sqrt{\pi t}} \int_{-\infty}^{\infty} f(x-w) \exp\left(-\frac{w^2}{4c^2 t}\right) dw$$

$$= \frac{1}{2c\sqrt{\pi t}} \int_{-\infty}^{\infty} f(w) \exp\left(-\frac{(x-w)^2}{4c^2 t}\right) dw$$

Beispiel 1: $u_t - 9u_{xx} = 0$, $u(x, 0) = e^{-3x^2}$

Die Lösung dieses Cauchyproblems mit $c = 3$ ist

$$u(x,t) = \frac{1}{6\sqrt{\pi t}} \int_{-\infty}^{\infty} e^{-3w^2} e^{-\frac{(w-x)^2}{36t}} dw = \frac{1}{6\sqrt{\pi t}} \int_{-\infty}^{\infty} \exp\left(-\left(3w^2 + \frac{(w-x)^2}{36t}\right)\right) dw$$

typische Rechnung

Typisches Rechenverfahren:

① Der Exponent wird zusammengefaßt und mit quadratischer Ergänzung bearbeitet. Gesucht ist eine Form $\alpha(w+\beta)^2 + \gamma$, wobei die Koeffizienten α, β und γ von x und t abhängen.

② Es wird der e^γ-Teil vor das Integral gezogen und $s = w + \beta$ substituiert.

③ Das verbleibende Integral wird mit $\int_{-\infty}^{\infty} e^{-\alpha x^2} dx = \frac{\sqrt{\pi}}{\sqrt{\alpha}}$ berechnet.

Das Minuszeichen wird zunächst weggelassen:

$$3w^2 + \frac{1}{36t}w^2 - 2\frac{1}{36t}wx + \frac{1}{36t}x^2$$

$$= \underbrace{\left(3 + \frac{1}{36t}\right)}_{\frac{108t+1}{36t}} \left[w^2 - 2\frac{1}{36t}\frac{36t}{108t+1}wx\right] + \frac{1}{36t}x^2$$

$$= \frac{108t+1}{36t}\left[w^2 - 2\frac{1}{108t+1}wx + \frac{x^2}{(108t+1)^2}\right] - \frac{1}{36t(108t+1)}x^2 + \frac{1}{36t}x^2$$

$$= \frac{108t+1}{36t}\left[w - \frac{x}{108t+1}\right]^2 + \frac{x^2}{36t}\left[\frac{108t+1-1}{108t+1}\right]$$

Bei der Substitution $s = w - \dfrac{x}{108t+1}$ ist $ds = dw$, und die Grenzen des Integrals bleiben gleich.

$$\begin{aligned} u(x,t) &= \frac{1}{6\sqrt{\pi t}} e^{-\frac{x^2}{36t}\frac{108t}{108t+1}} \int_{-\infty}^{\infty} e^{-\frac{108t+1}{36t}s^2}\,ds \\ &= \frac{1}{6\sqrt{\pi t}} e^{-\frac{3x^2}{108t+1}} \sqrt{\frac{\pi}{\frac{108t+1}{36t}}} \\ &= \frac{1}{\sqrt{108t+1}} e^{\frac{-3x^2}{108t+1}} \end{aligned}$$

Mit etwas Mühe hätte man dieses Ergebnis auch als "Baustein" erhalten können.

3. gemischtes Problem

gemischtes Problem

Dieses Problem modelliert die Wärmeausbreitung in einem einseitig unendlich langen Stab. Am Ende bei $x = 0$ ist die Temperatur durch $k(t)$ vorgegeben.

$u(0,t) = k(t)$

$u_t - c^2 u_{xx} = 0$

$u(x,0) = f(x)$

i) Dgl. $u_t - c^2 u_{xx} = 0$

ii) Definitionsbereich
$0 \leq x < \infty$ und $t > 0$

iii) Anfangswert $u(x,0) = 0$
bzw. $u(x,0) = f(x)$

iv) Randbedingung $u(0,t) = k(t)$

Die eindeutige Lösung für den Fall $f(x) = 0$ ist

$$\begin{aligned} u(x,t) &= \frac{2}{\sqrt{\pi}} \int_{\frac{x}{2c\sqrt{t}}}^{\infty} k\!\left(t - \frac{x^2}{4c^2 w^2}\right) e^{-w^2}\,dw \\ &= \frac{x}{2c\sqrt{\pi}} \int_0^t \frac{k(s)}{(t-s)^{3/2}} \exp\!\left(-\frac{x^2}{4c^2(t-s)}\right) ds \end{aligned}$$

Ist der Anfangswert $f(x)$ nicht null, so setzt man f für $x < 0$ ungerade fort ($f(-x) = -f(x)$) und löst nach **2** das Cauchyproblem. Die ungerade Fortsetzung bewirkt, daß die Lösung für $x = 0$ stets den Wert null hat und den Randwert dort nicht verändert. Die Lösung des Problems ist die Summe von dieser und der oben angegebenen Lösung.

9.3. DIFFUSIONSGLEICHUNG

Beispiel 2: Berechnen Sie $u(1,t)$ für $u_t - \frac{1}{4}u_{xx} = 0$,

$$u(x,0) = 0 \text{ für } x \geq 0, \quad u(0,t) = \begin{cases} u_0 & 0 \leq t \leq 1 \\ 0 & t > 1 \end{cases}$$

Die Lösung dieser Wellengleichung mit $c = \frac{1}{2}$ für $x = 1$ ist

$$u(1,t) = \frac{2}{\sqrt{\pi}} \int_{\frac{1}{\sqrt{t}}}^{\infty} k(t - \frac{1}{s^2}) e^{-s^2} ds.$$

Aus $k(t) = \begin{cases} u_0 & 0 \leq t \leq 1 \\ 0 & t > 1 \end{cases}$ folgt $k(t - \frac{1}{s^2}) = \begin{cases} u_0 & 0 \leq t - \frac{1}{s^2} \leq 1 \\ 0 & t - \frac{1}{s^2} > 1 \end{cases}$

Für $t \leq 1$ tritt der erste Fall wegen $\frac{1}{\sqrt{t}} \leq s$ immer ein.

Für $t > 1$ ist $k(t - \frac{1}{s^2}) = u_0$ für $\frac{1}{\sqrt{t}} \leq s \leq \frac{1}{\sqrt{t-1}}$.

Also wird mit $E(x) = \int_0^x e^{-t^2} dt$

$$u(1,t) = \frac{2}{\pi} \int_{t^{-1/2}}^{\infty} u_0 e^{-s^2} ds = \frac{2u_0}{\sqrt{\pi}}(\frac{\sqrt{\pi}}{2} - E(\frac{1}{\sqrt{t}})) \quad \text{für} \quad t \leq 1$$

$$u(1,t) = \frac{2}{\pi} \int_{t^{-1/2}}^{(t-1)^{-1/2}} u_0 e^{-s^2} ds = \frac{2u_0}{\sqrt{\pi}}(E(\frac{1}{\sqrt{t-1}}) - E(\frac{1}{\sqrt{t}})) \quad \text{für} \quad t > 1$$

4. ARWP über Intervall

ARWP über Intervall

$u(0,t) = k(t)$ $\quad$ $u(l,t) = h(t)$

$u_t - c^2 u_{xx} = 0$ im Bereich mit $u(x,0) = f(x)$, $0 \leq x \leq L$

i) Dgl. $u_t - c^2 u_{xx} = 0$

ii) Definitionsbereich $0 \leq x \leq L$ und $t \geq 0$

iii) Anfangswert $u(x,0) = f(x)$

iv) Randbedingung $u(0,t) = k(t)$ (linker Rand)

v) Randbedingung $u(L,t) = h(t)$ (rechter Rand)

Die gegebenen Daten sollten den Anschlußbedingungen $f(0) = k(0)$ und $f(L) = h(0)$ genügen.

① Bestimmung einer Lösung u_L, die der Randbedingung bei $x = 0$ genügt und am rechten Rand (für $x = L$) den Wert 0 hat.

Ansatz für eine aus Exponentialtermen zusammengesetzte Funktion $k(t)$:

$$u_L(x,t) = B_0(L-x) + \sum_{\mu>0} B_\mu \sin(\mu(L-x)) e^{-c^2\mu^2 t}$$

Die Koeffizienten B_μ erhält man aus dem Vergleich von $u_L(0,t)$ mit $k(t)$.
Bestimmungsgleichung für die B_μ:

$$k(t) = B_0 L + \sum_{\mu>0} B_\mu \sin(\mu L) e^{-c^2\mu^2 t}$$

Die Summe erstreckt sich über endlich oder unendlich viele Zahlen μ, die nicht notwendig natürliche Zahlen sein müssen.

② Bestimmung einer Lösung u_R, die der Randbedingung bei $x = L$ genügt und am linken Rand 0 ist.
Ansatz:

$$u_R(x,t) = A_0 x + \sum_{\mu>0} A_\mu \sin(\mu x) e^{-c^2\mu^2 t}$$

Die Koeffizienten A_μ erhält man aus dem Vergleich von $u_R(L,t)$ mit $h(t)$.
Bestimmungsgleichung für die A_μ:

$$h(t) = A_0 L + \sum_{\mu>0} A_\mu \sin(\mu L) e^{-c^2\mu^2 t}$$

Die Summe erstreckt sich über endlich oder unendlich viele Zahlen μ, die nicht notwendig natürliche Zahlen sein müssen.

③ Korrektur des Anfangswerts:

$$\tilde{f}(x) = f(x) - u_L(x,0) - u_R(x,0),$$

④ Bestimmung einer Lösung u_A, die der Anfangsbedingung mit $\tilde{f}$ genügt und an linkem und rechtem Rand 0 ist. Dazu wird $\tilde{f}$ ungerade fortgesetzt und eventuell in eine Fourierreihe entwickelt. Ansatz:

9.3. DIFFUSIONSGLEICHUNG

$$u_A(x,t) = \sum_{n=1}^{\infty} A_n \sin\left(\frac{n\pi}{L}x\right) e^{-\left(\frac{cn\pi}{L}\right)^2 t}$$

Die Koeffizienten A_n bestimmen sich aus dem Vergleich von $u_A(x,0)$ mit $\tilde{f}$:

$$\tilde{f}(x) = \sum_{n=1}^{\infty} A_n \sin\left(\frac{n\pi}{L}x\right) \quad , \quad A_n = \frac{2}{L} \int_0^L f(x) \sin\left(\frac{n\pi}{L}x\right) dx$$

⑤ Gesamtlösung:

$$u(x,t) = u_A(x,t) + u_L(x,t) + u_R(x,t).$$

Möglicherweise ist es im ersten und zweiten Schritt nicht möglich, die Randfunktionen als Summe von Exponentialtermen zu schreiben. Dann gibt es eventuell die Möglichkeit, die Randfunktion als Laplacetransformierte aufzufassen, und so eine Lösung zu erhalten. Wegen der praktischen Schwierigkeiten dieses Verfahrens ist es hier nicht mit aufgeführt, vgl. [Ha].

Beispiel 3:
$$\begin{aligned} u_t - 4u_{xx} &= 0 \quad \text{für} \quad 0 \le x \le \frac{\pi}{2}, \\ u(0,t) &= 2e^{-4t}, \\ u(\frac{\pi}{2}, t) &= e^{-4t} + 1, \\ u(x,0) &= \sin x + 2\cos x + 3\sin 2x + \frac{2x}{\pi} \end{aligned}$$

Bei diesem ARWP ist $c = 2$ und $L = \pi/2$.

① $k(t) = 2e^{-4t}$ wird in den Ansatz zur Bestimmung von u_L eingesetzt:

$$B_0 \pi + \sum_{\mu>0} B_\mu \sin(\mu\frac{\pi}{2})e^{-4\mu^2 t} = 2e^{-4t}$$

Man wählt $B_1 = 2$ für $\mu = 1$, $B_\mu = 0$ sonst und erhält

$$u_L(x,t) = 2\sin(\frac{\pi}{2} - x)e^{-4t} = 2\cos x\, e^{-4t}.$$

② Dasselbe für $h(t) = e^{-4t} + 1$ und u_R:

$$A_0 \frac{\pi}{2} + \sum_{\mu>0} A_\mu \sin(\mu \frac{\pi}{2}) e^{-4\mu^2 t} = e^{-4t} + 1.$$

Mit $A_0 = \frac{2}{\pi}$ und $A_1 = 1$ erhält man

$$u_R(x,t) = \sin x \, e^{-4t} + \frac{2x}{\pi}.$$

③ Der Anfangswert $f(x)$ wird korrigiert:

$$\tilde{f}(x) = \sin x + 2\cos x + 3\sin 2x + \frac{2x}{\pi} - (2\cos x) - (\sin x + \frac{2x}{\pi}) = 3\sin 2x$$

④ Bestimmung von u_A:

$$3\sin 2x = \sum_{n=1}^{\infty} A_n \sin(2nx) \quad \Rightarrow \quad A_1 = 3, \; A_n = 0 \text{ sonst.}$$

Damit ist

$$u_A(x,t) = 3\sin 2x \, e^{-(2 \cdot 1 \cdot 2)^2 t} = 3\sin 2x \, e^{-16t}.$$

⑤ Gesamtlösung:

$$u(x,t) = u_A + u_L + u_R = 3\sin 2x \, e^{-16t} + 2\cos x \, e^{-4t} + \sin x \, e^{-4t} + \frac{2x}{\pi}.$$

5. ARWP über Intervall mit Abstrahlung

ARWP über Intervall mit Abstrahlung

Dieses Problem modelliert die Wärmeverteilung in einem Stab, der an den Endpunkten bei 0 und L Wärme abstrahlt.

Im Gegensatz zu Punkt 4 sind hier nicht die Funktionswerte an den Intervallenden vorgegeben, sondern es kommt eine Bedingung hinzu, die Funktionswerte und Ableitungen koppelt:

$\alpha u(0,t) + \beta u_x(0,t) = 0$

$\gamma u(L,t) + \delta u_x(L,t) = 0$

$u_t - c^2 u_{xx} = 0$

$u(x,0) = f(x)$

i) Dgl. $u_t - c^2 u_{xx} = 0$

ii) Definitionsbereich
$0 \leq x \leq L$ und $t \geq 0$

iii) Anfangswert
$u(x,0) = f(x)$

iv) Randbedingung
$\alpha u(0,t) + \beta u_x(0,t) = 0$
(linker Rand)

v) Randbedingung
$\gamma u(L,t) + \delta u_x(L,t) = 0$
(rechter Rand)

Dabei soll natürlich $(\alpha, \beta) \neq (0,0)$ und $(\gamma, \delta) \neq (0,0)$ sein.

9.3. DIFFUSIONSGLEICHUNG

① Bestimmung der Lösungen des REWP für gewöhnliche Dgl.

$$y'' + \lambda y = 0$$
$$R_1[y] = \alpha y(0) + \beta y'(0) = 0$$
$$R_2[y] = \gamma y(L) + \delta y'(L) = 0$$

Die Methoden dazu sind in Kapitel 6.9 beschrieben. Man erhält die Eigenwerte λ_n mit den zugehörigen Eigenlösungen y_n.

② Die Funktion f aus der Anfangsbedingung wird nach den Eigenfunktionen entwickelt:

$$a_n := \frac{\int_0^L f(x) y_n(x)\, dx}{\int_0^L y_n(x)^2\, dx}$$

③ Eine Lösung des Problems ist dann

$$u(x,t) = \sum_n a_n y_n(x) e^{-c^2 \lambda_n t}$$

Beispiel 4: $u_t - 3u_{xx} = 0$,
$\qquad u(x,0) = x^2 - 2\pi x$,
$\qquad u(0,t) = 0,\ u_x(\pi,t) = 0$

Hier ist $c^2 = 3$, $L = \pi$ und am linken Rand $u(0,t) = 0$, also $\alpha = 1$ und $\beta = 0$, am rechten Rand $u_x(\pi,t) = 0$, also $\gamma = 0$ und $\delta = 1$.

① Das zugehörige REWP lautet

$$y'' + \lambda y = 0,\quad R_1[y] = y(0) = 0 \quad\text{und}\quad R_2[y] = y'(\pi) = 0.$$

Bei der Berechnung der Eigenwerte werden die Fälle $\lambda < 0$, $\lambda = 0$ und $\lambda > 0$ unterschieden:

$\boxed{\lambda < 0}$

①' Ein Fundamentalsystem ist

$$y_1(x) = \sinh(\sqrt{\lambda}x) \quad\text{und}\quad y_2(x) = \cosh(\sqrt{\lambda}x).$$

②'

$$D(\lambda) = \begin{vmatrix} 0 & 1 \\ \sqrt{-\lambda}\cosh(\sqrt{-\lambda}\pi) & \sqrt{-\lambda}\sinh(\sqrt{-\lambda}\pi) \end{vmatrix}$$
$$= -\sqrt{-\lambda}\cosh(\sqrt{-\lambda}\pi) \neq 0$$

Es gibt also keine Eigenwerte für $\lambda < 0$.

$\boxed{\lambda = 0}$

Die allgemeine Lösung ist $y_0 = ax + b$. Die Randbedingung bei $x = 0$ erzwingt $b = 0$, die Bedingung bei π erfordert $b = 0$. Auch hier gibt es keine Eigenfunktion.

$\boxed{\lambda > 0}$

①′ Ein Fundamentalsystem ist $y_1(x) = \sin(\sqrt{\lambda}x)$ und $y_2(x) = \cos(\sqrt{\lambda}x)$.

②′

$$D(\lambda) = \begin{vmatrix} 0 & 1 \\ \sqrt{\lambda}\cos(\sqrt{\lambda}\pi) & \sqrt{\lambda}\sin(\sqrt{\lambda}\pi) \end{vmatrix} = -\sqrt{\lambda}\cos(\sqrt{\lambda}\pi)$$

Eigenwerte hat man also für $\cos\sqrt{\lambda}\pi = 0$, also für

$$\sqrt{\lambda}\pi = (n + 1/2)\pi \quad\Leftrightarrow\quad \lambda = (n + 1/2)^2.$$

③′ Eine Eigenfunktion zu $\lambda_n = (n + \tfrac{1}{2})^2$ ist $y_n(x) = \sin((n + \tfrac{1}{2})x)$.

② Berechnung der a_n: mit der Abkürzung $\alpha = n + 1/2$ wird mit $\cos\alpha\pi = 0$

$$\int_0^\pi [\sin((n + \tfrac{1}{2})x)]^2\, dx = \left[\tfrac{1}{2}x - \frac{1}{4(n + 1/2)}\sin[(2n + 1)x]\right]_0^\pi = \frac{\pi}{2},$$

$$\int_0^\pi (x^2 - 2\pi x)\sin(\alpha x)\, dx$$
$$= \left[\frac{2x}{\alpha^2}\sin(\alpha x) - \left(\frac{x^2}{\alpha} - \frac{2}{\alpha^3}\right)\cos(\alpha x) - \frac{2\pi}{\alpha^2}\sin(\alpha x) + \frac{x}{\alpha}\cos(\alpha x)\right]_0^\pi$$
$$= -\frac{2}{\alpha^3} = \frac{-2}{(n + 1/2)^3}.$$

Damit ist
$$a_n = \frac{2}{\pi}\frac{-2}{(n + 1/2)^3} = \frac{-4}{\pi(n + 1/2)^3}.$$

③ Die Lösung ist
$$u(x, t) = \frac{-4}{\pi}\sum_{n=0}^\infty \frac{1}{(n + 1/2)^3}\sin((n + 1/2)x)\, e^{-3(n + 1/2)^2 t}.$$

3. Beispiele

Beispiel 5:
$$u_t - \frac{4}{\pi^2} u_{xx} = 0,$$
$$u(x,0) = \cos\frac{\pi x}{2} - 3\sin\frac{3\pi x}{2},$$
$$u(0,t) = e^{-t},$$
$$u(1,t) = 3e^{-9t}$$

Bei diesem ARWP über dem Intervall $[0,1]$ ist $c = \frac{2}{\pi}$ und $L = 1$.

① u_L bestimmt sich aus
$$k(t) = e^{-t} = B_0 + \sum_{\mu>0} B_\mu \sin(\mu) e^{-\frac{4}{\pi^2}\mu^2 t}$$

Wieder reicht ein Glied der Summe aus: mit $\mu = \frac{\pi}{2}$ wählt man $B_{\pi/2} = 1$ und erhält
$$u_L(x,t) = \sin(\frac{\pi}{2}(1-x))e^{-t} = \cos\frac{\pi x}{2} e^{-t}.$$

② Bestimmung von u_R:
$$h(t) = 3e^{-9t} = A_0 + \sum_{\mu>0} A_\mu \sin\mu \, e^{-\frac{4}{\pi^2}\mu^2 t}$$

Wie bei u_L kommt man mit einem Glied aus: für $\mu = \frac{3\pi}{2}$ nimmt man $A_{\frac{3\pi}{2}} = -3$ und erhält
$$u_R(x,t) = -3\sin\frac{3\pi x}{2} e^{-9t}.$$

③ Korrektur des Anfangswerts:
$$\tilde{f}(x) = \cos\frac{\pi x}{2} - 3\sin\frac{3\pi x}{2} - \cos\frac{\pi x}{2} + 3\sin\frac{3\pi x}{2} = 0.$$

④ Wähle $u_A(x,t) = 0$.

⑤ Die Gesamtlösung ist damit
$$u(x,t) = \cos\frac{\pi x}{2} e^{-t} - 3\sin\frac{3\pi x}{2} e^{-9t}.$$

Beispiel 6:

$$u_t - 7u_{xx} = 0$$
$$u(0, t) = 0$$
$$u(\pi, t) = 0$$
$$u(x, 0) = x \sin x$$

Bei diesem ARWP mit $c = \sqrt{7}$ und $L = \pi$ fallen die Schritte ① bis ③ weg, da die Randwerte null sind.

④ + ⑤ : Nach Beispiel 7 aus Abschnitt 9.2 ist

$$x \sin x = \frac{\pi}{2} \sin x - \frac{16}{\pi} \sum_{n=1}^{\infty} \frac{n}{(4n^2 - 1)^2} \sin(2nx).$$

Damit ist die Lösung des ARWP

$$u(x, t) = \frac{\pi}{2} \sin x \, e^{-7t} - \frac{16}{\pi} \sum_{n=1}^{\infty} \frac{n}{(4n^2 - 1)^2} \sin(2nx) \, e^{-28n^2 t}.$$

Beispiel 7:

$$u_t - u_{xx} = 0,$$
$$u(0, t) = 0,$$
$$u(x, 0) = \sin x$$

Hierbei handelt es sich zunächst um ein gemischtes Problem vom Typ **3**, allerdings nicht mit $f = 0$.

Da $k(t) = u(0, t) = 0$ ist, entfällt der erste Teil der Rechnung. Übrig bleibt noch die ungerade Fortsetzung von f, und die Lösung des entstehenden Cauchyproblems. Da Sinus eine ungerade Funktion ist, bleibt zu lösen:

$$u_t - u_{xx} = 0, \qquad u(x, 0) = \sin x.$$

Statt die Formel zu benutzen, greifen wir in die "Bausteinkiste" auf S. 200 und erhalten die Lösung

$$u(x, t) = \sin x \, e^{-t}.$$

Beispiel 8:

$$u_t - u_{xx} = 0,$$
$$u(x, 0) = \begin{cases} 1 & |x| < 1 \\ 0 & |x| \geq 1 \end{cases}$$

Es handelt sich um ein Cauchyproblem mit $c = 1$.

$$u(x, t) = \frac{1}{2\sqrt{\pi t}} \int_{-\infty}^{\infty} f(x - w) \exp(-\frac{w^2}{4t}) \, dw.$$

9.3. DIFFUSIONSGLEICHUNG

Dabei ist $f(x) = u(x,0)$. Zur Auswertung des Integrals benutzt man

$$|x - w| < 1 \quad \Leftrightarrow \quad w \in]x - 1, x + 1[.$$

$$u(x,t) = \frac{1}{2\sqrt{\pi t}} \int_{x-1}^{x+1} \exp(-\frac{w^2}{4t}) \, dw.$$

Substitution: $s = \frac{w}{2\sqrt{t}}$, $w = 2s\sqrt{t}$ und $dw = 2\sqrt{t}\, ds$.

Grenzen: $w = x \pm 1 \quad \Leftrightarrow \quad s = \frac{x \pm 1}{2\sqrt{t}}$.

Mit $E(x) = \int_0^x e^{-s^2} \, ds$ wird

$$u(x,t) = \frac{1}{2\sqrt{\pi t}} \int_{\frac{x-1}{2\sqrt{t}}}^{\frac{x+1}{2\sqrt{t}}} e^{-s^2} 2\sqrt{t}\, ds = \frac{1}{\sqrt{\pi}} \left(E(\frac{x+1}{2\sqrt{t}}) - E(\frac{x-1}{2\sqrt{t}}) \right).$$

Als Probe kann man den Limes für $t \to 0$ der Lösung bestimmen: ist x im Intervall von -1 bis 1, haben $x-1$ und $x+1$ verschiedene Vorzeichen, sonst dasselbe. Bei gleichen Vorzeichen gehen die Argumente der E-Funktion beide gegen plus oder minus unendlich und die Differenz gegen null, bei verschiedenen Vorzeichen gehen die Werte gegen $\pm\sqrt{\pi}/2$, die Differenz also gegen $\sqrt{\pi}$, und damit u gegen 1. Das stimmt mit den vorgegebenen Anfangswerten überein.

Beispiel 9: Wärmeausbreitung im kreisförmigen Draht

kreisförmiger Draht

Gegeben sei ein dünner Draht in Form eines Kreises. Die Punkte dieses Drahtes sind dann durch den Winkel ϕ beschrieben, $0 \leq \phi < 2\pi$. Die Wärmeleitungsgleichung ist

$$\boxed{u_t - c^2 u_{\phi\phi} = 0.}$$

Zur Zeit $t_0 = 0$ sei die Wärmeverteilung durch eine Funktion $f(\phi)$ gegeben. In diesem Beispiel sei $f(\phi) = \begin{cases} 1 & \text{für } 0 \leq x \leq \pi \\ 0 & \text{für } \pi < x < 2\pi \end{cases}$

Zur Lösung dieser Aufgabe sucht man aus der "Bausteinkiste" Lösungen, die in der Ortsvariablen 2π-periodisch sind, und setzt sie zusammen. Ansatz:

$$u(\phi,t) = \frac{a_0}{2} + \sum_{n=1}^{\infty} (a_n \cos(n\phi) + b_n \sin(n\phi)) e^{-n^2 c^2 t}$$

Die Form der Konstante wurde so gewählt, weil man für $t = 0$ die vertraute Fourierentwicklung der Funktion f erhält:

$$u(\phi,0) = f(\phi) = \frac{a_0}{2} + \sum_{n=1}^{\infty} (a_n \cos(n\phi) + b_n \sin(n\phi))$$

In diesem Beispiel entnimmt man einer Formelsammlung (z.B. [**Br**])

$$f(\phi) = \frac{1}{2} + \frac{4}{\pi} \sum_{n=0}^{\infty} \frac{\sin((2n+1)\phi)}{2n+1}$$

und erhält damit als Lösung

$$u(\phi, t) = \frac{1}{2} + \frac{4}{\pi} \sum_{n=0}^{\infty} \frac{\sin((2n+1)\phi)}{2n+1} e^{-(2n+1)^2 c^2 t}.$$

Beispiel 10: Zweidimensionale Diffusionsgleichung

Zweidimensionale Diffusionsgleichung

i) Dgl. $u_t - c^2(u_{xx} + u_{yy}) = 0$

ii) Definitionsbereich $0 \le x \le a$, $0 \le y \le b$, $t \ge 0$

iii) Randbedingungen $u(0, y, t) = u(a, y, t) = u(x, 0, t) = u(x, b, t) = 0$

iv) Anfangsbedingung $u(x, y, 0) = f(x, y)$

Dies ist das Analogon zur in Abschnitt 2 beschriebenen zweidimensionalen Wellengleichung mit Nullrandbedingungen, vgl. Punkt 4 dort. Man erhält Lösungen

$$u(x, y, t) = \sum_{m,n=1}^{\infty} A_{mn} \sin(\frac{m\pi}{a}x) \sin(\frac{n\pi}{b}y) \, e^{-c^2 \mu_{mn} t},$$

mit $\mu_{mn} = \pi^2 \left(\frac{m^2}{a^2} + \frac{n^2}{b^2} \right)$. Die A_{mn} werden durch die zweidimensionale Fourierentwicklung von f bestimmt:

$$f(x, y) = \sum_{m,n=1}^{\infty} A_{mn} \sin\left(\frac{m\pi}{a}x\right) \sin\left(\frac{n\pi}{b}y\right)$$

Beispiel analog zu Beispiel 4 in Abschnitt 2

$$\begin{aligned} u_t - 4(u_{xx} + u_{yy}) &= 0, \\ u(0, y, t) &= u(\pi, y, t) = u(x, 0, t) = u(x, \pi, t) = 0, \\ u(x, y, 0) &= (x+y)\sin x \sin y \end{aligned}$$

Die Lösung ist

$$u(x, y, t) = \sum_{m,n=1}^{\infty} A_{mn} \sin(mx) \sin(ny) \, e^{-4(m^2 + n^2)t}$$

mit den dort angegebenen A_{mn}.

9.4 Laplacegleichung

Anderer Name: Potentialgleichung

1. Definitionen

Hier wird lediglich ein RWP, das Dirichlet-Problem auf Kreisen und Rechtecken bei der zweidimensionalen Laplacegleichung besprochen:

$$\Delta u = u_{xx} + u_{yy} = v(x,y) \text{ für } (x,y) \in \overset{\circ}{G}, \quad u(x,y) = f(x,y) \text{ für } (x,y) \in \partial G.$$

$\overset{\circ}{G}$ ist das Innere von G. Die hier vorkommenden Typen sind eindeutig lösbar.

Weitere Informationen zur Laplacegleichung in anderen Dimensionen und zu anderen Randbedingungen (Neumannproblem) findet man z.B. in [**Tr**] und [**Sok**].

Da keine Zeitvariable vorkommt, gibt es keine Anfangs-, sondern nur Randwertprobleme. Dabei ist G entweder ein Kreis mit Radius R um den Nullpunkt oder ein Rechteck $[0,a] \times [0,b] \subset \mathbb{R}^2$, ∂G der Rand von G.

Die Lösungen der homogenen Laplacegleichung heißen harmonische Funktionen. Harmonische Funktionen sind Real- bzw. Imaginärteile holomorpher Funktionen, vgl. Kapitel 7.

2. Berechnung

"Bausteine" bei der Konstruktion von Lösungen sind

- $(ax+b)(cy+d)$
- $(a\sin(\mu x) + b\cos(\mu x))(c\sinh(\mu y) + d\cosh(\mu y))$ oder $\sin(\mu x + e)\sinh(\mu y + f)$
- $(a\sinh(\mu x) + b\cosh(\mu x))(c\sin(\mu y) + d\cos(\mu y))$ oder $\sinh(\mu x + e)\sin(\mu y + f)$
- allgemeiner $f(x \pm iy)$, wobei f zweimal stetig differenzierbar ist
- Real- und Imaginärteile holomorpher Funktionen. Aus z^n erhält man mit $x = r\cos\varphi$ und $y = r\sin\varphi$ die Funktionen $r^n \cos(n\varphi)$ und $r^n \sin(n\varphi)$.

1. Inhomogenes Problem in einem Kreis

Man identifiziert $\mathbb{R}^2$ mit $\mathbb{C}$ mittels $z = x + iy$.

Die sogenannte Greensche Funktion W des Kreises $K_R = \{(x,y) \mid |(x,y)| \leq R\}$ ist $W((x,y),(x',y')) := -\ln|(x,y) - (x',y')|$. Eine partikuläre Lösung der inhomogenen Gleichung ist

$$u_0(x,y) = \frac{1}{2\pi} \int_{K_R} W((x,y),(x',y')) f(x',y') \, dx' \, dy'.$$

2. Dirichletproblem in einem Kreis

Dirichletproblem in einem Kreis

Gegeben ist ein Kreis mit Radius R um den Ursprung. Wieder wird der $\mathbb{R}^2$ mittels $z = x + iy$ mit $\mathbb{C}$ identifiziert. Einer Funktion u der zwei Variablen x und y entspricht dann eine (gleichbezeichnete) Funktion $u(z)$.

Gegeben ist auf dem Rand des Kreises (also für $|z| = R$) der Wert f der Lösung. Parametrisiert man mit $(x(\varphi), y(\varphi)) = (R\cos\varphi, R\sin\varphi)$ den Rand des Kreises wie üblich, so kann man f auch als Funktion des Winkels φ auffassen.

1. Möglichkeit: Der Randwert f von u ist als Funktion gegeben.

Die Werte von u im Inneren des Kreises lassen sich durch ein nicht orientiertes komplexes Kurvenintegral berechnen. Es gilt die Poisson-Formel:

Poisson-Formel

$$u(z) = \frac{1}{2\pi R} \int_{|w|=R} \frac{R^2 - |z|^2}{|w-z|^2} f(w) \, |dw| = \frac{1}{2\pi} \int_0^{2\pi} \frac{R^2 - |z|^2}{|Re^{i\varphi} - z|^2} f(Re^{i\varphi}) \, d\varphi$$

Mittelwerteigenschaft

Daraus erhält man für $z = 0$ die Mittelwerteigenschaft harmonischer Funktionen: der Wert im Mittelpunkt eines Kreises ist das Mittel der Werte auf der Randkurve.

$$u(0) = \frac{1}{2\pi R} \int_{|w|=R} u(w) |dw| = \frac{1}{2\pi} \int_0^{2\pi} u(Re^{i\varphi}) \, d\varphi.$$

Schreibt man wieder $x = r\cos\varphi$, $y = r\sin\varphi$ und $z = x + iy$, so läßt sich die Poisson-Formel umschreiben und mit dem Residuensatz auswerten:

$$u(r\cos\varphi, r\sin\varphi) = \frac{1}{2\pi} \int_0^{2\pi} \frac{R^2 - r^2}{R^2 + r^2 - 2rR\cos(\varphi - \theta)} f(R\cos\theta, R\sin\theta) \, d\theta$$

$$u(z) = \text{Re}\left\{ \frac{1}{2\pi i} \int_{|w|=R} \frac{w+z}{w-z} \frac{f(w)}{w} \, dw \right\}$$

$$= \text{Re} \sum_{|w_k| < R} \text{Res}\left(\frac{w+z}{w-z} \frac{f(w)}{w}, w_k \right)$$

f wird dabei als Funktion der Variablen w betrachtet, z spielt die Rolle eines Parameters.

9.4. LAPLACEGLEICHUNG

① Umschreiben von $f(x,y)$ auf $f(w)$:

$$x = R\cos\varphi = \frac{R}{2}(e^{i\varphi} + e^{-i\varphi}) = \frac{1}{2}(w + R^2 w^{-1})$$

$$y = R\sin\varphi = \frac{R}{2i}(e^{i\varphi} - e^{-i\varphi}) = \frac{1}{2i}(w - R^2 w^{-1})$$

② Bestimmung der Summe auf der rechten Seite in der Formel

$$u(z) = \operatorname{Re} \sum_{|w_k|<R} \operatorname{Res}\left(\frac{w+z}{w-z}\frac{f(w)}{w}, w_k\right)$$

I.allg. werden für $z = 0$ und $z \neq 0$ verschiedene Pole vorkommen. Hier reicht es, die Lösung u für $z \neq 0$ zu bestimmen. Da u stetig ist, läßt sich $u(0)$ durch stetige Fortsetzung ermitteln.

③ $z = x + iy$ einsetzen und so u als Funktion von x und y bestimmen.

Beispiel 1: Bestimmung der Lösung von $\Delta u = 0$ für $x^2 + y^2 < 4$ und $u(x,y) = y$ für $x^2 + y^2 = 4$

Hier ist $R = 2$.

① $u(x,y) = y = \dfrac{1}{2i}(w - 4w^{-1})$

② Zu berechnen sind die Residuen im Einheitskreis von

$$g(w) = \frac{w+z}{w-z}\frac{1}{w}\frac{1}{2i}(w - \frac{4}{w}) = \frac{1}{2i}\frac{w+z}{w-z}(1 - \frac{4}{w^2}).$$

g hat für $w = z$ einen einfachen und für $w = 0$ einen doppelten Pol.

$$\operatorname{Res}(g,z) = \lim_{w \to z}(w-z)g(w) = \lim_{w \to z}\left(\frac{1}{2i}(w+z)(1-\frac{4}{w^2})\right)$$

$$= \frac{1}{2i}2z(1-\frac{4}{z^2}) = \frac{1}{2i}(2z - \frac{8}{z})$$

$$\operatorname{Res}(g,0) = \lim_{w \to 0}\frac{d}{dw}\left(w^2 \frac{1}{2i}\frac{w+z}{w-z}(1-\frac{4}{w^2})\right)$$

$$= \frac{1}{2i}\lim_{w \to 0}\frac{d}{dw}\frac{w+z}{w-z}(w^2-4) = \frac{1}{2i}\lim_{w \to 0}\frac{d}{dw}\frac{w^3 + w^2 z - 4w - 4z}{w-z}$$

$$= \frac{1}{2i}\lim_{w \to 0}\frac{(3w^2 + 2wz - 4)(w-z) - (w^3 + w^2 z - 4w - 4z)}{(w-z)^2}$$

$$= \frac{1}{2i}\frac{4z + 4z}{z^2} = \frac{1}{2i}\frac{8}{z}$$

Damit ist
$$u(z) = \operatorname{Re} \frac{1}{2i}(2z - \frac{8}{z} + \frac{8}{z}) = \operatorname{Re}(-iz).$$

③ $u(x,y) = \operatorname{Re}(-iz) = \operatorname{Re}(-ix + y) = y.$

Dieses Ergebnis hätte man auch der "Bausteinkiste" entnehmen können.

2. Möglichkeit: der Randwert f von u ist als Fourierreihe gegeben.

Ist der Randwert $f(\varphi)$ von der Form

$$f(R\cos\varphi, R\sin\varphi) = \frac{a_0}{2} + \sum_{n=1}^{\infty}(a_n\cos(n\varphi) + b_n\sin(n\varphi)),$$

so ist die Lösung u beschreibbar als

$$\boxed{u(r\cos\varphi, r\sin\varphi) = \frac{a_0}{2} + \sum_{n=1}^{\infty}(a_n\cos(n\varphi) + b_n\sin(n\varphi))\left(\frac{r}{R}\right)^n.}$$

① Wenn die Randwerte f nicht als Funktion des Winkels gegeben sind, wird $x = R\cos\varphi$ und $y = R\sin\varphi$ ersetzt.

② f wird in eine Fourierreihe entwickelt.

③ Aus der obigen Formel liest man die Lösung in den Variablen r und φ ab.

④ Eventuell kann man Schritt ① rückgängig machen und die Lösung durch x und y ausdrücken. Dazu braucht man in der Regel die Formeln zur Umwandlung von Sinus und Cosinus von vielfachen Winkeln in Potenzen von Sinus und Cosinus. Dieses ist insbesondere bei endlichen Reihenentwicklungen von f möglich.

Beispiel 2: Bestimmung der Lösung von $\Delta u = 0$ für $x^2 + y^2 < 1$ und $u(x,y) = 2x^2 - 1$ für $x^2 + y^2 = 1$

① Mit $R = 1$ ist $f(\varphi) = 2\cos^2\varphi - 1$.

② Hier ist die Fourierentwicklung sehr einfach und geschieht durch Umwandlung von Potenzen von Cosinus in Cosinusterme mehrfacher Winkel:

$$f(\varphi) = (1 + \cos 2\varphi) - 1 = \cos 2\varphi.$$

9.4. LAPLACEGLEICHUNG

③ Die Lösung ist $u(r\cos\varphi, r\sin\varphi) = r^2 \cos 2\varphi$.

④ Jetzt wird $\cos 2\varphi = \cos^2\varphi - \sin^2\varphi$ verwendet:

$$u(x,y) = r^2(\cos^2\varphi - \sin^2\varphi) = x^2 - y^2.$$

3. RWP auf Rechteck

RWP auf Rechteck

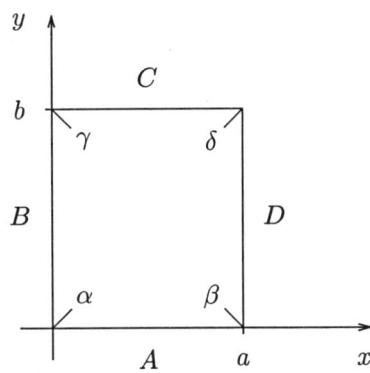

Das Rechteck mit den Seitenlängen a und b hat die Seiten A bis D und die Eckpunkte α bis δ.

Vorgegeben ist eine hinreichend glatte Funktion f auf dem Rand, gesucht ist eine Lösungsfunktion mit $\Delta u = 0$ im Inneren und $u(x,y) = f(x,y)$ auf dem Rand des Rechtecks.

---

① Es wird eine Teillösung u_E konstruiert, die an den vier Ecken mit der gegebenen Funktion f übereinstimmt: $u_E = u_\alpha + u_\beta + u_\gamma + u_\delta$ mit

$$\begin{aligned} u_\alpha(x,y) &= f(0,0)\frac{1}{ab}(a-x)(b-y) \\ u_\beta(x,y) &= f(a,0)\frac{1}{ab}x(b-y) \\ u_\gamma(x,y) &= f(0,b)\frac{1}{ab}(a-x)y \\ u_\delta(x,y) &= f(a,b)\frac{1}{ab}xy \end{aligned}$$

Jede dieser Funktionen löst die Laplacegleichung, ist an einer Ecke gleich dem Wert von f und an den anderen drei Ecken null.

② Korrektur von f: ersetze $f(x,y)$ durch $\tilde{f}(x,y) = f(x,y) - u_E(x,y)$. Die Funktion $\tilde{f}$ ist in allen vier Ecken null.

③ Die restliche Lösung setzt sich aus vier Teilfunktionen zusammen, die jeweils die Laplacegleichung lösen und an je einer Seite mit $\tilde{f}$ übereinstimmen und an den anderen drei Seiten null sind. Dazu muß $\tilde{f}$ auf jeder Seite in eine Sinusreihe entwickelt werden.

$$\tilde{f}(x,0) = \sum_{n=1}^{\infty} A_n \sin \frac{n\pi x}{a} \quad \Rightarrow \quad u_A(x,y) = \sum_{n=1}^{\infty} A_n \sin \frac{n\pi x}{a} \frac{\sinh(\pi/_a n(b-y))}{\sinh(\pi/_a nb)}$$

$$\tilde{f}(0,y) = \sum_{n=1}^{\infty} B_n \sin \frac{n\pi y}{b} \quad \Rightarrow \quad u_B(x,y) = \sum_{n=1}^{\infty} B_n \frac{\sinh(\pi/_b n(a-x))}{\sinh(\pi/_b na)} \sin \frac{n\pi y}{b}$$

$$\tilde{f}(x,b) = \sum_{n=1}^{\infty} C_n \sin \frac{n\pi x}{a} \quad \Rightarrow \quad u_C(x,y) = \sum_{n=1}^{\infty} C_n \sin \frac{n\pi x}{a} \frac{\sinh(\pi/_a ny)}{\sinh(\pi/_a nb)}$$

$$\tilde{f}(a,y) = \sum_{n=1}^{\infty} D_n \sin \frac{n\pi y}{b} \quad \Rightarrow \quad u_D(x,y) = \sum_{n=1}^{\infty} D_n \frac{\sinh(\pi/_b nx)}{\sinh(\pi/_b na)} \sin \frac{n\pi y}{b}$$

④ Die Gesamtlösung ist

$$u(x,y) = u_A(x,y) + u_B(x,y) + u_C(x,y) + u_D(x,y) + u_E(x,y).$$

Beispiel 3: Gesucht ist eine Lösung von $\Delta u = 0$, $u(x,0) = \sin x - 7\sin 3x$, $u(0,y) = 0$, $u(x,\pi) = 2\pi x$ und $u(\pi,y) = 2\pi y$.

Bei dieser Aufgabe ist $a = b = \pi$.

① Nur in der Ecke δ ($x = y = \pi$) ist $f \neq 0$. Daher wird nur u_δ benötigt:

$$u_E(x,y) = u_\delta(x,y) = \frac{1}{\pi^2} 2\pi^2 xy = 2xy.$$

② Korrektur der Werte von f:

$$\tilde{f}(x,0) = \sin x - 7\sin 3x - 0 = \sin x - 7\sin 3x \qquad \tilde{f}(0,y) = 0 - 0 = 0$$

$$\tilde{f}(x,\pi) = 2\pi x - 2\pi x = 0 \qquad \tilde{f}(\pi,y) = 2\pi y - 2\pi y = 0$$

③ Nur u_A muß bestimmt werden: aus $\tilde{f}(x,0) = \sum_{n=1}^{\infty} A_n \sin(nx)$ liest man ab: $A_1 = 1$, $A_3 = -7$ und $A_n = 0$ sonst. Damit ist

$$u_A(x,y) = \sin x \frac{\sinh(\pi - y)}{\sinh \pi} - 7\sin 3x \frac{\sinh(3(\pi - y))}{\sinh(3\pi)}.$$

④
$$\begin{aligned} u(x,y) &= u_E(x,y) + u_A(x,y) \\ &= 2xy + \sin x \frac{\sinh(\pi - y)}{\sinh \pi} - 7\sin 3x \frac{\sinh(3(\pi - y))}{\sinh(3\pi)} \end{aligned}$$

9.4. LAPLACEGLEICHUNG

3. Beispiele

Beispiel 4: Bestimmung der Lösung von $\Delta u = 0$ für $x^2 + y^2 < 1$ und $u(x,y) = 2x^2 - 1$ für $x^2 + y^2 = 1$, vgl. Beispiel 2!

① $u(x,y) = 2x^2 - 1 = 2\dfrac{(w+w^{-1})^2}{4} - 1 = \dfrac{1}{2}(w^2 + w^{-2})$

② Zu berechnen sind die Residuen im Einkeitskreis von

$$g(w) := \frac{w+z}{w-z}\frac{1}{w}\frac{1}{2}(w^2 + \frac{1}{w^2}).$$

Es liegt für $w = z$ ein einfacher, und für $w = 0$ ein dreifacher Pol vor.

$$\operatorname{Res}(g,z) = \lim_{w\to z}(w-z)g(w) = 2z\frac{1}{z}\frac{1}{2}(z^2 + \frac{1}{z^2}) = z^2 + \frac{1}{z^2}$$

$$\operatorname{Res}(g,0) = \lim_{w\to 0}\frac{1}{2!}\frac{d^2}{dw^2}(w^3 g(w))$$

$$= \frac{1}{4}\lim_{w\to 0}\frac{d^2}{dw^2}\left(\frac{1}{w-z}[(w+z)(w^4+1)]\right)$$

Am einfachsten ist es wohl, die zweite Ableitung nach der Regel $(fg)'' = f''g + 2f'g' + fg''$ zu berechnen:

$$\frac{1}{4}\lim_{w\to 0}\frac{d^2}{dw^2}\left(\frac{1}{w-z}[(w+z)(w^4+1)]\right)$$

$$= \frac{1}{4}\lim_{w\to 0}\frac{d^2}{dw^2}\left(\frac{1}{w-z}(w^5 + zw^4 + w + z)\right)$$

$$= \frac{1}{4}\lim_{w\to 0}\left[\frac{2}{(w-z)^3}(w^5+zw^4+w+z) - 2\frac{1}{(w-z)^2}(5w^4+4zw^3+1)\right.$$
$$\left. + \frac{1}{w-z}(20w^3+12w^2 z)\right]$$

$$= \frac{1}{4}\left[-\frac{2}{z^3}\cdot z - 2\frac{1}{z^2}\cdot 1 + 0\right] = -\frac{1}{z^2}$$

Damit ist

$$u(z) = \operatorname{Re}\sum_{|w_k|<1}\operatorname{Res}\left(\frac{w+z}{w-z}\frac{f(w)}{w}, w_k\right)$$

$$= \operatorname{Re}(\operatorname{Res}(g,z) + \operatorname{Res}(g,0)) = \operatorname{Re}(z^2 + \frac{1}{z^2} - \frac{1}{z^2})$$

$$= \operatorname{Re} z^2.$$

③ Die Lösung ist $u(x,y) = \operatorname{Re} z^2 = \operatorname{Re}(x+iy)^2 = x^2 - y^2$.

Beispiel 5: Bestimmung der Lösung von $\Delta u = 0$ für $x^2 + y^2 < 4$ und $u(x,y) = y$ für $x^2 + y^2 = 4$

Jetzt wird nach der zweiten Möglichkeit gerechnet:

① Mit $R = 2$ ist $y = 2\sin\varphi$.

② Zu entwickeln ist nichts mehr: es gibt nur den Koeffizienten $b_1 = 2$.

③ Die Lösung ist $u(r\cos\varphi, r\sin\varphi) = 2\dfrac{r}{2}\sin\varphi = r\sin\varphi$.

④ Umschreiben auf x und y liefert $u(x,y) = y$.

Beispiel 6: $u_{xx} + u_{yy} = 0$, $u(x,0) = u(0,y) = u(\pi,y) = 0$, $u(x, 2\pi) = x(\pi - x)$

Hier ist $a = \pi$ und $b = 2\pi$. Da $f(x,y)$ in allen Eckpunkten null ist, fallen ① und ② weg.

③ Zu bestimmen ist nur u_C. Einer Formelsammlung (z.B. [**Br**]) entnimmt man

$$x(\pi - x) = \frac{8}{\pi}\sum_{n=1}^{\infty}\frac{\sin((2n-1)x)}{(2n-1)^3}.$$

Damit wird

$$u(x,y) = u_C(x,y) = \frac{8}{\pi}\sum_{n=1}^{\infty}\frac{\sin((2n-1)x)}{(2n-1)^3}\frac{\sinh((2n-1)y)}{\sinh(2(2n-1)\pi)}.$$

Symbol- und Sachverzeichnis

$E(x)$, 199
$\mathbb{L}[f]$, 163
$\exp(z)$, 127
$\hat{f}(t)$, 171
$\ln z$, 127
$\log z$, 127
$\log_k z$, 127
$\text{Log } z$, 127
$\oint$, 145
$\overline{\partial}$, 122
∂, 122
$\text{Res} f(z_0)$, 143
$\widehat{\mathbb{C}}$, 131
e^z, 127
$f * g$, 164, 171
$f'(z)$, 121
$\mathcal{F}(f)(t)$, 171
$\mathcal{F}_c(f)(t)$, 171
$\mathcal{F}_s(f)(t)$, 171

absolut integrierbar, 171
Ähnlichkeits-Dgl., 14
Ähnlichkeitssatz, 163
äußere Entwicklung, 139
algebraische Vielfachheit, 114
Allgemeine Potenz, 128
allgemeine Produktregel, 42
analytisch, 75, 122
Anfangsrandwertproblem, 180, 199
Anfangswertproblem, 1, 98, 180
Anschlußbedingungen, 188
Approximation in der $|\cdot|_2$-Norm, 158
Approximationsfehler, 158
ARWP, 180, 199
Aufstellen von Dgl., 34
AWP, 1, 98

Bernoulli-Dgl., 7
Bernoullischer Produktansatz, 181
Bessel-Dgl., 77, 82

Besselfunktion, 77
Bildfunktion, 163

C.-R.-Dgl, 122
Cauchy-Riemann-Differentialgleichungen, 122
Cauchyproblem, 180
Cauchyproblem (Diffusionsgl.), 199
Cauchyproblem (Wellengleichung), 186
Cauchyprodukt von Potenzreihen, 78
Cauchysche Integralformel, 147
Cauchyscher Integralsatz, 146
charakteristisches Polynom, 47, 114
Clairaut-Dgl., 30, 32
Cosinustransformation, 171

d'Alembert-Dgl., 30, 33
d'Alembertsche Lösung, 185
Dämpfungssatz, 163
Dgl., 1
Dgl. für Kurvenscharen, 23
Dgl. mit konstanten Koeffizienten, 47
Differentialausdruck, 69
Differentialgleichung, 1
Diffusionsgleichung, 199
direkte Formel für inhomogene Dgl., 54

Eigenfunktion, 71
Eigenlösung, 71
Eigenvektor, EV, 114
Eigenwert, 71, 114
Eigenwertproblem, 69
Elementare Funktionen in $\mathbb{C}$, 127
Entkoppeln, 91
Entwicklung, 139
Enveloppe, 32
Euler-Dgl. (Variante), 65
Euler-Differentialgleichungen, 61
Eulerformel, 127
Eulerscher Multiplikator, 23
EW, 114

Exakte Differentialgleichungen, 23
explizite Dgl., 1
Exponentialfunktion, 127

Faltung (Fouriertr.), 171
Faltung (Laplacetr.), 164
Faltungsgleichung, 169
Faltungssatz (Fouriertr.), 172
Faltungssatz (Laplacetr.), 164
Fourier-Rücktransformation, 173
Fourierkoeffizienten, 156
Fourierreihe, 155
Fouriersche Methode, 188
Fouriertransformation, 171
Fundamentalmatrix, 89
Fundamentalsystem, 40, 90

Gaußsche Dgl., 77
gekoppelte Dgl., 89
geometrische Vielfachheit, 114
gerade Funktion, 156
getrennte Randbedingungen, 69
getrennte Variable, 13
getrennte Veränderliche, 13
gewöhnliche Differentialgleichung, 1
Greensche Funktion, 213

Hankelfunktionen, 78
harmonisch, 121
harmonische Funktionen, 213
Hauptmatrix, 89
Hauptsystem, 40, 90
Hauptteil, 137, 139
Hauptzweig, 127
hebbare Singularität, 136, 137, 143
Hermite-Dgl., 77
hermitesche Matrix, 114
Hermitesche Polynome, 77
Hinguckmethode, 24
holomorph, 122
homogene Dgl., 14, 39
homogene lineare Dgl., 4
homogenes Dgl.-System, 89
Hyperbelfunktionen, 128
hypergeometrische Dgl., 78

Imaginärteil, 121
implizite Dgl., 1, 30
Indexgleichung, 81

inhomogene Dgl., 39
inhomogene lineare Dgl., 4
Inhomogene Wellengleichung, 186
innere Entwicklung, 139
Integral einer komplexwertigen Funktion, 145
integrierender Faktor, 23
isogonale Trajektorien, 34, 36
isolierte Singularität, 136

Koeffizienten, 39
komplex differenzierbar, 121, 122
komplexe Fourierreihe, 157
komplexes Kurvenintegral, 145
konfluente hypergeometrische Dgl., 78
konjugiert harmonisch, 123
korrekt gestellt, 180
Kummersche Dgl., 77

Laguereesche Polynome, 77
Laguerre-Dgl., 77
Laguerrefunktion, 77
Laplacetransformierte, 163
Laurentreihe, 137
Legendre-Dgl., 77
Legendrepolynome, 77
lineare Dgl., 4
lineare Transformation, 131
lineares System 1. Ordnung, 89
Lösungsbasis, 90
Logarithmus, 127

Mittelwerteigenschaft, 214
Möbiustransformation, 131
MT, 131

Nebenteil, 137
Neumannfunktionen, 78
Neumannproblem, 213
nichtlineare Dgl., 30, 84
normierte Dgl., 39
normierte Form einer Dgl., 47
normierte Möbiustransformation, 131
Nullinien Pfaffscher Formen, 23

Oberfunktion, 163
Ordnung, 39
Ordnung einer Dgl., 1, 39
Originalfunktion, 163

SYMBOL- UND SACHVERZEICHNIS

orthogonale Trajektorien, 34, 36

Parametrisierung, 145
Parsevalsche Gleichung, 158
partielle Differentialgleichung, 1, 179
Pdgl., 179
Periode, 155
periodisch, 155
periodische Randbedingungen, 73
Pfaffsche Dgl., 23
Poisson-Formel, 214
Pol, 137, 143
Polordnung, 136
Polstelle, 136
Potentialgleichung, 213
Potenzreihenansatz, 78
primitive Periode, 155
Produktansatz, 41, 181
punktierter Kreis, 137

Randbedingung, 69
Randbedingungen, 183
Randeigenwertproblem, 69, 71
Randwert, 69
Randwertproblem, 69
Realteil, 121
rechte Seite, 39
Reduktionsverfahren von d' Alembert, 41
reduziertes Polynom, 54
reelle Dgl., 47
regulär, 122
reguläre Dgl., 75
Residuensatz, 146
Residuum, 143
Resonanzfaktor, 51, 54
REWP, 71
Riccati-Dgl., 8
Riemannsche Zahlenkugel, 131
RWP, 69

Satz von Liouville, 40
schwach singuläre Dgl., 75
Separationsansatz, 181
singuläre Lösung, 31
Sinustransformation, 171
Spezielle Dgl. 2. Ordnung, 76
Spur, 114
Stammfunktion, 23, 122, 146

Störfunktion, 39
stückweise stetig differenzierbar, 155
Sturm-Liouville-Eigenwertaufgabe, 69
symmetrische Matrix, 114
System von Dgl., 2

Taylorreihe, 139
Trennung der Variablen, 181
Trigonometrische Funktionen, 128
trigonometrisches Polynom, 155
Tschebyscheff-Dgl., 77
Tschebyscheffpolynome, 77

Überlagerungsprinzip, 41, 50
Umkehrformel, 171
ungerade Funktion, 156
Unterfunktion, 163

Variation der Konstanten, 4, 42, 93
verallgemeinerter Potenzreihenansatz, 81
verallgemeinertes Reduktionsverfahren, 97
Verschiebesatz, 163
Vielfachheit, 114

Wärmeleitungsgleichung, 199
Wellengleichung, 185
wesentliche Singularität, 136, 137, 143
Wronskideterminante, 40, 89

zulässige Funktion, 163
Zweidimensionale Diffusionsgleichung, 212
zweidimensionale Fourierentwicklung, 192
zweidimensionale Wellengleichung, 191
Zylinderfunktionen, 78

Für Notizen

Für Notizen